高等院校计算机教材系列

U0128845

数据库应用与设计
基于案例驱动的Oracle实现

葛瀛龙 主编

龚晓君 涂利明 徐争前 参编

机械工业出版社
China Machine Press

图书在版编目（CIP）数据

数据库应用与设计：基于案例驱动的 Oracle 实现 / 葛瀛龙主编 . —北京：机械工业出版社，2014.6

（高等院校计算机教材系列）

ISBN 978-7-111-46371-9

I. 数… II. 葛… III. 关系数据库系统 – 高等学校 – 教材 IV. TP311.138

中国版本图书馆 CIP 数据核字（2014）第 067685 号

本书从工程应用的角度出发，以"城市公交行车安全管理系统"的数据库为案例，结合目前流行的 Oracle 数据库系统，详细讲解了数据库应用和数据库设计两方面的知识。本书内容丰富，在每章章首提出问题，并在该章节中解决问题。主要内容分为三大部分，第一部分介绍引入的案例；第二部分介绍 Oracle 数据库应用方面的知识，包括 Oracle 数据库历史介绍和特点，体系结构，基本工具介绍，手动安装数据库，存储管理，数据字典，安全管理，备份和恢复等数据库日常维护方面的内容；第三部分介绍 Oracle 数据库设计方面的知识，以第一部分案例的分析和设计为驱动，讲述了表的创建和数据管理、数据完整性、查询构建、PL/SQL 编程基础和进阶等。为方便读者学习，本书还提供了精品学习网站（http://oracle.jpkc.cc)，该网站提供学习视频、电子教案、习题测试、优秀设计范例供读者参考。

本书适合软件工程、计算机应用、信息工程等计算机相关专业的本科生、研究生和数据库爱好者学习使用。

出版发行：机械工业出版社（北京市西城区百万庄大街 22 号 邮政编码：100037）

责任编辑：佘 洁	责任校对：董纪丽
印　刷：北京瑞德印刷有限公司	版　次：2014 年 6 月第 1 版第 1 次印刷
开　本：185mm×260mm　1/16	印　张：18.75
书　号：ISBN 978-7-111-46371-9	定　价：39.00 元

前　言

随着信息技术在现代企业中逐渐普及，企业资源计划（ERP）等管理信息系统（MIS）得到了快速的发展，企业的数据库系统日趋庞大，也对核心数据库应用技术提出了更高的要求，企业对数据库类工作岗位的需求量不断增加。不同的企业需要不同类型及不同层次的数据库人才，有些企业需要数据库设计工程师来开发应用系统，有些企业需要能熟练应用数据库及管理信息系统的数据库应用工程师，还有些企业需要高层次的数据库管理员（DBA）。各大高校及培训机构都将数据库应用与设计课程列为计算机等相关专业的重要专业基础课。本书侧重两方面的知识群：数据库系统应用和数据库日常管理维护的知识群；基于工程案例的数据库设计建模方面的知识群。

Oracle 数据库管理系统以其稳定、可靠及高效的性能，受到众多企事业用户的青睐。目前多数大中型企事业单位的应用系统均运行在 Oracle 数据库上。近年来，Oracle 数据库管理和开发人员的需求不断增加，吸引了较多的人学习 Oracle。然而，Oracle 学习门槛高、学习周期长，大部分学习者都会半途而废或者无法理解 Oracle 的特点，最后只能像使用其他数据库管理系统一样使用 Oracle。鉴于此，本书力求帮助读者（只须了解基本的数据库原理知识的读者）在较短时间内领悟 Oracle 11g 的本质，并以此为基础掌握数据库应用和设计的基本方法。

本书的作者都具有多年的信息系统开发经验和授课经验，在多年讲授数据库相关课程及 Oracle 数据库课程基础上，结合在校学生的实际学习情况和实际开发的"城市公交行车安全管理系统"工程项目，以及国家对工程应用型人才培养的需求，对本书内容进行了创新性构思和精心设计，以求内容完备、思路清晰。

本书以"城市公交行车安全管理系统"中的"事故信息管理系统"为案例，引导读者逐步掌握 Oracle 数据库应用和 Oracle 数据库设计方面的知识。本书分为三大部分，第一部分是案例引入，该部分详细描述了"事故信息管理系统"，并做了需求分析。第二部分是 Oracle 数据库应用，该部分包括第 1～8 章，讲述 Oracle 数据库创建、体系结构、灾备管理等内容，并通过手工创建数据库的实践练习，让读者深入理解 Oracle 数据库的体系结构及运作过程。第三部分是 Oracle 数据库设计，该部分包括第 9～14 章，讲述 Oracle 服务端 PL/SQL 编程方面的内容，通过该部分的学习，读者可以了解软件工程中数据库设计方面的知识，并编写出有一定深度的程序。本书各章章首提出在案例项目中遇到的问题，要求读者带着问题学习后面的章节；"本章学习要点"部分采用提纲挈领的方式，告诉读者需要了解、理解和掌握的知识点。各章的代码均在 Oracle 11g 数据库管理系统中调试通过。书末附上了代码运行及调试工具 PL/SQL Developer 的简介和"事故信息管理系统"的所有表结构设计以供读者参考。

为了配合教学需要，促进学生更好地掌握本书的理论和实践知识，作者精心策划和制作了该课程的网站（http://oracle.jpkc.cc），网站主要包含课程导学、理论教学、实训教学、习题练习、课程交互、科研训练、博客中心七大模块。课程导学主要包括本课程的大纲和学习指南；理论教学主要涉及电子教案和电子课件；实训教学为学生提供实训指导、视频演示和课后作业；习题练习为学生提供了大量的课后习题，供学生自测使用；课程交互包含课程交互讨论及在线答疑，交互讨论针对每次课提到的难点及重点释疑，在线答疑由课题组各位教师负责解答学生的疑问；科研训练展示了 Oracle 数据库建模方面的优秀作品；博客中心主要是几位主讲教师的个人博客，在博客中教师会摘录丰富的参考资料为课程提供帮助。

本书由葛瀛龙主编，第 1 ～ 3 章由徐争前编写，第 4、5、8、10、12 章由龚晓君编写，第 6、7、11 章由涂利明编写，第 0、9、13、14 章由葛瀛龙编写。

特别感谢杭州电子科技大学唐向宏教授对本书提出的宝贵意见，感谢"十二五"省重点学科"电路与系统"学科组的资助，感谢机械工业出版社华章公司的编辑佘洁和陈兴军在本书编写过程中提供的帮助。

本书在编写过程中参考了大量的文献，在此向这些文献的作者深表感谢。由于编者水平有限，书中难免有错误及不足之处，敬请专家和广大读者提出宝贵意见，在此表示感谢！

编者

2014 年 1 月

教学建议

本课程假定读者具有一定的计算机知识和数据库基础知识。教学课时共 96 学时，建议两种教学方式：1）分为两个学期完成，每个学期 48 学时，其中 32 学时理论课，16 学时实训课；2）一个学期完成，64 学时理论课，32 学时实训课。理论和实训学时比例可以按照需求制定，对各章的教学内容可做如下安排：

教学内容	学习要点和教学要求	课时安排（理论）	课时安排（实训）
第 0 章 案例介绍及分析	了解案例	1	
	掌握系统需求分析方法：业务分析、用例分析、流程分析	1	
第 1 章 Oracle 数据库简介	了解 Oracle 历史、特点和新特性	1	
第 2 章 Oracle 数据库体系结构	理解 Oracle 数据库系统体系结构，包括实例（Instance）、系统全局区、程序全局区、用户全局区	1	
	理解 Oracle 数据库逻辑存储结构：表空间、段、区、数据块	1	
	理解 Oracle 数据库物理存储结构，掌握几个重要文件的作用和特点，包括数据文件、重做日志文件、控制文件、归档重做日志文件、参数文件、口令文件	1	
	理解 Oracle 重要的关键进程，包括 PMON、SMON、DBWn、LGWR、CKPT 了解几个辅助进程，包括 ARCn、Dnnn、RECO、LCKn	1	
第 3 章 数据库管理工具入门	掌握 Oracle 11g 数据库管理系统安装过程	1	1
	掌握重要的 Oracle 11g 工具的使用，包括 SQL*Plus、数据库配置工具、Oracle 企业管理器、网络配置工具	1（课堂演示为主）	
第 4 章 创建 Oracle 数据库	掌握手动及自动创建数据库的方法和步骤 掌握删除数据库的方法和步骤 掌握网络配置管理的方法	4（课堂演示为主）	2
	掌握初始化参数文件的创建及重要内容 理解启动和关闭数据库的几种方法 理解数据库在启动及关闭时发生的变化	2	1
第 5 章 存储管理	理解存储管理基本概念	1	
	理解控制文件的功能和内容 掌握控制文件的查询、备份、移动、删除和添加	1	1
	理解重做日志文件的功能和内容 掌握重做日志文件组及成员的查询、添加和删除	1	1
	理解表空间的概念 掌握表空间的查询、添加、更改和删除	1	1
	掌握数据文件的创建、修改、移动和删除	1	1
第 6 章 数据字典	理解数据字典概念和分类	1	
	掌握数据字典表和视图的使用方法	1	1

（续）

教学内容	学习要点和教学要求	课时安排（理论）	课时安排（实训）
第7章 安全管理	了解 Oracle 数据库认证方法，包括：操作系统身份认证、Oracle 数据库身份认证、数据库管理员认证	1	
	掌握用户的创建、修改用户密码、锁定用户和解除用户锁定、修改用户的默认表空间、查看用户信息、删除用户	2	1
	理解系统权限和对象权限 掌握系统权限的授予、回收和查看 掌握系统权限的级联分配和回收	1	1
	掌握对象权限的授予、回收和查看 掌握对象权限的级联分配和回收	1	1
	理解用户、角色和权限三者的关系 掌握角色的创建、授予和撤销、删除、查看	1	1
第8章 数据库备份与恢复	了解 Oracle 备份与恢复的概念 理解备份的分类和方法 理解恢复的分类和方法	1	
	掌握逻辑备份（导出/导入）的命令、参数和模式 掌握数据泵导出和导入数据的方法	1	1
	掌握用户管理的脱机备份与恢复 掌握归档模式设置 掌握用户管理的联机备份与恢复	2	2
	了解闪回技术和撤销表空间概念 掌握常用的闪回查询（闪回表、闪回删除、闪回数据库、闪回数据归档） 了解撤销表空间管理	可选讲，也可要求学生自学	可选讲，也可要求学生自学
	了解恢复管理器（RMAN）的概念及作用 了解 RMAN 配置参数和常用命令 了解 RMAN 备份和恢复数据库的方法	可选讲，也可要求学生自学	可选讲，也可要求学生自学
第9章 案例分析和设计	理解数据库设计模式 掌握数据字典通用模式设计 掌握树形结构通用模式设计	2	
	理解数据库概念结构设计 分析案例的数据库概念结构设计和数据库逻辑结构设计	1	
	了解将 E-R 图转换成关系模式的方法 了解关系模式优化的方法	1	
第10章 表的创建及数据管理	理解 Oracle 的数据类型	1	
	掌握表的管理（创建、更改、删除） 掌握表数据维护：插入、更新、合并和删除	1	1
	理解索引的概念 了解 Oracle 索引的作用 了解 Oracle 索引的分类 掌握索引的创建、查询、更改和删除	2	1
第11章 数据完整性	理解数据完整性的意义 理解约束的概念 掌握5类主要约束的管理，包括主键约束、外键约束、非空约束、检查约束、唯一约束 掌握默认值的设置	2	1

（续）

教学内容	学习要点和教学要求	课时安排（理论）	课时安排（实训）
第 12 章 查询构建	掌握数据查询的基本语法 掌握分组查询、连接查询、子查询和集合查询	2	1
	掌握常用函数的使用方法，包括数值处理函数、字符函数、日期函数和转换函数 掌握 CASE 语句的使用	2	1
	理解视图的概念 掌握视图的创建、修改、删除、查询和更新	1	1
第 13 章 PL/SQL 编程基础	理解序列的概念 掌握序列的定义和使用	1	1
	了解 PL/SQL 编程体系结构 掌握 PL/SQL 中的变量和常量的使用 掌握 PL/SQL 中的运算符和表达式的使用	1	1
	掌握 PL/SQL 的控制结构，包括条件控制、循环控制、其他控制	1	1
	理解 PL/SQL 的子程序概念 掌握子程序的创建、调用 理解子程序参数类型、调用方式等 了解过程和函数的差异 理解 PL/SQL 的包概念 掌握包的创建、使用和删除	4	2
第 14 章 PL/SQL 编程进阶	理解 PL/SQL 中的异常处理含义 掌握异常的使用方法	2	1
	理解 PL/SQL 中游标的含义 掌握隐式游标的使用 掌握显式游标的使用	4	2
	理解触发器的含义 掌握触发器的创建和使用 理解变异表的含义 了解变异表处理的方法	4	1

说明：

1）本书是针对有一定数据库理论基础的学生而编写的，分为三个部分；第一部分是案例部分，通过案例指引学生学习本书；第二部分为数据库应用部分，以 Oracle 数据库为例来讲述数据库应用方面的内容，主要包括 Oracle 数据库安装、日常管理、备份恢复等；第三部分为数据库设计部分，针对第 9 章的案例分析，本部分提出了解决方案，着重讲述 Oracle 数据库设计方面的内容，主要包括 SQL 语句使用、序列、数据完整性、索引、PL/SQL 程序编写等。不同的专业可根据需求选择第二部分或第三部分。

2）不同学校、不同专业可以根据各自的教学要求和计划学时数酌情对教材内容进行取舍。第一和第二部分组成数据库应用课程，课堂授课学时数为 32 学时，实训课时数为 16 学时；第三部分的数据库设计课程，其课堂授课学时数为 32 学时，实训课时数为 16 学时。数据库应用课程学习目的是培养学生成长为一个优秀的数据库管理员，数据库设计课程学习目的是培养学生学会编写程序以完成要求的项目及实训案例。

3）在实训教学中，数据库应用部分以手动安装 Oracle 数据库为核心内容，需要学生独立完成数据库的手动安装和配置；数据库设计部分以案例的设计及程序编写为核心内容，需要学生完成 PL/SQL 程序的编写。

目　录

第三部分　Oracle 数据库设计

第一部分

案 例 引 入

第 0 章　案例介绍及分析

第0章 案例介绍及分析

本章将从软件工程角度来描述城市公交行车安全管理系统的事故信息管理系统，着重讲述系统的需求分析过程，包括业务分析、用例分析及流程分析。该系统已经在某公共交通公司使用4年，效果良好，本书作者均参与了该系统的开发和设计工作。案例的分析将遵循工程开发的特点，本书中的实例均来自本案例。

本章学习要点：了解本案例主要内容；了解需求分析方法。

0.1 案例介绍

0.1.1 城市公交行车安全管理系统

城市交通网络在城市发展中占有至关重要的地位。长期以来，交通事故和违章问题已成为困扰城市发展的重要问题，这些问题的解决必须依赖信息技术与管理技术的有机结合。公交行车安全管理系统的研究开发和推广应用必须建立在整个城市公交网络的建设和应用的基础上。近年来，特别是2003年以后，随着公交网络的建设趋于成熟，公交行车安全管理系统的开发引起国内公交部门和相关公司的关注，并投入大量人力、物力进行研发，开始了该系统研究开发的高潮。

城市公交行车安全管理系统主要由四大功能模块组成，分别是基础信息管理模块、事故信息管理模块、违章信息管理模块和安全台账信息管理模块，如图0-1所示。基础信息管理模块包括公交司机管理、系统用户管理、车辆信息管理、单位信息管理、安全辅助信息管理等，它的功能是管理系统正常运行所需的基础数据。

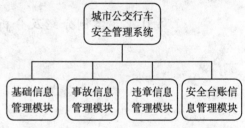

图0-1 城市公交行车安全管理系统模块图

事故信息管理模块的主要功能是登记公交事故基础信息（包括事故基础信息、事故伤情信息、事故中第三者相关信息），形成公交事故信息工作流审批机制，处理事故借款和事故退款，登记直接事故费用明细。

违章信息管理模块的主要功能是登记公交车辆违法违章信息，形成公交违章信息工作流审批机制，处理司机违法违章处罚信息。

安全台账信息管理模块的主要功能是针对各种安全隐患（包括线路、车辆、人员、环境）进行定期梳理、分析，将梳理结果录入系统，制定安全计划和安全对策。

本书的案例采用了城市公交行车安全管理系统中的事故信息管理模块。以下将从需求分析和数据库设计方面来介绍和剖析其中的事故信息管理模块。

0.1.2 事故信息管理系统

事故信息管理系统主要用于登记公交司机肇事相关信息，并提交给公交企业内各部门核准。在事故信息管理系统中，事故统计的粒度是一起司机肇事事故记录。该记录包含三部分内容，分别是事故场景信息、事故登记信息、事故费用明细。事故场景信息主要描述事故发生时的外在因素，包括天气、道路状况等。事故登记信息主要包括事故发生时事故双方情况、责任、性质等。事故费用明细是指事故发生后，面向公交企业所涉及的各种收入和支出费用，包括撞坏车修理费、保险费等。在公交企业内，有四种角色涉及事故管理，分别是安全员、安全部门、计财部门和经理室。

目前公交企业处理交通事故主要采用多级审批制度。一起事故发生后，由安全员登记事故明细信息，包括事故发生的场景信息、登记信息和部分事故费用的信息，登记完后，安全员将登记完成的事故向安全部门申报。申报的事故需要经过三个部门的审核，分别是安全部门、计财部门和经理室，其中安全部门负责确定事故的性质和责任（即定性定责），计财部门负责审核事故发生后的费用明细，经理室确定事故结案与否。如果安全部门判定该事故需要向公司借款，那么司机就向当事的安全员申请，安全员将借款申请递交给公司的计财部门，由计财部门审核款项并实行借款流程，待整个事故的收入和支出的款项不再发生变动时，再由安全部门向计财部门申报该起事故，计财部门再次进行收入和支出款项的审核，审核完毕后向经理室申报，在通过经理室审核后，该起事故才能结案。但是大部分事故会涉及第三者费用，此时事故就将处于未结案状态，等待费用结算清楚，通过经理室审核后才能结束。事故在审核过程中，如果有一个部门审核不通过，那么该事故就会退回到登记该事故的安全员这里，安全员必须重新核实这起事故，并修改事故信息，重新申报。事故申报流程见图 0-2。

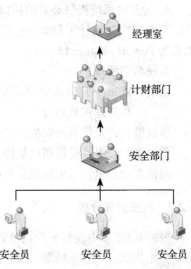

图 0-2　事故申报流程示意图

0.2　系统需求分析

0.2.1　系统设计的目标及原则

在本系统设计前，公交企业所使用的是手工处理事故单及纸质审批流程，信息化方面仅限于报表的生成及司机安全公里的统计。因此现行系统没有考虑到事故的跟踪手段和审批控制；现行系统的事故登记是纸质材料登记，缺乏有效的数据分类，无法进行后期的数据统计和分析；现行系统的数据共享比较困难，各个部门无法实时查询本部门关心的数据。综上所述，本系统设计的目标及原则有以下几点：

1）提高事故处理规范性、提高事故处理效率。主要原则：

- 对事故发生时的场景信息进行标准化及量化，以便统计分析。
- 简化事故流程，采用信息化工作流形式审核事故信息。
- 每级审核均有记录，该记录包括审核时间、审核人等关键信息。
- 建立统一的事故定性定责衡量标准，规范事故评定。

2）真实记录和反映事故处理全过程，保留完整信息、形成完整事故电子案卷、保留全部管理信息，为事故管理提供依据。主要原则：

- 系统充分结合事故处理过程来记录信息，使信息能够及时、按阶段完整采集，提高信息的准确性、及时性、完整性。

- 事故信息不仅仅包括文本的事故基本情况信息，还有照片、现场记录视频、证明材料复印件等，系统可以实现完整的案卷管理、电子调卷阅卷。

3）加强对事故数据的整理、统计分析，以求降低事故发生几率，为管理提供辅助决策的依据。主要原则：

- 以大量的、详尽的事故数据为基础，创建数据分析模型。
- 以数据仓库方式建模，形成大数据视图，为查询提供支持。
- 完善事故成因分析，事故多发分布分析，事故信息与违章、流量、设施信息叠加分析等。
- 为其他系统提供必要的接口。

系统的主要设计工具如下：需求分析主要工具为 Microsoft Visio 2010，数据库设计主要工具为 PowerDesigner 15.1。

系统名词解释：

结案：是指一起事故处理完毕案子结束状态，包括没有纠纷、收入和支出的款项一致、总经理审核通过。

事故借款：是指事故发生后，公交企业为解决公交事故而预支（垫付）的款项。

司机累积公里：是指司机从停车场出发至下班回到停车场所运营的里程数。

司机安全公里：司机累积公里减去司机违章事故等扣罚的公里。

0.2.2 系统业务分析

根据 0.1.2 节中现行事故信息管理系统的介绍，可以将一起事故划分为 4 种主要状态，分别是初始状态、一般未结案、借款未结案、结案。

事故发生后，由安全员登记事故明细信息，此时，事故状态是"初始状态"；安全员将登记完成的事故向安全部门申报，此时，这起事故的状态被置为"一般未结案"状态；申报的事故经过三个部门的审核，分别是安全部门、计财部门和经理室，如果安全部门判定该起事故需要向公司借款，那么事故状态就变成"借款未结案"，待收入和支出的款项不再发生变动时，再由安全部门将该起事故置为"一般未结案"状态；事故信息在通过经理室审核后，状态置为"结案"。通过这样的流程，一起事故处理才算真正结束。

一般事故处理程序如下：

```
                  ┌─ 一般未结案 ─────────────┐
初始状态 ─────────┤                          ├──→ 结案
                  └─ 借款未结案 ──→ 一般未结案 ─┘
```

事故在审核过程中，如果有一个部门审核不通过，那么该事故就会退回到登记该事故的安全员这里，状态又会变更为"初始状态"，安全员必须重新核实这起事故，并修改事故信息，重新申报。

综上所述，可以将事故信息管理系统细分为公共信息管理、事故信息管理、事故处理和报表统计四个子模块，见图 0-3。

（1）公共信息管理子模块业务分析

该子模块是整个系统的外围辅助模块，主要功能是维护整个行车安全管理系统中的基础数据，包括权限管理、人车基础信息管理、字典管理和日志管理。权限管理基于"用户-角色-功能"的传统结构,即角色是功能的集合,用户属于角色,"功能"就是权限,它包含了菜单项和界面中按钮的使能;人车基础信息管理是对使用该系统的人员(用户)和公交车辆的增、删、改;字典管理是对常用的参数、属性的管理;日志管理记录了系统操作过程中发生的错误信息,包含日志内容、日志时间、操作者等属性。

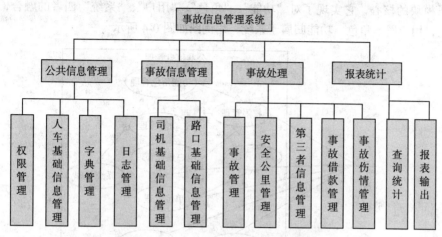

图 0-3 事故信息管理系统模块结构图

(2)事故信息管理子模块业务分析

该子模块管理的数据是事故信息管理系统中用到的基础数据,包括司机基础信息管理和路口基础信息管理。司机基础信息管理不同于单纯的人员管理,它包含了更多的司机专门信息,如司机初领证时间、准驾车型、驾驶证编号等;路口基础信息管理将城市中所有的路口进行统一编号,并且路口还有一些特殊属性,如限速、有无斑马线、路口形状等,这些信息的量化方便管理层进行数据分析和统计。

(3)事故处理子模块业务分析

该子模块是系统的核心模块,处理事故信息登记、事故流程管理、事故借款流程管理等,包括第三者信息管理、事故伤情管理、事故管理、安全公里管理和事故借款管理等。第三者信息管理用于登记事故中第三者的相关信息,事故伤情管理用于登记事故中伤者相关信息,事故管理包含事故信息录入和审核(工作流方式),安全公里管理用于计算定性定责的事故中司机被扣罚的公里数,事故借款管理用于完成事故中的款项预支的申请、审批等事宜。

(4)报表统计子模块业务分析

该子模块为用户提供直接查询结果,生成月报和年报,即将之前的数据整合形成完备性视图来完成查询统计,包括查询统计和报表输出。

综上所述,我们可以将一起事故看作一个实体,事故处理均围绕这个实体展开,事故的审核过程看作工作流形式,这个工作流有多种状态。下面将从软件工程的用例分析来剖析事故信息管理系统。

0.2.3 系统用例分析

本节的用例分析将以公共信息管理、事故信息管理和事故处理三个子模块为例来探讨,用例分析将结合上一节的业务分析,从业务分析中提取参与者和用例,获取它们之间的关系。由上可知事故信息管理系统中共有四种关键角色,分别是安全员、安全部门、计财部门、经理室。从整个系统的完整性来说，还需要增加管理员的角色。每个子模块的用例图都是利用 Microsoft Visio 完成的，各子模块的用例分析如下。

1．公共信息管理子模块用例分析

在上一节的业务分析中已经明确了公共信息管理子模块包含的主要内容，其中，权限管理是该子模块的核心，它实现了对"功能"、"角色"、"用户"、"系统"四者的融合，功能附在角色上，用户属于角色，功能归属于系统，用例图如图 0-4 所示。

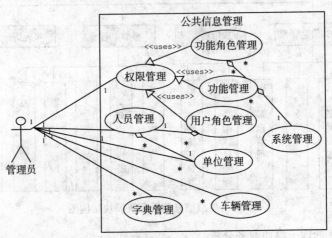

图 0-4　公共信息管理子模块用例图

因此，一个用户可以属于多个角色，一个角色可以拥有多个用户；一个角色可以是多个功能的组合，一个功能可以分配给多个角色；一个系统由多个功能组成，本案例中的"系统"主要为事故信息管理和公共信息管理。

2．事故信息管理子模块用例分析

事故信息管理子模块包括了司机基础信息管理和路口基础信息管理，用例图如图 0-5 所示。它们的增、删、改等管理操作均由安全员操作。司机基础信息管理中的司机部分属性在公共信息管理中，如司机姓名、司机所属单位等。

3．事故处理子模块用例分析

事故处理子模块的用例比前两个子模块稍显复杂，如图 0-6 所示，该子模块共有 4 个参与者，分别是安全

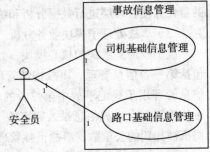

图 0-5　事故信息管理子模块用例图

员、安全部门、计财部门和经理。事故管理和事故借款管理是该子模块的核心，从上一节的业务分析中可以看出，事故管理包含了事故申报信息增、删、改的管理和事故审核工作流的管理，事故借款管理也类似包含了事故借款申报信息增、删、改的管理和事故借款审核工作流的管理，安全员主要录入事故申报信息、第三者事故信息、事故伤情信息和事故借款申报信息，安全部门、计财部门和经理负责审核申报的信息。一张事故申报单（简称事故单）可以关联多张事故借款申报单（简称事故借款单），一张事故单也可关联多个第三者信息及伤情信息。安全公里管理主要针对肇事司机累积公里扣罚的管理。

系统的用例把整体的业务逻辑进行了梳理，从中我们可以发现系统最关键的业务流程是事故审核流程和事故借款审核流程，下一节将着重讨论关键的业务流程，以便数据库概念结

构设计的展开。

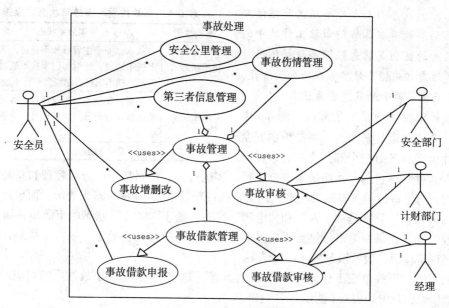

图 0-6 事故处理子模块用例图

0.2.4 系统流程分析

从 0.2.2 节可以知道，一起事故共有 4 种主要状态，分别是"初始状态"、"一般未结案"、"借款未结案"、"结案"。我们先来讨论事故的正常结案流程（即不考虑借款情况）。在事故的正常结案中，事故审核过程符合简单工作流的处理过程，事故单是工作流程中活动的表单，它的生命周期如图 0-7 所示。

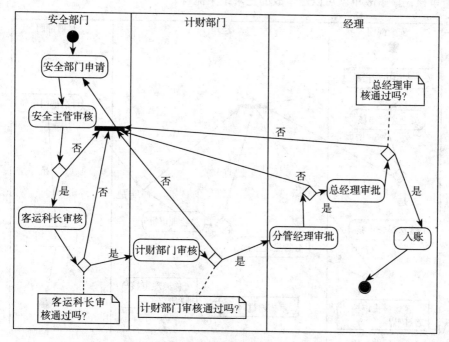

图 0-7 事故单审核流程

注意：事故性质和事故单状态是两个不同概念，事故性质是指该起事故从产生到结案所经历的过程中的状态；而事故单状态是指该起事故形成的事故单在各部门审核工作流中的状态。两者的区别是前者强调事故整体所处的阶段，后者只是指事故单审核所处的阶段，前者包含后者。两者的状态关系见表0-1。

表 0-1 事故性质与事故单状态对应关系

事故性质	事故单状态
初始状态	录入，安全主管审核不通过，客运科长审核不通过，计财部门审核不通过，分管经理审核不通过，总经理审核不通过
一般未结案	申请，安全主管审核通过，客运科长审核通过，计财部门审核通过，分管经理审核通过
结案	总经理审核通过

事故单审批经历了三个部门，图0-7中就需要三个"泳道"来表达，事故单由安全员填写并申报后，由三个部门审核，审核有通过和不通过两种状态，共经历了安全主管、客运科长、计财部门、分管经理和总经理5个审核结点，每个审核结点有两种状态，那么审核过程就需要10种状态来表示；而事故单录入时也有两种状态，分别是"录入"和"申请"状态，处于"录入"状态的事故单还可以由安全员修改，并且在每一个审核结点不通过的情况下，事故单还会处于"录入"状态；事故单通过总经理审核后，表示该起事故可以结案。

综上所述，事故单在工作流程中有12种状态，这12种状态与事故性质的对应关系（不考虑事故借款情况）如表0-1所示。

以上流程分析未涉及事故借款的因素，如果该起事故需要先支付垫付款；那么就需要走事故借款流程，当安全员填写事故单时，认定事故需要借款，那么安全员就需要填写事故借款信息，生成事故借款单，此时这起事故的结案状态自动变为"借款未结案"，事故单就无法向上级部门申请审核，而生成的事故借款单由安全员向上级部门申请审核，共需要三个部门的审核，审核流程如图0-8所示。审核过程类似于事故单审核流程，只是事故借款单所经过的部门审核的顺序不同。如果该起事故相关的事故借款单均通过了计财部门的审核并且安全员不再申请新的事故借款单，那么安全员可以将该事故单性质置为"一般未结案"，并向安全部门申请审核，该事故单就可以走事故的正常结案流程。

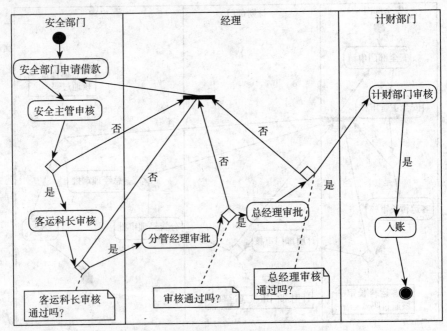

图0-8 事故借款单审核流程

第二部分
Oracle 数据库应用

第 1 章　Oracle 数据库简介

　　根据第 0 章引入的城市公交行车安全管理系统的事故信息管理系统的需求，本书将介绍该系统采用的数据库管理系统——Oracle 数据库管理系统，该数据库管理系统是 Oracle 公司（即甲骨文公司）的一款关系数据库管理系统，本书以 Oracle 11g 为例讲述如何分析和设计事故信息管理系统。本章对 Oracle 数据库系统进行概要介绍，讨论究竟 Oracle 数据库系统有何特色。

　　本章学习要点：了解 Oracle 数据库产品的历史；了解 Oracle 11g 的新特性。

1.1　Oracle 数据库产品发展史

　　随着计算机技术的不断发展，人类社会已经进入了信息化时代，而信息化的核心是信息的有效存储，为了更好地保存信息，就需要使用数据库技术，当前应用最广泛的是关系型数据库，其中最优秀的代表之一是 Oracle 数据库管理系统，其提供了业界领先的存储性能、安全性与可靠性。Oracle 数据库的发展历史如下。

　　1970 年 6 月，IBM 公司研究员埃德加·考特在《Communications of ACM》上发表了著名的 "大型共享数据库数据的关系模型"（A Relational Model of Data for Large Shared Data Banks）论文，拉开了关系型数据库软件革命的序幕。

　　1973 年 IBM 公司启动了 System R 项目研究关系型数据库的实际可行性。

　　1977 年，Larry Ellison、Bob Miner 和 Ed Oates 在硅谷共同创办了 SDL，后更名为 RSI（1983 年为了突出公司的核心产品，RSI 再次更名为 Oracle）。

　　1979 年，发布可用于 DEC 公司的 PDP-11 计算机上的商用 Oracle 产品，整合了比较完整的 SQL 实现。

　　1983 年，发布第 3 版。由 Miner 和 Scott 历尽艰辛用 C 语言编写而成，是第一款在 PC、小型机及大型机上运行的便携式数据库。

　　1984 年，发布第 4 版。产品的稳定性得到一定的增强。

　　1985 年，发布第 5 版。首批可以在客户端 / 服务器模式下运行的 RDBMS 产品。

　　1988 年，发布第 6 版。引入了行级锁、联机热备份等功能。

　　1992 年，发布第 7 版。增加了许多新的特性，如分布式事务处理功能、用于应用程序开发的新工具以及安全性方法。

　　1996 年，Oracle 公司成功推出了专门面向中国市场的数据库产品，即 Oracle 7。

　　1997 年，Oracle 公司推出 Oracle 8，这个版本支持面向对象的开发及新的多媒体应用，为支持网络、网格奠定了基础。

　　1998 年，针对 Internet 技术的发展，Oracle 公司推出了第一个基于 Internet 的数据库，即 Oracle 8i（i 代表 Internet），该版本添加了大量为支持 Internet 而设计的特性，并为数据库用户提供了全方位的 Java 支持。

　　2001 年，Oracle 公司又推出了新一代 Internet 电子商务基础架构，即 Oracle 9i，其中最重要的特性就是 Real Application Clusters（RAC）。

2003 年，Oracle 公司发布了其基于网格计算的数据库产品，即 Oracle 10g（g 代表 grid，网格），这一版本最大的特点是加入了网格计算的功能。

2007 年 11 月，Oracle 11g 正式发布，根据用户的需求实现了信息生命周期管理等多项创新，提高系统安全性，降低数据存储的支出，缩短了应用程序测试花费的时间，增加了重要数据类型的支持。

2009 年 9 月，Oracle 公司发布了 Oracle 11g R2，更好地提供了对提交更多信息服务的支持，减少了信息技术变化风险，并且更加高效。

1.2 Oracle 11g 新特性

Oracle 11g 是 Oracle 公司在 2007 年推出的关系数据库管理系统，新增了大型对象存储、透明加密、内存自动管理等 400 多项新功能和特性，其中先后发布了两个版本。Oracle 11g 相对于前代产品提高了用户服务水平，减少了停机时间，更有效地利用资源，并增强了处理业务的能力及安全性。

1. 应用开发方面

1）应用日期格式：在整个应用开发期间可以定义一个日期格式，这个日期格式可以用来改变 NLS_DATE_FORMAT 数据库对话，使得可以优先显示和提交任何页面。同时，这种格式也被所有报告作为显示日期的统一标准，在表单元素中只要使用"Date Picker"就可以自动使用该标准格式，这种指定一种日期格式的能力可以保证整个应用开发期间的一致性。

2）定制主题：除了原有的 Oracle 应用简化版的默认主题，你可以创建自己的主题，当然也可以从 20 个标准主题中进行修改。

3）声明 BLOB 的支持：使得在表单中可以支持文件，以及在报表中显示或者下载文件。同时可以通过 PL/SQL 来控制 BLOB 的显示与下载。

4）文档化的 JavaScript 库：加强了对开发 Web 2.0 应用的支持，通过一个加强的框架使开发者具有更好地开发 Web 2.0 的能力，包括标准的 JavaScript 和 CSS 文件的支持。

5）增强的报告打印能力：包括对下载版本 XML 格式的支持以及通过 SQL 语句执行结果的支持，数据的显示格式包括 PDF、RTF、XLF 和 XML。

6）表单转化：使得现有的 Oracle 表单可以自动转化为一些组件，主要是一些接口，另外也有一些复杂的触发器。

7）PL/SQL 的增强：包括游标定义中保持选项的支持、时区补丁中 JDBC 的支持、8 位整型数的绑定和定义的 OCI 支持等。另外在 PL/SQL 中加入了 Continue 语句。

8）复合触发器（compound trigger）：可以在一个触发器中同时具有声明部分、Before 过程部分、After each row 过程部分和 After 过程部分。

提示：关于 Continue 命令的用法请参看第 13 章的内容。关于触发器的定义和用法请参看第 14 章的内容。

2. 易用性改进

1）备份和恢复：包括自动块的修复能力，通过 OSB 云计算把内容备份到 Amazon S3（一个基于网络的存储服务），在没有连接到目标数据库时可以通过复制功能对辅助数据库或一些视图进行访问，加强的基于时间点的表空间恢复（TSPITR）能力，新增了一些格式化选项，以及复制过程的表空间检查。

2）在线应用的维护和升级：在更新过程中基于版本的控制保证其改变不会影响到应用程

序的功能，在 CREATE 或 REPLACE 上可以增加 FORCE 选项保证创建或替代命令可以不论当前对象的情况而强制执行，对于触发器建立了更加强大的依赖关系，INSERT 语句执行增加了 IGNORE_ROW_ON_DUPKEY_INDEX 的提示来保证插入的记录不会与现有的记录冲突。

3）Oracle 数据监控：支持压缩表，实时查询申请延迟的限制保证重做申请必须在 Oracle Active Data Guard 选项有效的时候进行，支持应用程序失效备援，支持 30 个独立的数据库。

3. 非结构数据管理

1）支持加强的 Oracle 多媒体数据和 DICOM。

2）支持加强的 Oracle 3D：包括 3D 可视框架、网络数据模型、GeoRaster Java API、光栅投影和 GCP 坐标定位。

3）Oracle 安全文件：DBFS（DataBase File System）支持在 Linux 下 POSIX-compatible 文件系统中的使用。

4）Oracle XML 大小和性能提高：包括二进制 XML 类型表和相关的包括二进制 XML 列的表的支持，Oracle XML DB 存放性能的提高，支持通过二进制 XML 存储的非结构化、半结构化、高度结构化 XML 文档的索引，支持对嵌套表的 XML 类型的分割。

另外，商业智能和数据仓库、集群、诊断性和信息化集成等方面也进行了相应的增强。

1.3　相关术语

1）数据库名：安装 Oracle 数据库管理系统以后，在系统中创建的数据库的名称。例如，在 Oracle 数据库管理系统中创建了一个叫 myDB 的数据库。

2）数据库域名：是数据库在网络环境中所处的区域的名称，或者说是此数据库的网络位置，如 uuu.edu.cn。

3）全局数据库名：全局数据库名＝数据库名＋数据库域名。例如，myDB.uuu.edu.cn。

4）数据库实例名（SID）：数据库和操作系统进行联系的标识，操作系统要跟数据库进行交互，必须使用数据库实例名，而知道数据库名是没有用的。一般情况下，一个数据库名对应一个实例名。

5）数据库服务名：如果数据库有域名，则数据库服务名就是全局数据库名；如果数据库中没有定义域名，则数据库服务名与数据库名相同。

第2章 Oracle 数据库体系结构

那么究竟 Oracle 数据库管理系统是个什么东西呢？我们如何去认识它和理解它呢？本章将根据第 1 章引入的 Oracle 数据库管理系统，对 Oracle 数据库体系结构进行介绍，让读者了解其内部运行机制、数据库体系结构的组成；了解它的重要元素，也即重要的物理文件；了解它所呈现的逻辑存储结构等。

本章学习要点：熟悉 Oracle 数据库的体系结构；熟悉 Oracle 数据库的逻辑存储结构；熟悉 Oracle 数据库的物理存储结构。

2.1 概述

Oracle 数据库系统是一个复杂的软件系统。所谓 Oracle 的体系结构，是指 Oracle 数据库管理系统的组成部分和这些组成部分之间的相互关系，通常由两个主要部分组成，分别是数据库管理系统（DBMS）和数据库文件（Database File）。其中 DBMS 是由一组 Oracle 后台进程和一些服务器分配的内存空间组成，数据库文件则是一系列物理文件的集合。图 2-1 为 Oracle 数据库体系结构总体图。

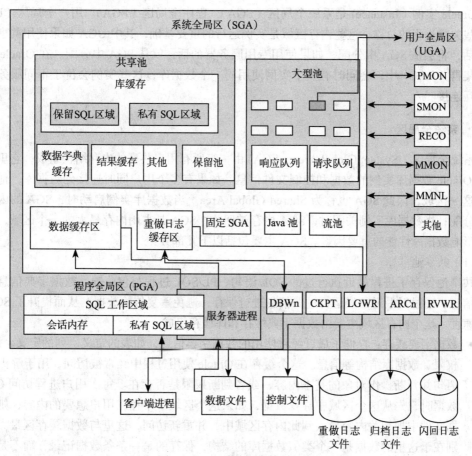

图 2-1　Oracle 数据库体系结构

Oracle 数据库体系结构描述了 Oracle 的整个工作运行机制，包括数据在数据库中的组织关系与管理方案，以及进程的协作关系。这种结构又可以称为"例程结构"，在数据库启动以后，Oracle 首先要在内存中分配出一个区域，通过这个结构生成一个实例（Instance），这个实例会根据管理策略加载、启动数据库，然后该实例根据数据库操作要求，通过进程来访问与控制各种物理存储结构。

Oracle 数据库系统 = 实例 + 数据库，其中数据库用来存储真实的数据库数据，并以物理文件的形式存在；实例则有自己的生命周期，可以启动、运行、关闭，通过内存中的一个动态生命周期来显现自身的存在。一个数据库服务器上可以有多个数据库，如果要使用这些数据库，须创建多个实例，这些实例都有一个独立的符号 SID 以示区分。用户连接数据库，并且对数据库进行操作的时候，事实上是连接到实例，并通过实例来完成数据库操作，所以实例是用户与数据库的中间层。

数据库最重要的功能是存储数据，可以把数据库当做数据存储的容器。数据库的存储结构可以分为逻辑存储结构和物理存储结构。其中物理存储结构存储实际的物理数据，并以物理文件的形式存储在硬盘上，依赖于所处的操作系统平台。而逻辑存储结构描述数据库管理系统对数据的组织与管理方式，与操作系统无关，逻辑存储结构往往更加接近于用户的真实思想，方便用户理解。

2.2 实例

Oracle 实例（Instance) 是系统全局区（SGA）、程序全局区（PGA）、用户全局区（UGA）和一些关键进程的总称，这些内存区域是实例运行的重要基础，其中 UGA 如果使用共享服务器的话，将会从 SGA 中分配，如果使用专用服务器的话，就从 PGA 中分配。在 Oracle 实时应用集群（RAC）中，会同时有多个实例使用同一个数据库，这些实例会位于不同服务器并保持互连接。

2.2.1 系统全局区

系统全局区（System Global Area，SGA) 由一组所有用户共享的内存结构组成，它里面存储了 Oracle 数据库实例的数据和控制文件信息。如果有多个用户同时连接到数据库，他们会共享这一区域，因此 SGA 也称为 Shared Global Area。当数据库实例启动时，SGA 的内存被自动分配；当数据库实例关闭时，SGA 内存被回收。SGA 是占用内存最大的一个区域，同时也是影响数据库性能的重要因素。SGA 主要包括以下几部分：

（1）共享池

共享池保存了进程最近执行过的 SQL 语句、PL/SQL 过程与包、锁、数据字典信息以及其他信息，通过对最近已经运行过的信息进行保存，避免重复传输数据，从而提升了 SQL 的执行速度。这个内存区域主要由数据字典缓存和库缓存组成。

- 数据字典缓存：存储了最近经常使用的数据字典信息，如表的定义、列的定义、用户、权限、数据库结构等信息。这个缓存在 Oracle 使用过程中经常被访问，用于解析 SQL 语句并判断操作对象的基本内容，或者判断权限是否存在。每次用户进程访问 Oracle 数据时，先从这个区域中寻找数据，如果这个区域中不存在用户想要的内容，则从数据文件中把相关内容导入到此内存区域中，并重新访问，这里与数据缓存区最大的区别在于这里的数据是一个类似数据库的结构，保存的是一条条数据记录，而不是简单的数据块。

- 库缓存：保存最近使用过的 SQL 语句、PL/SQL 过程和包等内容。这些内容是每次访问 Oracle 时进行的一些操作，这些操作在执行时需要进行对象的确认、操作优化、语法解析、权限控制等工作，每次运行都需要耗费很大的系统资源，所以需要对这种工作进行优化以提高效率。因此，设计了库缓存来存储相应的解析成果，这样在下一次执行时可以利用这些成果，而无需重复劳动。每次 Oracle 执行时会先访问库缓存来寻找最近使用过的执行语句，如果有则享用原有的成果，如果没有再重新解析语句并存入库缓存。

（2）数据缓存区

通过将最近使用过的数据存储在特定内存区域中，可避免从物理文件重复读取常用的数据。数据缓存区保存的是数据文件中最近或者经常使用的数据块，在 Oracle 读取相应的数据时，先从硬盘读取数据文件，并将数据放入数据缓存区中，然后再在内存中对数据进行处理。如果读取的数据已经在缓存中，则直接访问缓存中的数据，这些缓存中的数据也需要定期成批输入到硬盘中并保持同步。这种缓冲机制保证了更好的数据访问性能。

（3）结果缓存

结果缓存存储的是查询以后的结果，查询是 Oracle 使用非常频繁的操作，为了保证查询的性能，可以将查询的结果保存在缓存中，等下一次要进行查询时，可以直接从缓存中获取数据，而无需重新进行查询，这样对于频繁发生的操作可以起到很好的优化作用。

（4）大型池

大型池是对那些需要较大的内存、较频繁输入输出的操作提供的相对独立的内存空间。大型池的设定是为了保证共享池高效率地工作，因为某个操作如果有较大的内存需求，会影响共享池对其他数据块或者库语句的保存，进而导致性能下降。所以对特殊的、需求较大的操作单独设置大型池是必要的。需要大型池的操作主要包括：数据库的备份与恢复工作、Oracle 的批量操作等。

（5）Java 池

Java 池是为了满足在 Oracle 中内嵌 Java 存储过程或其他 Java 程序运行时而需要的内存。包括对 Java 语言支持的语法分析表、执行方案、虚拟机数据，以及 Java 代码等内容。

（6）重做日志缓存区

重做日志缓存区是为了在存储重做日志文件的过程中提高存储效率而设计的缓存区域，保存最近使用过的重做日志记录。

在 Oracle 进行数据的增、删、改、查等操作时，Oracle 都会为这些操作生成重做记录，并存储在重做日志文件中，这个存储过程比较消耗性能，所以需要建立一个缓存区，用来存储重做记录，而不是直接存储到重做日志文件。只有当缓存区触发设定的条件时，如达到一定的时间点或者存储的重做记录达到一定数量，才进行这个存储到数据文件的操作，这个工作由 LGWR 完成。

（7）流池

流池提供专门的流复制功能，这个部分可以使用内存块，也可以使用 SGA 的可变区域。如果在配置数据库时没有特别指定该区域，那么 Oracle 会自动建立，从而完成流复制的功能。这个自动建立过程也需要确认 SGA_TARGET 参数，如果有这个参数，Oracle 会从系统全局区中分配内存给流池，如果没有则会从数据缓存区划分一部分内存给流池。

上面几部分内存加起来，就是 SGA 内存的总和。其中比较重要的是共享池和数据缓存区，它们对 Oracle 系统的性能影响最大。

通过下面的命令来查看 SGA：

```
show parameter sga;
```

结果如下：

```
SQL>shou parameter sga;
NAME                            TYPE                 VALUE
--------- ------------------- ------------------- --------------------
lock_sga                        boolean              FALSE
pre_page_sga                    boolean              FALSE
sga_max_size                    big integer          616M
sga_garget                      big integer          0
```

2.2.2　程序全局区

程序全局区（Process Global Area，PGA），是一个进程的专用非共享的内存区，用来保存特定服务进程的数据和控制信息的内存结构，只有这个特定的服务进程才能访问它自己的 PGA 内存区。所有服务进程的 PGA 内存区的总和则是实例的 PGA 内存区的大小。

当用户进程连接到数据库实例时，会通过一个服务器进程来进行用户进程与数据库实例之间的通信，这个服务器进程会建立一个程序全局区。程序全局区是专门分配给当前用户进行会话服务的内存区，这个区域是服务器进程独享的区域，这是跟 SGA 的最大区别。当用户进程的会话结束时，Oracle 会自动释放 PGA 所占有的内存区。

PGA 内存区包含 SQL 工作区域、会话内存和私有 SQL 区域。

2.2.3　用户全局区

UGA（User Global Area）即用户全局区，它与特定的会话相关联。

对于专用服务器连接模式，UGA 在 PGA 中分配。对于共享服务器连接模式，UGA 在 SGA 的大型池中分配。

2.3　Oracle 数据库逻辑存储结构

逻辑存储结构是 Oracle 数据库逻辑概念上的存储结构。在逻辑上，Oracle 将保存的数据划分成一个个小单元，并且对这些小单元进行归类成为大一点的单元，其中高一级的存储单元由多个低一级的存储单元组成。

逻辑存储结构包括表空间、段、区、数据块。其中一个表空间可以包含多个段，一个段可以包含多个区，一个区包含多个块，最后多个表空间可以组成数据库。见图 2-2。

另外，一个区只能处于一个数据文件中，一个段中的各个区可以分处在多个数据库文件中。

图 2-2　Oracle 数据库逻辑存储结构

2.3.1　表空间

数据库的基本逻辑存储结构，即一系列数据文件的集合。每个建立的数据库至少应该有一个表空间，而一个表空间只能属于一个数据库，每一个表空间在磁盘上的存储可以是一个或者多个数据文件。

表空间是最大的逻辑存储单元，所有的方案定义与数据都会存储在表空间中，其中非常重要的一个表空间是 SYSTEM 表空间，用来存储方案对象的定义，而数据可以根据用户的指定存储到对应的表空间中，一个用户的不同方案对象的数据也可以存储在不同的表空间中。

一个 Oracle 数据库管理系统安装时，自动创建的数据库中包含表空间如表 2-1 所示。

表 2-1　自动创建的表空间

分类	表空间	描述
系统表空间	SYSTEM	系统表空间，存储数据字典、PL/SQL 程序的源代码和解析代码、数据库对象（视图、序列等）的定义。虽然系统表空间中可以存放用户数据，但考虑到 Oracle 系统的效率和方便管理，在系统表空间中不应该存放任何用户数据。它是用户的默认表空间，用户在创建对象的时候，如果没有指定表空间，则保存在 SYSTEM 表空间中
	SYSAUX	称为辅助系统表空间，用于减少系统表空间的负荷，提高系统作业效率。该表空间由 Oracle 系统自动维护，一般不用于存储用户数据
非系统表空间	TEMP	临时表空间，用于存储临时数据，如存储数据库进行排序运算、管理索引、访问视图等操作时产生的临时数据，当运算完成之后系统会自动清理这些临时数据。用户不可以在临时表空间中创建任何数据库对象
	UNDOTBS1	撤销表空间，用于存放数据库中跟重做有关的数据与其他信息
	USERS	用户表空间或永久表空间，用于存放永久性用户的数据以及私有信息，一般系统用户使用 SYSTEM 表空间，而非系统用户使用 USERS 表空间

2.3.2　段

段用来存储表空间中某一种特定的具有独立存储结构的对象的所有数据，它由一个或者多个区组成。当创建表、索引等对象时，Oracle 会为这些对象分配段以作为存储空间。段根据不同的类型可以分为多种，见表 2-2。

表 2-2　Oracle 11g 的段类型

段类型	名称	段类型	名称
Index partition	索引分区段	Deferred rollback	延迟回退段
Table partition	表分区段	Undo	撤销段（还原段）
Table	表段（数据段）	Temporary	临时段
Cluster	簇段	Cache	高速缓存段
Index	索引段	Lob	二进制大对象段
Rollback	回退段	Lobindex	二进制大对象索引段

段会随着数据的增加而逐渐增大。而一个段会由多个区组成，每次增加段是通过增加区的个数实现，另外区是数据块的整数倍。

- 数据段：用于存储表中的所有数据。每当用户创建表时，该用户的表空间中会为该表分配一个名字与表名相同的数据段，用于存储该表的所有数据。
- 索引段：用来存储索引的所有数据，用户可以通过 CREATE INDEX 语句创建索引，或者通过约束的定义自动生成，生成的每个索引会有一个同名的索引段，以存储该索引的数据。
- 临时段：存储数据排序操作所产生的临时数据。排序操作进行时，该用户的临时表空间中会自动创建一个临时段；排序结束时，临时段会自动消除。

- 撤销段：用于存储用户数据被修改之前的值，以便在满足特定条件时可以对数据的修改回退。撤销段是数据库必需的。
- 索引分区段：为分区表创建分区索引，则会生成一个索引分区段对应每一个分区索引。
- 表分区段：用来存储分区表中的数据，在用户创建分区表的时候，会在默认表空间中为该表的每个分区分配一个表分区段。
- 二进制大对象段：用于存储 LOB 数据类型列中的数据，如文档、图像、视频、特殊对象等数据。如果对于 LOB 列来说，数据长度大于 4000 字节，则数据会被存放到二进制大对象中。

2.3.3　区

区是由物理上连续存放的数据块构成的。这是 Oracle 存储分配的最小单位，其中一个区由多个数据块组成，多个区可以组成一个段。在数据库中创建带有实际存储结构的方案对象时，会分配若干个区给该对象。

2.3.4　数据块

块是 Oracle 用来管理存储空间的最小数据存储单位，也是输入输出时数据操作的最小单位。在操作系统中，对应数据库输入输出操作的最小单位是操作系统块。数据块可以存储各种类型的数据，并且每个数据块都具有相同的结构。

块的大小是一个表空间的属性。SYSTEM 和 SYSAUX 表空间具有相同的、标准的块大小，这个大小是在创建数据库时由 DB_BLOCK_SIZE 初始化参数制定，并且在创建数据库后不能改变。

2.4　Oracle 数据库物理存储结构

Oracle 数据库物理存储结构与数据库逻辑存储结构有不可分割的关系，Oracle 数据库的数据逻辑上存储在表空间中，并且由表空间继续分成多个段、区、数据块的逻辑存储结构，而与表空间对应的是物理存储结构中数据文件，一个表空间由多个数据文件组成。数据文件是操作系统文件，是物理存储结构中最重要的内容，Oracle 通过表空间来创建数据文件，一个数据文件只能属于一个表空间。

提示：逻辑存储结构与物理存储结构的对应关系请参看第 5 章。

2.4.1　数据文件

数据文件（Data File）即实际存储数据的文件，包括全部的数据库数据，是实际存在的操作系统文件，逻辑数据库结构（如表、段、区、数据块）的物理数据即存储在这个数据存储文件之中。每个 Oracle 数据库都包含一个或多个数据文件，本书案例的各个表空间对应的数据文件存储在 C:\app\hdu\oradata\dsms 下，如表 2-3 所示，可以通过查询数据字典 DBA_DATA_FILES 和 V$DATAFILE 来了解表空间和与其对应的数据文件。临时表空间对应的数据文件称为临时文件，查询数据字典 DBA_TEMP_FILES 和 V$TEMPFILE 可以了解临时表空间包含的临时文件信息。

表 2-3 表空间与数据文件的对应关系

表空间	数据文件
EXAMPLE	C:\app\hdu\oradata\dsms\EXAMPLE01.DBF
SYSAUX	C:\app\hdu\oradata\dsms\SYSAUX01.DBF
SYSTEM	C:\app\hdu\oradata\dsms\SYSTEM01.DBF
TEMP	C:\app\hdu\oradata\dsms\TEMP01.DBF
UNDOTBS1	C:\app\hdu\oradata\dsms\UNDOTBS01.DBF
USERS	C:\app\hdu\oradata\dsms\USER01.DBF

数据文件会随着数据的存入而增大，增加的过程中会分配更大的区，但是不会因为删除数据而减少，因此也会随着数据的删除增加许多空闲的分区。

一个表空间可以对应若干个数据文件，但一个数据文件只能属于一个表空间。

在用户创建表空间时，数据文件会同时产生，数据文件的大小会根据系统设定的默认值确定，但这个数据文件并不存在真实数据，数据是伴随实际数据的存储产生的。

在对数据文件进行增加操作的过程中，可以增加数据文件的大小，也可以生成新的数据文件来满足数据存储的需要。

除 SYSTEM 表空间以外，任何表空间可以从联机切换到脱机状态，表空间的脱机也代表着数据文件的脱机，在脱机状态下可以对数据库进行备份与恢复工作。

2.4.2 重做日志文件

重做日志文件（Redo Log File）负责记录数据库内对任何数据的处理情况，可用于数据恢复；这些数据的处理情况包括用户对数据的修改，也包括管理员对数据库的修改。

用户对数据库进行的任何修改，都是先在缓存区中进行，然后在满足一定的条件下，统一将修改数据成批写入物理文件中。这种缓存机制，主要是为了保证更好的性能，但是这种机制可能会在数据库崩溃时导致数据丢失，所以需要能够重现所有的操作，以便进行数据库的恢复，这也就是重做日志文件的作用，只要其中的重做信息没有丢失，就可以在系统出错时来恢复数据。

每个数据库至少有两个重做日志文件，通过 LGWR 进程来负责往其中写入信息，并且在两个重做日志文件之间进行切换，若一个写满，再写第二个，另外可以通过 ARCn 进程对重做日志文件进行归档，以便对重做日志文件也进行一种保护，更好地保证在产生故障时数据库的恢复。

可以通过 V$LOGFILE 对重做日志文件信息进行查询。

2.4.3 控制文件

控制文件（Control File）是控制和记录数据库的实体结构；它是一个二进制文件，并不大，负责维护数据库的全局结构，支持数据库的启动和运行。控制文件在创建数据库时产生，每个数据库都会有一个对应的控制文件。

控制文件虽然是一个比较小的二进制文件，但它是数据库的关键文件，对数据库正常启动和运行至关重要，这些重要信息是其他地方所没有的。

其包含的信息如下：

● 数据库名。

- 数据库的建立日期。
- 数据库文件的名字和位置。
- 日志文件的名字和位置。
- 表空间信息。
- 数据文件脱机范围。
- 日志历史。
- 归档日志信息。
- 备份组和备份块信息。
- 备份数据文件和重做日志信息。
- 数据文件拷贝信息。
- 当前日志序列数。
- 检查点信息。

这些信息可以通过 V$CONTROLFILE 进行查询。

2.4.4　归档重做日志文件

归档重做日志文件（Archieved Redo Log File）即对已经写满的日志文件复制并保存后生成的文件。这种文件归档以后自动存储的方式可以进行设置。归档的过程是归档进程（ARCO）在后台负责完成的工作，在数据库恢复的过程中归档重做日志文件起到了决定性作用。

2.4.5　参数文件

参数文件（Parameter File）是用来在启动实例时配置数据库基本信息的文件。其中的初始化设置内容包括数据库实例名称（SID）、数据库主要文件的位置、实例所使用的主要内存区域的大小等。

从 Oracle 9i 开始，参数文件有两种类型：服务器参数文件和文本参数文件，这两种参数文件内容和作用相同，可以通过其中一种来配置实例和数据库的一些选项，默认状态下是使用服务器参数文件。服务器参数文件是一个二进制文件，不能直接编辑，存储在 Oracle 数据库的服务器上；可以进行编辑的是文本参数文件。

参数文件是在启动数据库以后，创建实例或读取控制文件之前进行读取，其中的参数是进行基本配置与数据库运行的主要依据。

2.4.6　口令文件

口令文件（Password File）是用于验证特权用户的文件，它是一个二进制文件。特权用户是指一些具有特殊权限的数据库特殊用户，这些用户可以实现启动实例、关闭实例、创建数据库、备份等重要操作，默认的特权用户是 SYS。

2.5　Oracle 关键进程

当用户请求一个 Oracle 服务器的连接时将启动一个用户进程，这个用户进程连接到 Oracle 实例并创建一个会话时会启动一个服务进程，这是用户进程与 Oracle 实例的一次连接交互。

当数据库启动时会产生多个后台进程，这些后台进程不管用户是否连接都会启动，这些进程可以同时处理多个用户的请求，进行复杂的数据操作，同时维护数据库系统并保证系统具有良好的性能，这些进程包括 PMON、SMON、DBWn、LGWR、ARCn、CKPT 等。

2.5.1 PMON

PMON（进程监控器）是对 Oracle 中运行的各种进程进行监控，并且对异常情况进行针对性处理。

主要任务包括：

- 恢复中断或者失败的用户进程、服务器进程。
- 确保能够销毁发生损坏或出现故障的进程，释放这些进程占用的资源。
- 重置事务的状态，回退未提交的事务，维护系统中的活动进程表。
- 检查进程的状态，如果有异常或者失败而挂起，则重新启动。
- 在主机操作系统上使用 Oracle 监听器注册数据库服务。全局数据库名称、SID 以及其他数据库支持的服务都要使用监听器注册。

在 Oracle 的实际使用过程之中，因为各种原因造成的数据库崩溃或者失败、挂起所造成的异常中断现象是经常发生的事情，这时候 Oracle 会通过 PMON 来监控这些现象的发生，并且处理这些异常进程，包括对这些进程的重新启动、回退事务、清除异常进程等，同时需要对异常进程占有的资源进行释放。

PMON 进程会被定期唤醒，检查是否有工作需要它来做，而任何其他进程需要使用 PMON 的功能，则可以随时唤醒 PMON 进程。

2.5.2 SMON

SMON（系统监视器）是对系统运行过程中发生的事务进行监控，并且负责对系统故障等进行必要的维护工作。

主要任务是包括重启系统、清除临时段、执行盘区结合等。

- 在实例出现故障的情况下，SMON 负责重新启动系统，执行崩溃恢复。这项职责包括：回滚未提交的事务处理，处理实例崩溃时还没有写入数据文件的事务，在数据库上应用重做日志表项（来自于归档重做日志文件）。
- SMON 将会清除已经分配但是还没有释放的临时段。在基于数据字典的表空间中，如果有大量的盘区，从中清除临时段工作需要花费大量的时间，也会导致数据库的运行性能的问题，这时就需要 SMON 进程来负责清除这些临时段。
- SMON 会在字典管理表空间中执行盘区结合。整理盘区是为了更好地分配空闲盘区，在 Oracle 为写数据分配新的盘区时，需要寻找足够大的空闲盘区来容纳数据，如果没有找到，则需要对小的盘区进行合并，然后重新寻找，否则无法写入数据，SMON 负责这个合并工作。

SMON 进程的运行是在实例启动时进行，之后定期地唤醒以检查它是否要进行工作，或者当有其他需要时，随时唤醒。

2.5.3 DBWn

数据库缓存包含了用户使用的数据，数据库将数据从磁盘读入缓存，各种服务器进程会对它们进行读取和修改。当要把这些缓存的数据内容写回磁盘时，DBWn（数据库写入器）负责执行这些数据的写入操作。

DBWn 的主要任务包括：

- 服务器进程修改数据的事务只在数据高速缓存区中进行，而数据写入磁盘的操作通过 DBWn 进程来进行延迟操作以保证读写操作的最终完成。
- 成批写入数据文件，高速缓存区中修改过的数据会在一定的条件下成批写入数据文件，保证更多的空闲缓存块。

DBWn 进程启动的数目受到 Oracle 系统初始化参数 DB_WRITER_PROCESSES 的限制，默认值是 1。如果数据操作比较频繁，可以通过修改这个变量保证更多的 DBWn 进程的启动来提高性能，但 DBWn 进程数据不能超过 CPU 的数目，所以更多的 DBWn 进程的功能需要 Oracle 系统处于多 CPU 的服务器上才可以设定。

2.5.4 LGWR

LGWR（日志写入器）是负责管理重做日志高速缓存区的进程，用于把重做日志记录从高速缓存区按照操作顺序写入重做日志文件，每个实例只能有一个 LGWR 进程。

重做日志文件数据的修改是在数据库运行过程中产生的，不过重做日志的记录会首先保存在重做日志高速缓存区中，然后在一定的条件下由 LGWR 进程将缓存区中的重做日志记录成批写入重做日志文件。

LGWR 进程写入和重做日志高速缓存是一个循环结构，LGWR 进程将缓存中的数据写入重做日志文件的同时，还能够继续向这个重做日志高速缓存写入新的数据，写入重做日志文件后相应的缓存会被清空。而为了保证重做日志高速缓存可以顺利完成任务，需要能够即时完成重做日志文件的写入，这样可以有足够的重做日志高速缓存空闲空间。

触发 LGWR 进程的条件包括，事务处理进行提交、重做日志缓存已经填充了 1/3；重做日志缓存中的数据量达到 1MB；或者每隔三秒执行写入日志操作；以及 DBWn 需要写入的数据的 SCN（序号）大于 LGWR 记录的 SCN，其中 DBWn 将缓存数据写回到数据文件前，需要遵循先期写入协议，即重做日志缓冲区内的数据都必须完成写入动作，如果没有就会通知 LGWR 处理，之后 DBWn 才会进一步处理。

2.5.5 CKPT

引入检查点的目的是为了协调整 LGWR 和 DBWn 一致性。

CKPT 进程（检查点进程）的作用如下：

1）当检查点事件发生的时候，需要通知 DBWn 进程将数据高速缓存中修改过的缓存内容全部写入数据文件，同时对控制文件和数据文件头部的同步序号进行修改，记录当前数据库的结构和状态，以保证数据库中物理文件之间的同步。执行完检查点以后，Oracle 才能保证所有的缓存数据写入物理文件之中，处于一个完整状态。

2）而如果在未完成检查点操作之前，即数据库未处于一个完整状态之下，数据库发生崩溃，为了能够保证数据库的完整性，需要将数据库恢复到上一个设定的检查点。

3）检查点的设定可以根据实际要求来确定时间间隔，如果间隔太短，将会产生过多的硬盘输入输出操作；如果间隔太长，数据库的每次恢复将需要更多的时间来保证数据库的完整性。

2.5.6　ARCn

ARCn（归档进程）的作用是负责在重做日志文件写满后或者在重做日志文件进行切换时，将重做日志文件的内容复制到指定的归档重做日志文件中，这样可以防止因为重做日志文件数据已满，写入的新数据会覆盖旧数据的状况出现。

归档进程只会当数据库运行在归档模式下才会启动，这种状态下数据库具有自动归档功能，也就是 LOG_ARCHIVELOG_START 设置为 TRUE。默认时，一个实例只会启动一个归档进程，当归档进程运行时，其读取的一个重做日志文件会被锁定，其他进程无法访问，为了保证重做日志文件的归档速度，LGWR 进程会根据需要自动启动更多的归档进程。

如果需要启动多个归档进程以保证完成繁重的归档任务，就需要修改参数 LOG_ARCHIVE_MAX_PROCESSES 的值，这个值最大不能超过 10。

2.5.7　Dnnn

Dnnn（调度进程）是多线程服务器体系结构（共享服务器模式）的一个部分，以后台进程的形式运行。调度程序对用户的请求进行排列，形成一个进程队列，这个队列会共享一个服务器进程，这样可以同时处理多个请求。

一个实例可以启动多个调度进程，实际启动的调度进程的数目可以通过修改参数 MTS_DISPATCHERS 来设定。

2.5.8　RECO

RECO（恢复进程）是在分布式数据库中事务失败时，对事务相关的多个数据库进行通信，并且完成这些失败事务的处理工作。

RECO 进程不需要数据库系统管理员的控制，可自动运行。如果数据库需要进行分布式事务处理，可以通过设定参数 DISTRIBUTED_TRANSACTIONS 的值为大于 0 的数字来完成。

2.5.9　LCKn

LCKn（锁进程）的作用是当多个数据库实例访问相同的数据库对象时，避免数据库对象访问冲突。其通过在某一实例访问时锁定相应的数据库对象，而在访问结束之后再对这个对象解锁实现。

第3章 数据库管理工具入门

在上一章中，我们了解了 Oracle 数据库的体系结构，那么我们怎么才能亲密接触它呢？本章将对 Oracle 数据库管理工具的使用进行简单介绍，包括 Oracle 11g 软件的安装，以及 SQL*Plus、数据库配置工具和 Oracle 企业管理器等工具的介绍。

本章学习要点：掌握 Oracle 11g 数据库管理系统在 Windows 操作系统中的安装；掌握数据库配置助手的功能和使用方法；掌握 Oracle 企业管理器的功能和使用方法；掌握 SQL*Plus 的功能和使用方法。

3.1 Oracle 11g 软件安装

3.1.1 安装 Oracle 11g 软件的系统需求

Oracle 11g 软件可以安装在 UNIX、Linux、Windows 等多种平台上。在 Windows 平台上运行的 Oracle 11g 软件有 32 位和 64 位两种版本。在安装软件之前，首先检查计算机系统的软件和硬件环境是否符合以下需求，表 3-1 和表 3-2 列出了 Oracle 11g 在 Windows 32 位和 64 位环境下对软硬件的需求。

表 3-1　Oracle 11g Windows 32 位软硬件需求

需求类型	需求	指标
硬件需求	物理内存（RAM）	至少 1GB
	虚拟内存	RAM 的两倍
	磁盘空间	典型安装：须 5.35 GB；高级安装：须 5.89 GB
	监视器	256 色
	屏幕分辨率	至少 1024 × 768
软件需求	操作系统	Windows Server 2003（包括 R2）、Windows Server 2008、Windows XP 专业版、Vista 和 Windows 7
	网络协议	TCP/IP、支持 SSL 的 TCP/IP、Named Pipes

表 3-2　Oracle 11g Windows 64 位软硬件需求

需求类型	需求	指标
硬件需求	物理内存（RAM）	至少 1GB，Windows 7 上至少 2GB
	虚拟内存	RAM 的两倍
	磁盘空间	典型安装：须 5.35 GB；高级安装：须 5.89 GB
	监视器	256 色
	屏幕分辨率	至少 1024 × 768
软件需求	操作系统	以下的 64 位版本：Windows Server 2003（包括 R2）、Windows XP 专业版、Vista、Windows Server 2008（包括 R2）和 Windows 7
	网络协议	TCP/IP、支持 SSL 的 TCP/IP、Named Pipes

3.1.2 Oracle 11g 软件安装过程

Oracle 11g 软件在 Windows 下的安装比在 UNIX 或 Linux 下要简单得多，不需要设置环境变量和参数，只需要按照 Oracle 11g 的安装要求一步一步进行操作即可。下面以 Oracle 11g R2 Windows 32 位版本的安装为例，说明具体安装步骤。

1）以 Windows 管理员身份登录计算机，双击 Oracle 安装包中的 setup.exe，启动"Oracle Universal Install"开始安装，首先弹出 Oracle 11g 发行版 2 安装程序的配置安全更新窗口，如图 3-1 所示。在该窗口中允许用户输入电子邮件地址，以接收有关数据库安全问题的通知，并将配置信息与 My Oracle Support 帐户相关联。可在该窗口上选择启用该帐户，并指定 Oracle Configuration Manager 详细资料，也可以在安装之后启用 Oracle Configuration Manager，或者选择不启用该账户。此窗口把勾去掉，选择不启用。

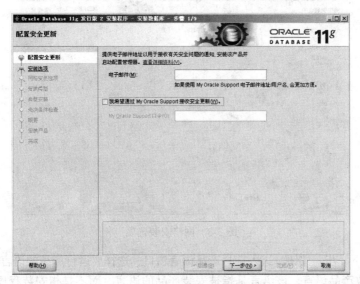

图 3-1 配置安全更新

2）单击"下一步"按钮，进入选择安装选项窗口，如图 3-2 所示。该窗口列出了数据库的三种安装选项，选择"仅安装数据库软件"，即仅仅安装数据库管理系统，等安装完数据库管理系统后再自行安装数据库。三种安装选项的含义如下。

图 3-2 安装选项

- 创建和配置数据库：在安装数据库软件之后创建新数据库以及示例方案。
- 仅安装数据库软件：仅安装数据库二进制文件，此安装模式所需时间更少。
- 升级现有的数据库：升级现有的较早发行的数据库。此选项在新的 Oracle 主目录中安装软件二进制文件。安装结束后，即可升级现有数据库。

3）单击"下一步"按钮，进入网格安装选项窗口，选择要执行的数据库安装类型，如图 3-3 所示。"单实例数据库安装"指在本地主机上安装数据库，"Real Application clusters 数据库安装"指在集群上执行 Oracle RAC 数据库安装。本窗口选择"单实例数据库安装"。

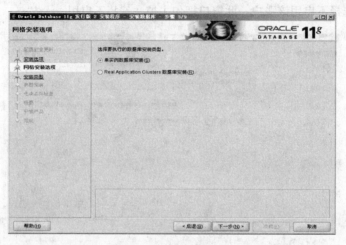

图 3-3　网格安装选项

4）单击"下一步"按钮，进入选择产品语言窗口，选择要运行产品的语言环境，如图 3-4 所示。可以更改产品语言，该语言是指被安装产品的语言，而不是指安装程序自身的语言。从"可用语言"列表中选择产品语言，将其传送到"所选语言"列表。

图 3-4　运时使用的产品语言

5）单击"下一步"按钮，进入选择数据库版本窗口，选择要安装的数据库版本，如图 3-5 所示。此窗口选择安装"企业版"。Oracle 11g 提供的四种数据库版本，其含义如下。

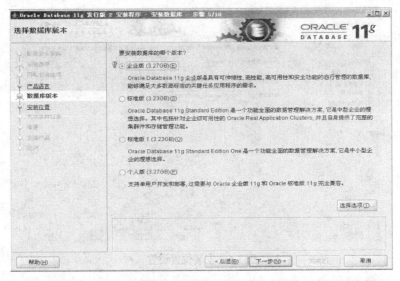

图 3-5　安装的数据版本

- 企业版：企业版是为企业级应用设计的，用于关键任务和对安全性要求较高的联机事务处理（OLTP）和数据仓库环境。
- 标准版：标准版是为部门或工作组级应用设计的，也适用于中小型企业，用于提供核心的关系数据库管理服务和选项。
- 标准版 1：标准版 1 是为部门、工作组级或 Web 应用设计的，仅限桌面和单实例安装。从小型企业的单服务器环境到高度分散的分支机构环境，标准版 1 包括了生成对业务至关重要的应用程序所必需的所有工具。
- 个人版：个人版和企业版安装相同的软件（管理包除外），仅限 Microsoft Windows 操作系统，仅支持要求与企业版和标准版完全兼容的单用户开发和部署环境。个人版不会安装 Oracle RAC。

6）单击“下一步”按钮，进入指定安装位置窗口，指定 Oracle 基目录和软件位置，如图 3-6 所示。Oracle 基目录是 Oracle 软件安装的顶级目录，软件位置用于指定 Oracle 主目录路径。目录路径不应包含空格，可以根据需要更改目录路径，此窗口采用默认值。

7）单击“下一步”按钮，进入执行先决条件检查窗口，确保计算机系统已满足执行数据库安装的最低系统要求，如图 3-7 所示。如果检查结果出现失败，可以单击“重新检查”按钮，再次运行先决条件检查以了解是否已满足执行数据库安装的最低要求；如果希望安装程序修复问题并再次检查系统要求，可单击“修补并再次检查”按钮；也可从列表中选择“显示失败项”、“显示成功项”或“全部显示”来获取失败的先决条件检查列表、已成功的先决条件检查列表或所有先决条件检查列表。也可以在“全部忽略”前打勾以忽略所有错误并继续进行数据库安装。

8）单击“下一步”按钮，进入概要窗口，显示在安装过程中选定选项的概要信息，如图 3-8 所示。用户可以检查将要安装的数据库选项是否正确，并保存相应文件以便以后查看，然后单击“完成”按钮开始数据库软件的安装。在安装过程中会显示当前的安装内容和进度，如图 3-9 所示。安装完成后会出现数据库软件安装成功的提示窗口，如图 3-10 所示。单击“关闭”按钮结束数据库软件的安装。

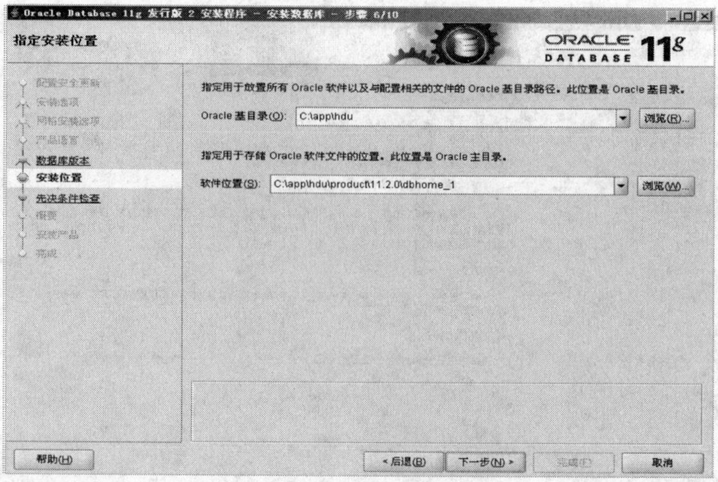

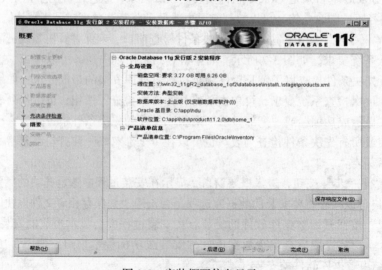

图 3-6　安装位置设置

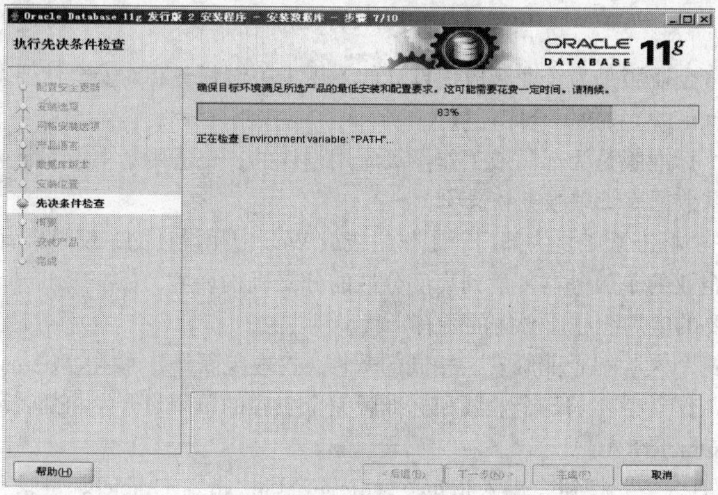

图 3-7　执行先决条件检查

图 3-8　安装概要信息显示

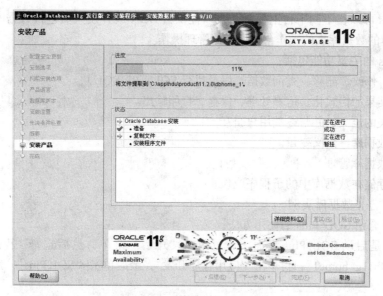

图 3-9　安装产品过程

图 3-10　数据库软件安装完成

3.2　Oracle 11g 工具介绍

3.2.1　SQL*Plus 的使用

在 Oracle 11g 数据库系统中，用户对数据库的操作主要是通过 SQL*Plus 工具来实现的，因此，本节首先介绍如何使用 SQL*Plus 连接到 Oracle 数据库。SQL*Plus 作为 Oracle 客户端工具，可以建立位于相同服务器上的数据库连接，或者建立位于网络中不同服务器的数据库连接。SQL*Plus 工具可以满足 Oracle 数据库管理员的大部分需求，一般在安装 Oracle 数据库管理系统的过程中会自动安装。

SQL*Plus 可以在不同平台上使用，可以提供给 DBA 或开发人员进行数据库的大部分操作，包括基本的数据库表的操作与数据库的管理操作。

SQL*Plus 的主要功能包括：

- 插入、修改、删除、查询数据，以及执行 SQL、PL/SQL 块。
- 查询结果的格式化、运算处理、保存、打印输出。
- 显示表的定义，并与终端用户交互。
- 连接数据库，定义变量。
- 完成数据库管理。
- 运行存储在数据库中的子程序或包。
- 启动／停止数据库实例。

下面简单介绍 SQL*Plus 的使用方法：

1）首先是启动 SQL*Plus 界面，通过单击"开始"菜单，然后选择"程序"，再选择"Oracle-OraDb11g_home1"，再单击"应用程序开发"，最后单击"SQL Plus"，启动的界面如图 3-11 所示。

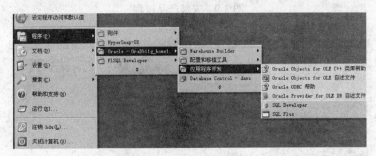

图 3-11   启动软件

2）然在弹出的 SQL*Plus 界面上，输入用户名和密码，我们这里使用的用户名是 sys，注意 sys 登录时，输入的口令后面要加上"as sysdba"以说明是使用系统管理权限登录，在显示出"SQL>"以后，我们可以在这里输入相应的 SQL 命令来操作数据库，操作界面如图 3-12 所示。

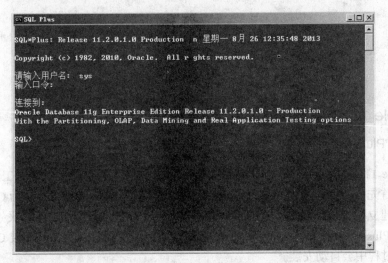

图 3-12   SQL*Plus 界面

3）在"SQL>"后输入"select name from v$controlfile;"，按回车键，命令执行完毕，显示出如图 3-13 所示内容。

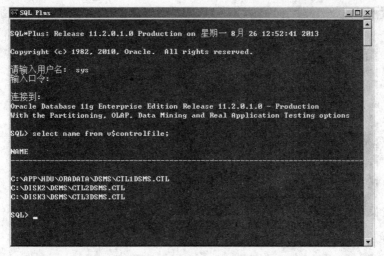

图 3-13　SQL*Plus 运行效果

4）要退出 SQL*Plus，可以在"SQL>"后输入"exit"，按回车键，界面会自动关闭。

3.2.2　数据库配置工具

数据库配置助手（Database Configuration Assistant，DBCA）是一个图形化的数据库管理工具，可以配置数据库选件、管理数据库模板、创建与删除数据库等，数据库管理员可以通过它更加方便与快速地完成数据库的一些基本工作，主要功能包括：

- 创建数据库（自动创建）。
- 配置数据库选件。
- 删除数据库。
- 管理模板。

以下将介绍 DBCA 程序位置及启动（第 4 章将着重介绍自动及手动创建数据库过程）：

1）首先是启动数据库配置助手界面，通过单击"开始"菜单，然后选择"程序"，再选择"Oracle-OraDb11g_home1"，再单击"配置和移植工具"，最后单击"Database Configuration Assistant"，启动界面如图 3-14 所示。

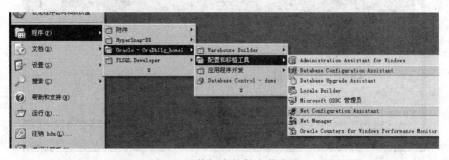

图 3-14　数据库软件安装完成

2）其次选择希望执行的操作，这里有四个选项，分别是"创建数据库"、"配置数据库选件"、"删除数据库"、"管理模板"选项，可以根据需要选择相应的功能，然后单击"下一步"按钮，选项界面如图 3-15 所示。

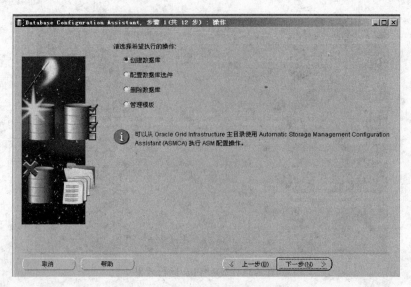

图 3-15　数据库配置助手总界面

3.2.3　Oracle 企业管理器简介

Oracle 企业管理器（Oracle Enterprise Manager，OEM）是一个图形化的数据库管理工具。它为数据库管理员提供了一个集中的系统管理工具，可以用来对数据库进行基本的操作，同时它是一个用来管理来自多个地点的多个网络节点和服务的工具。总之，OEM 是一个功能强大而且操作简单的图形化数据库管理工具。

1）首先是启动 OEM 主界面，通过打开浏览器，然后在地址栏中输入"https://hdu-app:1158/em"，最后按回车键，启动后的界面如图 3-16 所示。

图 3-16　OEM 登录界面

2）其次在登录界面上输入户名密码，然后单击"登录"按钮。将显示 Oracle 11g 的统一管理界面，默认首先显示的是主目录内容，显示数据库实例的一些基本信息，其中页面上端显示的是数据库实例名称。另外主目录包含了：一般信息，关于数据库基本的运行信息、状态、版本、监听程序；主机 CPU，包括 CPU 的使用负载、页活动信息；活动会话数；诊断概要，数据库实例运行过程中的健康状况；空间概要，说明数据库存储信息；SQL 相应时间等内容。见图 3-17。

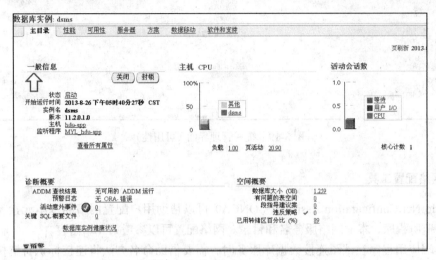

图 3-17　统一管理界面（主目录）

3）在性能界面中，通过图形展示的方式，显示了实例后台 CPU、前台 CPU、非数据库主机 CPU 和平均负载的信息等。另外还有平均活动会话数等的图形展示。见图 3-18。

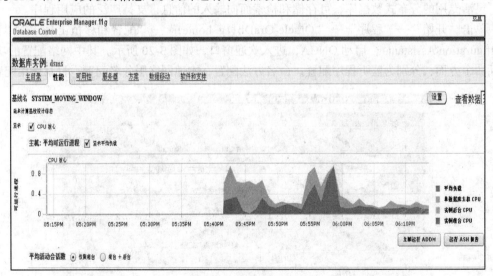

图 3-18　统一管理界面（性能）

4）在可用性界面中，包括备份 / 恢复和相关链接两部分内容，其中备份 / 恢复中包括基本信息的设置、管理以及 Oracle 安全备份等内容；相关链接包括策略、度量、作业、历史记录等信息的管理链接。见图 3-19。

5）另外还有服务器、方案、数移动、软件和支持等功能模块，这些模块中具有对应的相关链接可以进入相应的功能点。

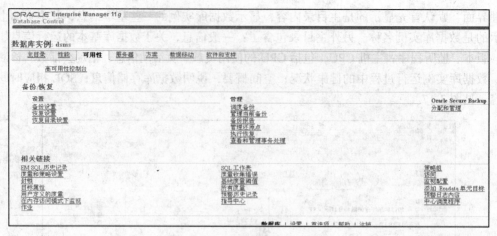

图 3-19　统一管理界面（可用性）

3.2.4　网络配置工具

Oracle Net Configuration Assistant（ONCA）可以帮助用户配置网络的基本元素，包括命名方法、监听程序、本地网络服务名和目录。网络配置可以参考第 4 章内容。

客户端应用程序在试图连接数据库服务时，需要借助命名方法将连接标识符解析为连接描述符。监听程序是服务器端的一个单独的进程，通过监听端口，监听网络上客户端对服务器的连接请求，并建立连接。当客户端访问服务器时，客户端根据本地网络服务名来确定需要访问的服务器中数据库的信息，包括主机名、服务名、端口等。目录服务是一种精心设计的、灵活专用的分布式数据库，可存储和检索面向输入的信息，支持广泛的应用程序。

单击"开始"→"程序"→"Oracle-OraDb11g_home1"→"配置和移植工具"→"Net Configuration Assistant"，启动 ONCA，进入欢迎窗口，如图 3-20 所示。其中网络配置的功能包括四个方面：分别为监听程序配置、命名方法配置、本地网络服务名配置、目录使用配置。

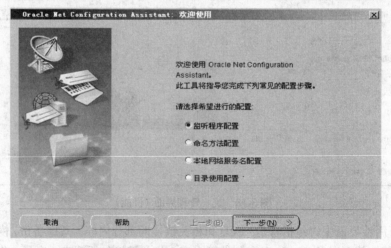

图 3-20　ONCA 欢迎使用界面界面

第4章 创建 Oracle 数据库

在上一章的数据库管理工具中 DBCA 工具可以自动安装 Oracle 数据库，但是究竟安装过程发生了什么变化，重要文件如何生成，内存如何划分，读者都不知道。因此，本章将手动建立城市公交行车安全管理系统的事故管理数据库，引领读者一步一步地掌握这些内容。读者完成本章的学习后可以深刻地了解 Oracle 底层及实例运行的机制，真正来一次"亲密接触 Oracle 数据库"。

本章学习要点：掌握 DBCA 自动创建数据库的方法；了解手动创建数据库的命令；掌握数据库的启动和关闭命令；掌握网络配置的方法。

4.1 创建数据库

4.1.1 创建数据库的准备工作

在数据库管理员的工作中，创建数据库是一项非常重要的工作。在创建数据库之前，需要进行详细的规划和周密的准备，以便在今后使用中数据库体现较好的性能。

（1）数据库规划
- 确定全局数据库名。
- 确定数据库初始化参数。
- 估算数据库表和索引需要的磁盘空间。
- 规划数据库文件在磁盘中的存储位置。
- 确定数据块的大小。
- 确定辅助系统表空间的大小。
- 确定用于存储用户数据的非系统表空间。
- 确定用于存储 UNDO 数据的撤销表空间。
- 确定数据库的编码方式和时区。

（2）计算机系统资源和配置检查
- 检查操作系统类型。
- 确定计算机系统是否已安装了所需的 Oracle 11g 软件，并设置了各种必要的环境变量。
- 确定当前的操作系统用户是否具有足够的操作系统权限。
- 确定计算机系统是否具有充足的内存来启动 Oracle 实例。
- 确定计算机系统是否具有充足的磁盘存储空间来创建数据库文件。

（3）创建方式选择
Oracle 数据库的创建通常可以采用三种形式：
- 安装 Oracle 数据库软件时自动创建新数据库以及示例方案。
- 使用 Database Configuration Assistant 工具（简称 DBCA），采用图形界面方式创建数据库。
- 使用命令（下面称命令方式、手动方式）创建数据库。

由于使用手动方式创建数据库的过程比较复杂，因此建议尽量使用前两种形式来创建数据库。

4.1.2　使用 DBCA 创建和删除数据库

DBCA 是 Oracle 数据库配置向导，用来创建数据库、配置现有数据库中的数据库选项、删除数据库，以及管理数据库模板。

如果在安装数据库软件时没有创建数据库，或者需要在服务器中添加一个新的数据库，或者原有数据库的物理存储结构已被破坏，需要删除，这时都可以使用 DBCA 来进行数据库的创建和删除操作。

【例 4-1】使用 DBCA 创建城市公交行车安全管理系统 – 事故管理数据库 dsms。

1）单击"开始"→"程序"→"Oracle-OraDb11g_home1"→"配置和移植工具"→"Database Configuration Assistant"，启动 DBCA，进入欢迎窗口，如图 4-1 所示。

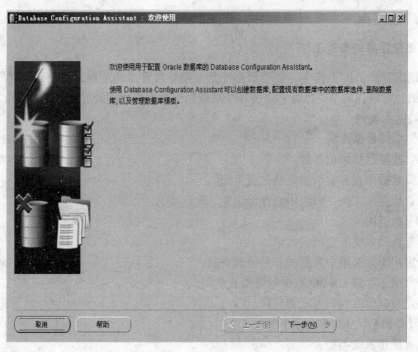

图 4-1　DBCA 欢迎窗口

2）单击"下一步"按钮，进入操作窗口，如图 4-2 所示。如果计算机上已安装了其他数据库，则"配置数据库选件"和"删除数据库"可用，否则这两个选项不可用。此窗口选择"创建数据库"。

3）单击"下一步"按钮，进入数据库模板窗口，如图 4-3 所示。"一般用途或事务处理"侧重于具有大量并发用户连接和事务处理。"数据仓库"适用于对大量数据进行快速访问以及复杂查询。此窗口选择"一般用途或事务处理"。

4）单击"下一步"按钮，进入数据库标识窗口，如图 4-4 所示。此窗口输入全局数据库名：dsms.hangzhou.com.cn，数据库 SID：dsms。

- 全局数据库名：用于在分布式数据库系统中区分不同的数据库，采用"数据库名.域名"的格式,数据库名和域名分别记录在 db_name 和 db_domain 这两个初始化参数中。案例中的 dsms 数据库并未采用分布式数据库管理,此处设置域名仅出于教学上的需要。

- SID:System Identifier 的简称,用于区别同一台计算机上同一个数据库的不同实例,是数据库和操作系统进行联系的标识。

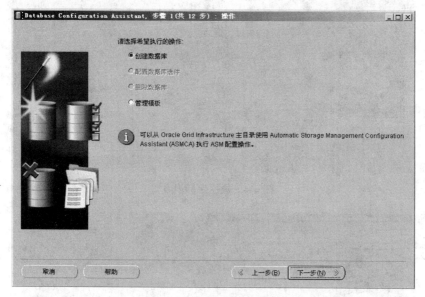

图 4-2　数据库配置操作选择

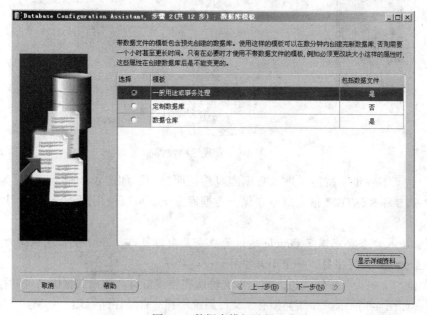

图 4-3　数据库模板选择

5)单击"下一步"按钮,进入管理选项窗口,如图 4-5 所示。如果想配置 Enterprise Manager 或执行数据库的自动维护管理任务,可在界面上相应选项打勾,此窗口把勾都去掉。

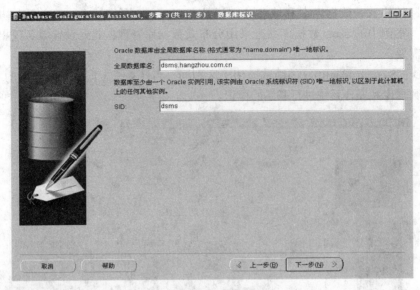

图 4-4 数据库标识设置

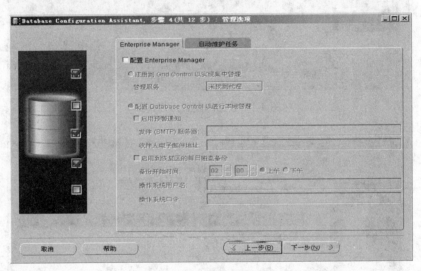

图 4-5 管理选项设置

6）单击"下一步"按钮，进入数据库身份证明窗口，如图 4-6 所示。通过为数据库管理员用户 SYS 和 SYSTEM 指定口令来保护数据库安全，可以使用同一口令也可以分别指定口令。

注意：输入口令要求满足 Oracle 建议的口令复杂性策略，即口令长度至少为 8 个字符，必须包含至少一个大写字符、一个小写字符和一个数字。

7）单击"下一步"按钮，进入数据库文件所在位置窗口，选择数据库文件的存储类型和存储位置，如图 4-7 所示。存储类型有"文件系统"和"自动存储管理（ASM）"两种。

- 文件系统：使用当前操作系统的文件系统存储数据库文件，还可指定存储数据库文件的位置。为了提高应用系统性能，建议将数据库文件存放到不同路径中。
- 自动存储管理（ASM）：将数据库文件存储在由 ASM 管理的磁盘中。ASM 是 Oracle 10g 开始的新特性，可跨越磁盘为所有数据建立存储，提供高效的 I/O 吞吐量。

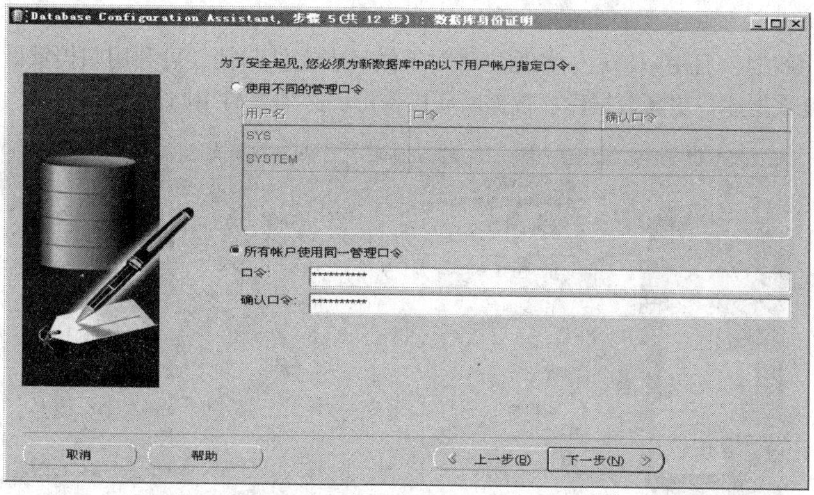

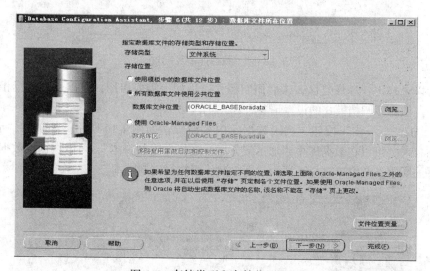

图 4-6　数据库帐户口令设置

图 4-7　存储类型和存储位置设置

单击"文件位置变量"按钮，弹出文件位置
变量窗口，显示与数据库文件位置相关的变量
及其值，如图 4-8 所示。

图 4-7 中存储类型选择"文件系统"，存储
位置按照默认设置。

8）单击"下一步"按钮，进入恢复配置窗
口，为了在系统出现故障时能恢复数据库中的
数据，一般在创建数据库时，为数据库指定快
速恢复区并启用归档，如图 4-9 所示。

- 指定快速恢复区：用于恢复数据，以免
  系统发生故障时丢失数据。快速恢复区

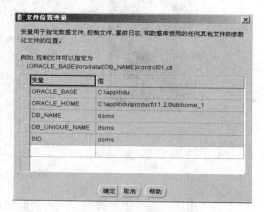

图 4-8　文件位置变量

由 Oracle 管理的目录、文件系统或 ASM 磁盘组成，提供了备份文件和恢复文件的存

储位置。

● 启用归档：启用归档后，数据库将对重做日志文件归档，可利用归档重做日志文件来恢复数据库、更新数据库。数据库联机备份，必须要启用归档。

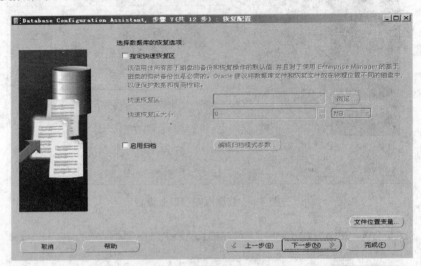

图 4-9 数据库恢复配置

此窗口未指定快速恢复区，未启用归档，以后如果需要启用，可以通过执行相关命令的方式启用。数据库归档模式的设置请参看 8.3.2 节。

9）单击"下一步"按钮，进入数据库内容窗口，如图 4-10 所示。如果在"示例方案"复选框前打勾，可以在数据库中添加示例方案。选择"定制脚本"，可以在创建数据库时运行自行编写的脚本。此窗口选择不添加示例方案，不执行定制脚本。

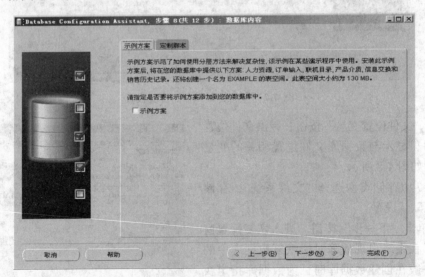

图 4-10 数据库内容设置

10）单击"下一步"按钮，进入初始化参数窗口，如图 4-11 所示。该窗口包含四个选项，对数据库的四个方面进行设置。

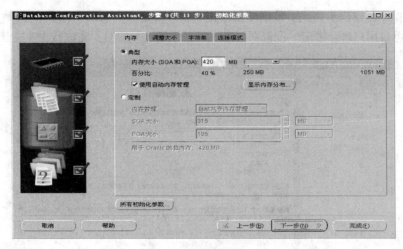

图 4-11 初始化参数设置

- 内存：设置控制数据库管理及其内存使用量的初始化参数。内存管理有两种方式，即典型和定制。"典型"方式可以最少的配置或用户输入创建数据库，用户只需设置数据库系统使用内存值，由 DBCA 自动分配数据库各内存结构的值。"定制"方式可以对数据库如何使用系统内存进行更多的控制，适用于经验丰富的数据库管理员。
- 调整大小：设置 Oracle 数据块的大小和连接到数据库的操作系统用户进程的最大数量。
- 字符集：设置 Oracle 数据库使用的字符集。
- 连接模式：设置数据库的连接模式，包含"专业服务器模式"和"共享服务器模式"两种。在专用服务器模式下连接数据库时，每个用户进程有专用的服务器进程，用户进程与服务器进程是一一对应的。专用服务器模式比较适合少量用户、长时间运行的应用系统。在共享服务器模式下允许多个用户进程共享非常少的服务器进程，可以同时实现较多用户并发访问。此时用户进程与服务器进程是多对一的情况，通过调度程序来实现。调度程序将多个加入数据库访问会话请求指引到一个共用队列。服务器进程共享池中某个闲置的共享服务器进程依次从队列中获得一个请求，也就是说，一个很小的服务器进程共享池可以为大量的客户机提供服务。共享服务器模式比较适合像网站应用这类高并发、大访问量、服务器无法同时提供太多进程以供连接的情况。

  此窗口四个选项均按照默认值设置。

提示：数据库的内存结构和存储参数介绍请参看第 2 章内容。

11）单击"下一步"按钮，进入数据库存储窗口，如图 4-12 所示。该窗口中可以指定数据库的存储参数。单击左边的树结构，可以打开相应窗口，修改控制文件、数据文件、重做日志组及重做日志成员的信息。此窗口先按照默认值设置，以后可通过 SQL 命令形式重新调整存储文件属性。数据库物理存储结构的管理请参看第 5 章内容。

12）单击"下一步"按钮，进入创建选项窗口，如图 4-13 所示。该窗口中可以把上述设置另存为数据库模板，并自动添加到数据库模板列表中，以便将来修改和创建数据库；还可以把上述设置以数据库创建脚本加以保存。该窗口中务必勾选"创建数据库"复选框，以运用前面的设置创建数据库。

13）单击"下一步"按钮，进入数据库创建的确认窗口，在该窗口核实数据库的配置信息无误后，单击"确定"按钮，开始创建数据库，分为复制数据文件、创建并启动 Oracle 实例和进行数据库创建三步完成。数据库创建完成后弹出窗口，如图 4-14 所示，单击"口令管理"按钮，可对用户解除锁定，设置新口令。单击"退出"按钮，完成数据库创建。

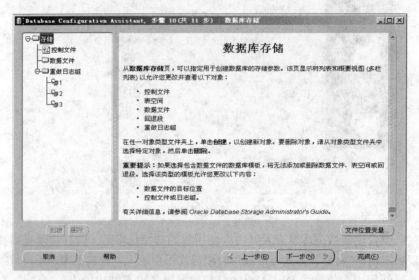

图 4-12　数据库存储设置

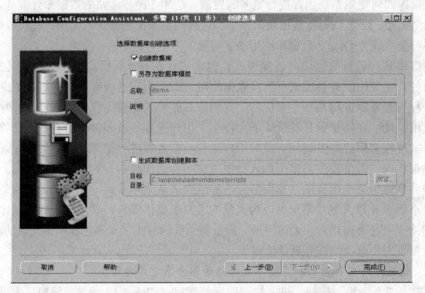

图 4-13　数据库创建选项设置

【例 4-2】使用 DBCA 删除数据库 dsms。

1）单击"开始"→"程序"→"Oracle-OraDb11g_home1"→"配置和移植工具"→"Database Configuration Assistant"，启动 DBCA，进入欢迎窗口，如图 4-1 所示。

2）单击"下一步"按钮，进入操作窗口，并选择"删除数据库"选项，如图 4-15 所示。

3）单击"下一步"按钮，进入数据库窗口，如图 4-16 所示。窗口显示了当前已创建的数据库，选中要删除的数据库 DSMS，输入具有管理员权限的用户名 SYS 及其口令，单击"完成"按钮，弹出确认删除窗口，单击"是"按钮，开始删除数据库文件及实例，并更新网络配置文件。

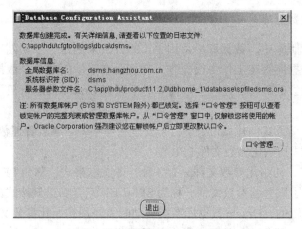

图 4-14 数据库创建完成窗口

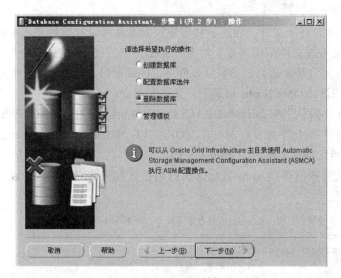

图 4-15 选择删除数据库

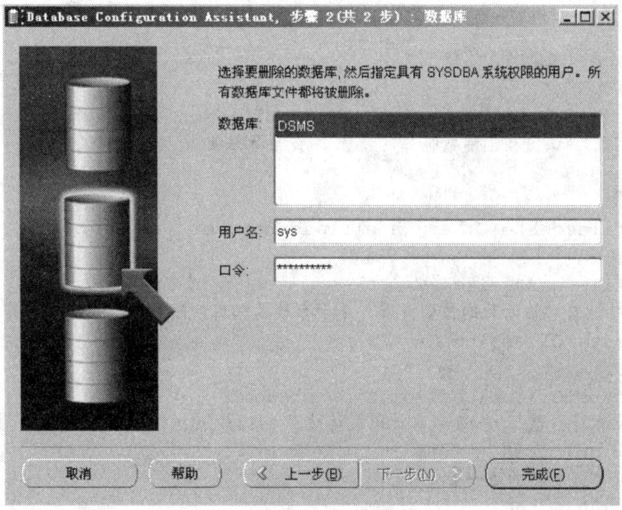

图 4-16 指定要删除的数据库及管理员用户口令

4.1.3　手动方式创建数据库

在早期的 Oracle 版本中，数据库必须用手工的方法来创建。手动创建数据库是一项复杂的工作，在今后的数据库管理工作中很少有人有机会来手动创建一个数据库，一般也是利用 DBCA 图形工具。但尝试手动创建一个数据库对于理解 Oracle 的运行机制和体系结构是十分有帮助的。

【例 4-3】使用手动方式创建城市公交行车安全管理系统 – 事故管理数据库 dsms。

（1）创建文本格式初始化参数文件 PFILE

在 Oracle 9i 之前，初始化参数文件只有一种，即文本格式，称为 PFILE，在 Oracle 9i 及以后的版本中，新增了服务器参数文件，称为 SPFILE，它是二进制格式的。这两种参数文件都是用来存储参数配置的，Oracle 数据库系统启动时需要用初始化参数文件的设置分配内存、启动必要的后台进程。因此，初始化参数文件是否正确创建、参数设置是否正确关系着整个数据库创建的成功与否。

由于 SPFILE 是二进制文件，因此手动创建数据库时可以考虑定义文本格式的 PFILE。不同数据库的初始化参数文件结构基本上都是一样的，创建初始化参数文件可以通过复制现有的初始化参数文件并将其做适当的参数修改即可。Oracle 11g 提供了一个初始化参数文件的样本，位于 %ORACLE_HOME%\dbs 目录下，文件名为 init.ora。

初始化参数文件默认名字是 init%ORACLE_SID%.ora，其中 ORACLE_SID 为数据库实例名。dsms 数据库的初始化参数文件保存在 %ORACLE_HOME%\database 下，数据库的实例名是 dsms，因此初始化参数文件名为 initdsms.ora。

由样本参数文件修改得到 dsms 数据库的初始化参数文件内容如下，以"#"开头的内容是参数的注释信息：

```
#db_name 设置数据库名，db_domain 设置数据库域名，两者构成全局数据库名
 db_name='dsms'
 db_domain='hangzhou.com.cn'
#Oracle 11g 新引入的参数，可以自动调整所有的 SGA 和 PGA 内存
 memory_target=1G
#同时连接到数据库服务器的最大用户进程数量
 processes = 50
#撤销表空间设置
 undo_tablespace='UNDOTBS1'
#控制文件设置
 control_files ='C:\app\hdu\oradata\dsms\CTL1dsms.ctl'
#数据块的大小（字节），该值在创建数据库时设置，此后无法更改
 db_block_size=8192
#快速恢复区的目录
 db_recovery_file_dest='C:\app\hdu\flash_recovery_area'
#快速恢复区的大小
 db_recovery_file_dest_size=2G
#Oracle 11g 新特性自动诊断库的位置设置，用于存放数据库诊断日志、跟踪文件等
 diagnostic_dest='C:\app\hdu'
#审计文件存放位置
 audit_file_dest='C:\app\hdu\admin\dsms\adump'
#启用或禁用数据库审计，值为 db 表示审计记录将被写入 SYS.AUD$ 表中
 audit_trail ='db'
#一个会话一次可以打开游标的最大数量
 open_cursors=300
#口令文件使用参数，'EXCLUSIVE' 表示只允许一个数据库使用该口令文件；允许远程
```

```
#登录；允许非 SYS 用户以 SYSDBA 身份管理数据库；可以在线修改 SYS 的密码
remote_login_passwordfile='EXCLUSIVE'
#和数据库完全兼容的版本
compatible =11.2.0.1.0
```

根据以上初始化参数的设置，需要在 Windows 操作系统下创建以下相关目录，以便创建和存储相关文件。

C:\app\hdu\admin\dsms\adump：存放审计文件。

C:\app\hdu\flash_recovery_area：自动数据库备份文件存储目录。

C:\app\hdu\oradata\dsms：存放各种数据库文件，包括控制文件、数据文件、重做日志文件。

提示： 初始化参数文件的详细介绍请参看 4.2.1 节内容。

（2）设置实例标识符

一般情况下，每个 Oracle 数据库都必须对应一个数据库实例。在创建数据库之前，必须先确定数据库实例的标识符，即 SID。SID 是数据库和操作系统进行联系的标识，SID 名是唯一的，在 Windows 操作系统中通过环境变量 ORACLE_SID 设定。

dsms 数据库的实例名和 SID 均设置为 dsms。打开命令窗口，使用以下命令设置操作系统环境变量 ORACLE_SID 指向数据库实例的名称：

```
C:\Documents and Settings\hdu>set oracle_sid=dsms
```

在命令窗口设置操作系统环境变量仅对本次运行有效，关闭命令窗口即失效。若想保存设置结果，可在系统环境变量图形界面中新建变量 ORACLE_SID，并设置值为 dsms，如图 4-17 所示。

ORACLE_SID 与数据库实例名 INSTANCE_NAME 有区别吗？两者都表示 Oracle 实例，但两者是有区别的。INSTANCE_NAME 是数据库参数。而 ORACLE_SID 是操作系统的环境变量。ORACLE_SID 用于与操作系统交互，也就是说，从操作系统的角度访问实例名，必须通过 ORACLE_SID。ORACLE_SID 必须与 INSTANCE_NAME 的值一致。

图 4-17 Windows 下系统环境变量窗口设置 ORACLE_SID

（3）使用实例管理工具 ORADIM 创建实例

ORADIM 是创建实例的工具程序名称。口令文件专门存放管理员用户 SYS 的口令，因为 SYS 用户要负责创建、启动、关闭数据库等特殊任务，所以把 SYS 用户的口令单独存放于口令文件中，这样数据库未打开时也能进行口令验证。以下语句创建实例 dsms 和口令文件：

```
C:\Documents and Settings\hdu>oradim -new -sid dsms -intpwd Sys123456 -startmode
auto 实例已创建
```

-new 表明新建实例，-sid 后面指定实例的名称，-intpwd 后面指定 SYS 用户的口令，-startmode 后面指定启动实例的方式，选项 auto 指自动启动实例。

实例创建以后，打开"控制面板"→"管理工具"→"服务"窗口，可见系统已启动了 OracleServicedsms 服务，如图 4-18 所示。

图 4-18 Windows 的 "服务" 窗口中实例启动情况

（4）启动 SQL*Plus 环境并以管理员用户身份连接到数据库实例

打开命令窗口，使用在 Windows 下 Oracle 用来连接数据库的命令行工具 sqlplus 启动 SQL*Plus 环境，并以管理员用户 SYS 连接到数据库实例 dsms。

```
C:\Documents and Settings\hdu>sqlplus /nolog
SQL*Plus: Release 11.2.0.1.0 Production on 星期一 8 月 22 19:47:47 2011
Copyright (c) 1982, 2010, Oracle.  All rights reserved.
SQL> connect sys/Sys123456 as sysdba
已连接到空闲例程
```

（5）生成服务器参数文件 SPFILE

服务器参数文件（SPFILE）是二进制的，无法用文本进行修改。在 9i 及之后版本中它的默认位置是 %ORACLE_HOME%/database，默认文件名是 spfile %ORACLE_SID%.ora，其中 ORACLE_SID 为数据库实例名。

数据库启动时，ORACLE 实例首先在默认位置查找服务器参数文件，如果未找到，接着找文本初始化参数文件。

文本初始化参数文件和服务器参数文件之间能够互相转换，使用以下命令由 PFILE 文件在默认位置上创建服务器参数文件，文件名为 spfiledsms.ora。

```
SQL>create spfile from pfile;
文件已创建
```

提示： 服务器参数文件和文本初始化参数文件的互相转化请参看 4.2.1 节内容。

（6）以 NOMOUNT 参数启动实例 dsms

在数据库创建期间，需要在没有装载数据库的情况下启动实例，可使用带 NOMOUNT 选项的数据库启动命令。此时实例启动，但数据库未装载。Oracle 读取服务器参数文件，为实例创建各种内存结构和后台进程，实例启动时将显示内存分配的具体情况。启动实例命令如下：

```
SQL> startup nomount
ORACLE 例程已经启动。
Total System Global Area  644468736 bytes
Fixed Size                  1376520 bytes
Variable Size             192941816 bytes
Database Buffers          444596224 bytes
Redo Buffers                5554176 bytes
```

提示： 数据库启动命令的详细介绍请参看 4.2.2 节内容。

（7）执行创建数据库脚本

在 Oracle 中使用 CREATE DATABASE 语句创建数据库，脚本如下：

```
SQL> create database dsms
  2  datafile
  3    'C:\app\hdu\oradata\dsms\system_01.dbf' size 180m
  4      autoextend on next 10m maxsize unlimited
  5  sysaux datafile
  6     'C:\app\hdu\oradata\dsms\systemaux_01.dbf' size 80m
  7      autoextend on next 10m maxsize unlimited
  8  logfile
  9    group 1 ('C:\app\hdu\oradata\dsms\log_1_01.rdo') size 10m,
 10    group 2 ('C:\app\hdu\oradata\dsms\log_2_01.rdo') size 10m
 11  undo tablespace UNDOTBS1
 12  datafile 'C:\app\hdu\oradata\dsms\undo01.dbf' size 20M
 13  character set zhs16gbk
 14  national character set AL16UTF16;
数据库已创建。
```

创建的 dsms 数据库具有以下特点：

- 数据库实例名 dsms。
- DATAFILE 子句设定数据文件 system_01.dbf，属于 SYSTEM 表空间；SYSAUX DATAFILE 子句设定辅助数据文件 systemaux_01.dbf，属于 SYSAUX 表空间。
- LOGFILE 子句设定重做日志文件组和成员。数据库有两个重做日志文件组，每组各一个重做日志文件成员。
- UNDO TABLESPACE 子句创建撤销表空间 UNDOTBS1 以用于管理 UNDO 数据。
- CHARACTER SET 子句设定数据库保存数据的字符集是 zhs16gbk，NATIONAL CHARACTER SET 子句设定字符集是 AL16UTF16。
- 根据初始化参数文件中 CONTROL_FILES 参数在指定位置生成控制文件。

（8）运行脚本

数据库建立之后，需要以数据库管理员用户 SYS 和 SYSTEM 的身份运行一些脚本来创建数据字典视图和标准 PL/SQL 包。用户 SYS 和 SYSTEM 在数据库创建时由系统自动创建。

- SYS 用户执行 catalog.sql 脚本和 catproc.sql 脚本。

SYS 用户运行 catalog.sql 脚本创建系统常用的数据字典视图和公有同义词；运行 catproc.sql 脚本创建 PL/SQL 功能的使用环境，创建一些 PL/SQL 包以用于扩展 RDBMS 功能。这两个脚本位于 %ORACLE_HOME%/ RDBMS/ADMIN 目录下。使用以下命令：

```
SQL> @ C:\app\hdu\product\11.2.0\dbhome_1\RDBMS\ADMIN\catalog.sql
SQL> @ C:\app\hdu\product\11.2.0\dbhome_1\RDBMS\ADMIN\catproc.sql
```

- SYSTEM 用户执行 pupbld.sql 脚本。

执行 pupbld.sql 脚本是使用 SQL*Plus 环境的需要。在执行 pupbld.sql 脚本之前要把当前用户 SYS 转换成 SYSTEM，SYSTEM 的口令是系统默认的口令 manager。可以在数据库建好以后再来重新设置此帐户的口令。该脚本位于 %ORACLE_HOME%/sqlplus/admin 目录下。使用以下命令：

```
SQL>connect system/manager
SQL> @ C:\app\hdu\product\11.2.0\dbhome_1\sqlplus\admin\pupbld.sql
```

至此，手动创建数据库 dsms 完成。

4.1.4   网络配置管理

Oracle 数据库是网络数据库。在设计一个采用 Oracle 数据库的应用系统时，无论采用何种系统体系结构，都需要通过网络配置，才能建立应用程序和 Oracle 数据库服务器之间的网络连接。因此，在 dsms 数据库创建之后，接下来要进行网络配置，以实现客户端和 Oracle 数据库服务器的连接。

Oracle 的网络配置分为两种：服务器端配置和客户端配置。网络配置和所选用的命名方法相关，命名方法用于解析客户端和服务器端的连接描述符。配置结果存储在配置文件中。

服务器端配置的是监听程序。监听程序是服务器端的一个单独进程，通过监听端口，监听网络上客户端对服务器的连接请求，并建立连接。监听程序配置的本质就是修改配置文件 listener.ora，该文件位于 %ORACLE_HOME%\ NETWORK\ADMIN\ 目录下。

客户端配置的是网络服务名。为了连接到服务器及其数据库，客户端需要提供用户名、口令和网络服务名。网络服务名通过一种命名方法来指定客户端和服务器端数据库的连接信息。Oracle 网络支持多种命名方法，常用的是本地命名方法，把连接信息保存在客户端的 tnsnames.ora 文件中，该文件中每个网络服务名都对应一个客户端和服务器端数据库的连接信息，文件位于 %ORACLE_HOME%\ NETWORK\ADMIN\ 目录下。

通常可以使用 Oracle Net Configuration Assistant 工具（简称 ONCA）或 Oracle Net Manager 工具（Oracle 网络管理器，简称 ONM）添加并配置监听程序和网络服务名，熟练之后也可以直接修改相应配置文件。

【例 4-4】使用 ONCA 工具和 ONM 工具完成 dsms 数据库的网络配置。

（1）使用 ONCA 工具完成服务器端监听程序的创建

1）单击"开始"→"程序"→"Oracle-OraDb11g_home1"→"配置和移植工具"→"Net Configuration Assistant"，启动 ONCA，进入欢迎窗口，如图 4-19 所示。从该窗口可知，ONCA 工具可以完成监听程序、命名方法、本地网络服务名和目录使用的配置。选择"监听程序配置"选项。

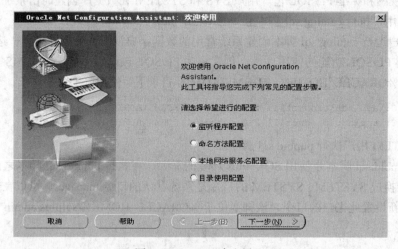

图 4-19   ONCA 欢迎界面

2）单击"下一步"按钮，进入监听程序配置窗口，如图 4-20 所示。选择"添加"选项，新建一个监听程序。

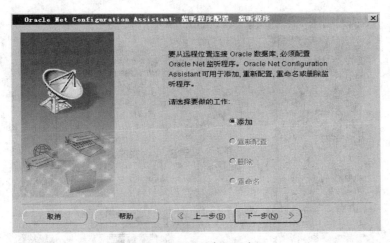

图4-20 监听程序配置窗口

3）单击"下一步"按钮，进入监听程序名配置窗口，如图4-21所示。例如，输入监听程序名称为MYL。

图4-21 监听程序名配置

4）单击"下一步"按钮，进入选择协议窗口，如图4-22所示。从"可用协议"列表中选择TCP，将其传送到"选定的协议"列表。

5）单击"下一步"按钮，进入TCP/IP协议设置窗口，如图4-23所示。输入端口号1535。如果某个监听程序的某个协议使用了某个端口，则其他监听程序配置相同协议时不能再使用该端口。

6）单击"下一步"按钮，进入更多的监听程序配置窗口，如图4-24所示。如果不需要再配置另一个监听程序，就选择"否"选项。

7）单击"下一步"按钮，进入监听程序配置完成窗口，如图4-25所示。在此窗口单击"下一步"按钮，返回ONCA欢迎界面，单击该界面中右下角新出现的"完成"按钮，保存监听程序的配置信息，并自动启动该监听程序；如果想放弃本次操作，单击界面中左下角的"取消"按钮。

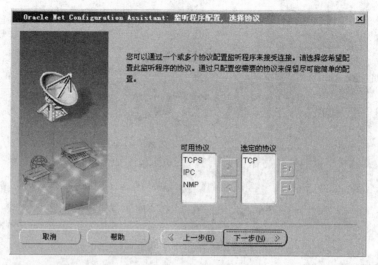

图 4-22 选择协议

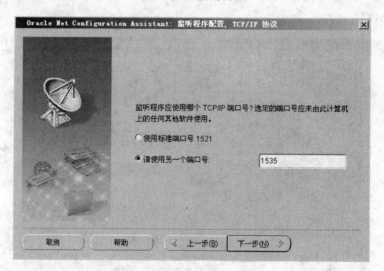

图 4-23 TCP/IP 协议设置

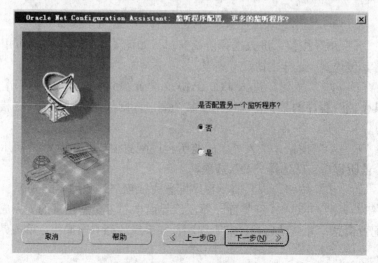

图 4-24 更多的监听程序配置

图 4-25　监听程序配置完成

8）创建监听程序并启动后，将监听程序添加到 Windows 的注册表和服务表中。打开"控制面板"→"管理工具"→"服务"窗口，可查看对应监听程序 MYL 的 OracleOraDb11g_home1TNSListenerMYL 服务及其启动情况，如图 4-26 所示。

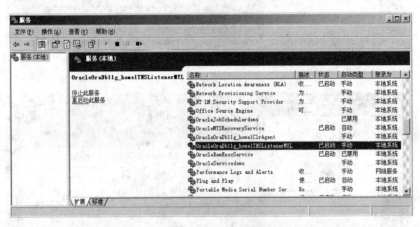

图 4-26　Windows 的"服务"窗口中监听程序启动情况

（2）使用 ONM 工具添加数据库到监听程序，并重启监听程序

1）单击"开始"→"程序"→"Oracle-OraDb11g_home1"→"配置和移植工具"→"Net Manager"，启动 ONM，进入欢迎窗口。在该窗口中双击"本地"文件夹，在展开的树形结构中双击"监听程序"文件夹，可查看现有的监听程序。单击监听程序 MYL，在界面中显示 MYL 监听程序监听位置的配置信息，如图 4-27 所示，图中主机指的是运行监听程序的服务器机器名或 IP 地址。

2）选择"数据库服务"选项，进入监听数据库添加界面，单击"添加数据库"按钮，输入全局数据库名和 SID，如图 4-28 所示。

3）选择菜单"文件"→"保存网络配置"，将保存监听程序的修改。

4）重新启动监听程序 MYL，使修改生效。监听程序的启动和关闭等操作可以在命令窗口中执行，也可以通过双击图 4-26Windows 的"服务"窗口中的监听程序服务，在弹出的属性窗口中重启服务。下面通过命令窗口使用 Oracle 提供的命令行工具 lsnrctl 来重启监听程序 MYL。

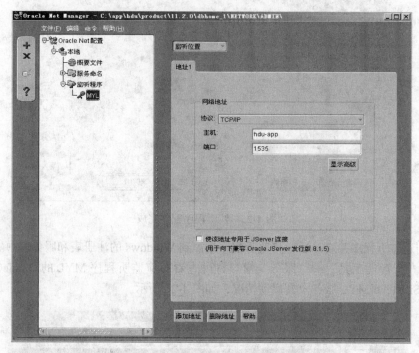

图 4-27　ONM 中置监听程序的监听位置

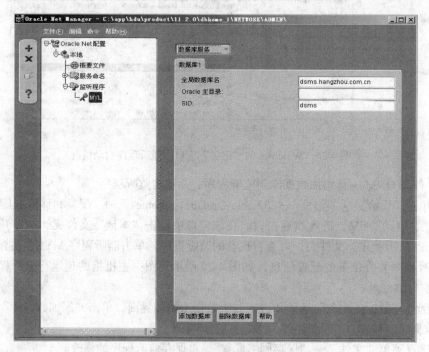

图 4-28　ONM 中配置监听程序的数据库服务

- 停止监听程序 MYL。

```
C:\Documents and Settings\hdu>lsnrctl stop myl
LSNRCTL for 32-bit Windows: Version 11.2.0.1.0 - Production on 24-8月 -2011
20:32:40
Copyright (c) 1991, 2010, Oracle. All rights reserved.
正在连接到
(DESCRIPTION=(ADDRESS=(PROTOCOL=TCP)(HOST=hdu-app)(PORT=1535)))
命令执行成功
```

- 启动监听程序 MYL。

```
C:\Documents and Settings\hdu>lsnrctl start myl
LSNRCTL for 32-bit Windows: Version 11.2.0.1.0 - Production on 24-8月 -2011
20:32:51
Copyright (c) 1991, 2010, Oracle. All rights reserved.
启动 tnslsnr: 请稍候...
TNSLSNR for 32-bit Windows: Version 11.2.0.1.0 - Production
系统参数文件为 C:\app\hdu\product\11.2.0\dbhome_1\network\admin\listener.ora
写入 c:\app\hdu\diag\tnslsnr\hdu-app\myl\alert\log.xml 的日志信息
监听 : (DESCRIPTION=(ADDRESS=(PROTOCOL=tcp)(HOST=hdu-app)(PORT=1535)))
正在连接到 (DESCRIPTION=(ADDRESS=(PROTOCOL=TCP)(HOST=hdu-app)(PORT=1535)))
LISTENER 的 STATUS
--------------
别名                     myl
版本                     TNSLSNR for 32-bit Windows: Version 11.2.0.1.0 - Production
启动日期                 24-8月 -2011 20:32:54
正常运行时间             0 天 0 小时 0 分 3 秒
跟踪级别                 off
安全性                   ON: Local OS Authentication
SNMP                     OFF
监听程序参数文件         C:\app\hdu\product\11.2.0\dbhome_1\network\admin\listener.ora
监听程序日志文件         c:\app\hdu\diag\tnslsnr\hdu-app\myl\alert\log.xml
监听端点概要 ...
  (DESCRIPTION=(ADDRESS=(PROTOCOL=tcp)(HOST=hdu-app)(PORT=1535)))
服务摘要 ..
服务 "CLRExtProc" 包含 1 个实例。
  实例 "CLRExtProc", 状态 UNKNOWN, 包含此服务的 2 个处理程序 ...
服务 "dsms.hangzhou.com.cn" 包含 1 个实例。
  实例 "dsms", 状态 UNKNOWN, 包含此服务的 1 个处理程序 ...
命令执行成功
```

（3）使用 ONCA 工具完成命名方法的配置

1）单击"开始"→"程序"→"Oracle-OraDb11g_home1"→"配置和移植工具"→"Net Configuration Assistant"，启动 ONCA，进入欢迎窗口，如图 4-19 所示。选择"命名方法配置"选项。

2）单击"下一步"按钮，进入命名方法配置窗口，如图 4-29 所示。

从"可用命名方法"列表中选择本地命名，将其传送到"选择的命名方法"列表。客户端的应用程序在试图连接数据库服务时，需要借助命名方法将连接标识符解析为连接描述符。Oracle Net 支持的命名方法有以下几种：

- 本地命名：将存储在本地客户端的 tnsnames.ora 文件中的网络服务名解析为连接标识符，这是最常用的方法。
- NIS 外部命名：使用一个非 Oracle 的工具来管理和解析 Oracle 的网络服务名。
- 目录命名：将数据库服务或网络服务名解析为连接标识符，该标识符存储在中央目录服务器中。
- 轻松连接命名：使用数据库的主机名、端口名（可选）和服务名作为连接标识符。

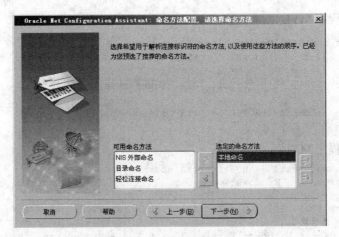

图 4-29　命名方法配置

3）单击"下一步"按钮，进入命名方法配置完成窗口，如图 4-30 所示。

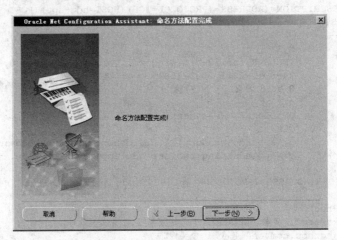

图 4-30　命名方法配置完成

在此窗口单击"下一步"按钮，返回图 4-19 的 ONCA 欢迎界面，单击该界面中右下角的"完成"按钮，保存命名方法的配置信息；如果想放弃本次操作，单击界面中左下角的"取消"按钮。

（4）使用 ONM 工具完成客户端网络服务名的配置，并测试连接

1）单击"开始"→"程序"→"Oracle-OraDb11g_home1"→"配置和移植工具"→"Net Manager"，启动 ONM，进入欢迎窗口。在该窗口中双击"本地"文件夹，在展开的树形结构中双击"服务命名"文件夹，可查看现有的网络服务名，如图 4-31 所示。

2）单击左边工具条上的"+"，或者选择菜单"编辑"→"创建"，弹出欢迎使用网络服务名向导窗口，如图 4-32 所示。输入一个自定义的网络服务名，不能与现有网络服务名相同，如输入 dsms_hz。

3）单击"下一步"按钮，进入网络协议设置窗口，如图 4-33 所示。选择网络与数据库通信的协议 TCP/IP 协议。

4）单击"下一步"按钮，进入 TCP/IP 协议设置窗口，如图 4-34 所示。输入数据库所在计算机的 TCP/IP 主机名和端口号，务必与图 4-27 中 MYL 监听程序的监听位置配置一致。

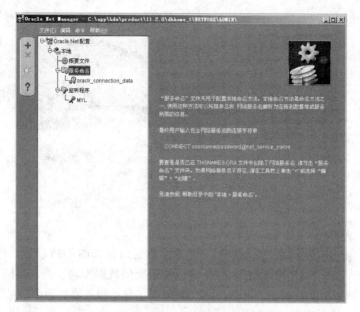

图 4-31 ONM 中服务命名信息

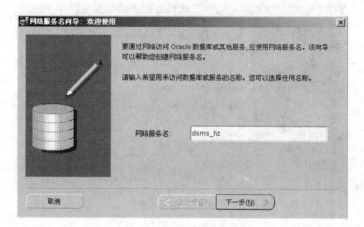

图 4-32 欢迎使用网络服务名向导

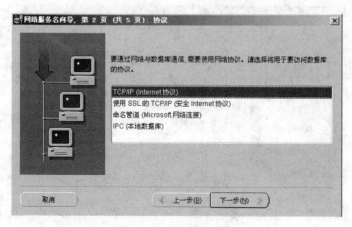

图 4-33 网络协议设置

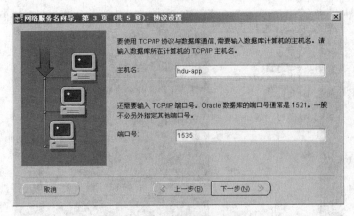

图 4-34 TCP/IP 协议设置

5）单击"下一步"按钮，进入数据库服务设置窗口，如图 4-35 所示。输入数据库服务名，由参数 SERVICE_NAMES 设置，服务名通常是全局数据库名，是"数据库名.数据库域名"。在"连接类型"下拉列表中可选择共享服务器、专业服务器、池中服务器或数据库默认设置，此处选择"数据库默认设置"。

图 4-35 服务设置

6）单击"下一步"按钮，进入网络服务名测试窗口，如图 4-36 所示。

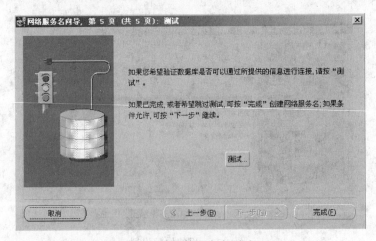

图 4-36 网络服务名测试

7）单击"测试"按钮，弹出连接测试窗口，如图 4-37 所示，验证新创建的网络服务名是否正确，能否成功连接服务器端数据库。稍等片刻，测试成功或者测试失败原因的信息都会在窗口中显示。默认使用的测试用户是 scott，口令 tiger。也可以更改用户名和口令，在图 4-37 窗口中单击"更改登录"按钮，输入新的用户名和口令，再单击"测试"按钮，用新用户进行连接测试。测试完毕后单击"关闭"按钮，返回如图 4-36 所示界面，单击"完成"按钮完成网络服务名的创建。

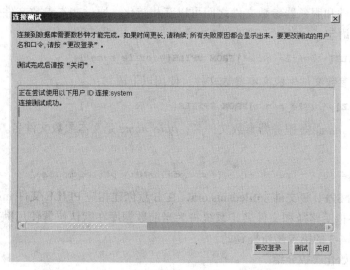

图 4-37　连接测试

提示： 在如图 4-37 所示窗口中一般不使用 SYS 用户进行登录测试。

8）选择菜单"文件"→"保存网络配置"，保存新建的网络服务名 dsms_hz。

至此，dsms 数据库的网络配置完成，借助网络服务名能够建立客户端应用程序和 Oracle 数据库服务器的连接。

4.2　启动和关闭数据库

4.2.1　初始化参数文件管理

初始化参数文件是 Oracle 数据库中一个很关键的文件，记录了数据库大量的配置参数，通过这些参数可以管理数据库和实例，进行数据库设计及性能调整。当 Oracle 数据库启动时，第一步就是从初始化参数文件中读取初始化参数以便启动实例。

初始化参数文件有文本参数文件（PFILE）和服务器参数文件（SPFILE）两种形式。初始化参数文件在数据库实例启动时读取。在数据库启动命令 STARTUP 执行时，如果指定 PFILE 子句，则根据该子句读取参数文件，否则在系统默认位置先寻找服务器参数文件 SPFILE，如果找不到再寻找文本参数文件，都找不到则启动失败。

（1）初始化参数文件名和存储位置

文本参数文件默认名字是 init%ORACLE_SID%.ora，服务器参数文件默认名字是 spfile%ORACLE_SID%.ora。其中 ORACLE_SID 为数据库实例名。

文件默认存储位置是 %ORACLE_HOME%\database。

例如 dsms 数据库，其数据库的实例名是 dsms，%ORACLE_HOME% 的地址为 C:\app\

hdu\product\11.2.0\dbhome_1。因此文本参数文件名为 initdsms.ora，服务器参数文件名为 spfiledsms.ora，存储于 C:\app\hdu\product\11.2.0\dbhome_1\database 目录下。

（2）初始化参数文件的创建和转换

创建文本参数文件可以通过直接编写一个文本文件，在文件中写入一些初始化参数。服务器参数文件是二进制文件，无法直接编辑，所以常根据已存在的文本参数文件通过 CREATE SPFILE 语句创建。

文件参数文件和服务器参数文件之间可以互相转化。通过文本参数文件生成服务器参数文件，使用以下语句：

```
CREATE SPFILE[='spfile_name']FROM PFILE[='pfile_name'];
```

通过服务器参数文件生成文本参数文件，使用以下语句：

```
CREATE PFILE[='pfile_name']FROM SPFILE[='spfile_name'];
```

其中：*spfile_name* 是服务器参数文件名；*pfile_name* 是文本参数文件名。

例如：

```
create pfile='e:\initdsms.ora' from spfile='d:\spfiledsms.ora';
```

根据 D 盘的 SPFILE 文件 spfiledsms.ora，在 E 盘创建相应 PFILE 文件 initdsms.ora。如果没有为参数文件指明路径和文件名，系统将为当前数据库在默认位置使用默认名称创建相应参数文件，如例 4-3 的第 5 步所提到的。

（3）基本初始化参数介绍

Oracle 11g 数据库有很多初始化参数，对大部分 Oracle 数据库来说，只要把基本的初始化参数设置好就能正常和有效地运行了。下面介绍一些常用的初始化参数：

- CLUSTER_DATABASE：是否使用 Oracle RAC。默认值为 False。
- COMPATIBLE：与 Oracle 数据库兼容的版本，默认值为 11.2.0。
- CONTROL_FILES：控制文件名。当指定多个控制文件时，名称间用逗号分隔，最多可建 8 个文件。
- DB_BLOCK_SIZE：Oracle 数据库块的大小（字节）。该值在创建数据库时设置，而且此后无法更改。
- DB_CREATE_FILE_DEST：Oracle 管理的数据文件的默认存储位置。如果没有设置重做日志文件的存储参数，此处即 Oracle 管理的重做日志文件和控制文件的默认存储位置。
- DB_CREATE_ONLINE_LOG_DEST_n：Oracle 管理的重做日志文件和控制文件的默认存储位置。n 取值为 1 ～ 5。
- DB_DOMAIN：数据库域名，与 DB_NAME 参数构成全局数据库名。
- DB_NAME：数据库名，是 Oracle 数据库的内部标识，在数据库创建后不宜修改。
- DB_RECOVERY_FILE_DEST：快速恢复区的目录。
- DB_RECOVERY_FILE_DEST_SIZE：快速恢复区的大小。
- LOG_ARCHIVE_DEST_n：用于多路复用归档重做日志文件，将归档重做日志文件写到不同的磁盘目录下，n 为 1 ～ 31。
- LOG_ARCHIVE_DEST_STATE_n：与 LOG_ARCHIVE_DEST_n 参数相关，描述了对应的归档重做日志文件存储目录的可用性，n 为 1 ～ 31。默认是 Enable，表示可用。

- NLS_LANGUAGE：数据库的默认语言。
- MEMORY_TARGET：Oracle 11g 新引入的参数，可以自动调整所有的 SGA 和 PGA 内存。
- OPEN_CURSORS：每个会话一次打开游标的最大数量值。
- PROCESSES：连接到数据库服务器的并发用户进程最大数量。
- REMOTE_LOGIN_PASSWORDFILE：Oracle 是否使用口令文件来验证数据库管理员 SYS 用户和非 SYS 用户。取值可以是 none、shared 和 exclusive。none 表示使用操作系统验证，shared 表示多个数据库可共用一个口令文件，exclusive 表示口令文件只能用于单个数据库。
- SGA_TARGET：SGA 内存的总大小。
- SESSIONS：数据库系统最大会话数量。
- SHARED_SERVERS：实例启动时启动的服务器进程数量。
- UNDO_TABLESPACE：撤销表空间名称设置。

（4）初始化参数的查询

可以通过查询数据字典 V$PARAMETER 得到当前数据库的初始化参数情况，也可以使用 SHOW PARAMETER 命令查看参数数据类型和参数值。

【例 4-5】查询当前数据库的 DBWR 进程数。

- 使用 SHOW PARAMETER 命令。

```
SQL> show parameter db_writer_processes
NAME                       TYPE           VALUE
-------------------------- -------------- -----------
db_writer_processes        integer        1
```

- 查询数据字典 V$PARAMETER。

```
SQL> select name,value from v$parameter where name='db_writer_processes';
NAME                       VALUE
-------------------------- ----------
db_writer_processes        1
```

（5）初始化参数的修改

如果是初次创建 Oracle 数据库，建议对初始化参数的设置不要改变太多。当熟悉了数据库和计算机环境后，可以使用带 SET 子句的 ALTER SYSTEM 命令动态调整很多初始化参数。

ALTER SYSTEM 命令修改服务器参数文件的格式如下：

```
ALTER SYSTEM SET parameter_name=parameter_value
[SCOPE={ MEMORY | SPFILE | BOTH }];
```

其中：

- *parameter_name* 指参数名，*parameter_value* 指参数值。
- SCOPE=SPFILE：对参数的修改仅记录在服务器参数文件中，对动态参数和静态参数都适用，参数修改在数据库下一次启动时生效。
- SCOPE=MEMORY：对参数的修改仅记录在内存中，只适用于对动态参数的修改，参数修改后立即生效，由于修改结果未保存到服务器参数文件，因此在数据库下一次启动时仍采用修改前的参数设置。
- SCOPE=BOTH：对参数的修改同时保存到内存和服务器参数文件，只适用于对动态参数的修改，参数修改后立即生效，并且在数据库下一次启动时采用修改后的参数设置。执行 ALTER SYSTEM 命令时，没有指定 SCOPE 选项，Oracle 会指定"SCOPE=BOTH"。

提示：动态参数是指数据库实例运行过程中可以进行修改并能立即生效的参数，静态参数是指修改后只能在数据库实例下一次启动时才能生效的参数。如果使用文本参数文件启动数据库，SCOPE 选项只能设置为"SCOPE=MEMORY"，否则会出错。

【例 4-6】修改初始化参数，产生 3 个 DBWR 进程，提高数据读写效率。

- 修改参数。

```
SQL> alter system set db_writer_processes=3 scope=spfile;
系统已更改。
```

- 重启数据库。

```
SQL> shutdown immediate
数据库已经关闭。
已经卸载数据库。
ORACLE 例程已经关闭。
SQL> startup
ORACLE 例程已经启动。
Total System Global Area        644468736 bytes
Fixed Size                        1376520 bytes
Variable Size                   264244984 bytes
Database Buffers                373293056 bytes
Redo Buffers                      5554176 bytes
数据库装载完毕。
数据库已经打开。
```

- 验证参数修改是否生效。

```
SQL> show parameter db_writer_processes
NAME                    TYPE          VALUE
----------------------- ------------- ---------
db_writer_processes     integer       3
```

4.2.2 启动数据库

当用户要连接数据库时，必须先启动数据库。具有 SYSDBA 或 SYSOPER 权限的数据库管理员才能启动数据库，通常由 SYS 用户以 SYSDBA 权限连接到数据库以执行启动命令。

1. Windows 中启动数据库实例服务

通常数据库创建之后会自行启动，每一个启动的数据库都对应一个实例。实例是 Oracle 数据库的引擎，由数据库服务器的内存结构和后台进程组成，数据库的操作都是通过实例来完成的。在数据库创建完成后，Windows 操作系统的"服务"窗口中可见该数据库的实例服务，名称为 OracleService%ORACLE_SID%，%ORACLE_SID% 是数据库的实例名。该服务默认是启动状态，也可修改使之停止。当需要关闭数据库并重新启动时，必须确保数据库实例服务的启动，否则数据库启动操作失败。

在 Windows 下 dsms 数据库实例服务如图 4-18 所示，双击该服务，可以在弹出的属性窗口启动和关闭服务，如图 4-38 所示。

2. 启动数据库的三个步骤

Oracle 数据库的启动是按步骤执行的，每完成一个步骤就进入一个状态，以便数据库管理员完成一些特殊的管理和维护操作。

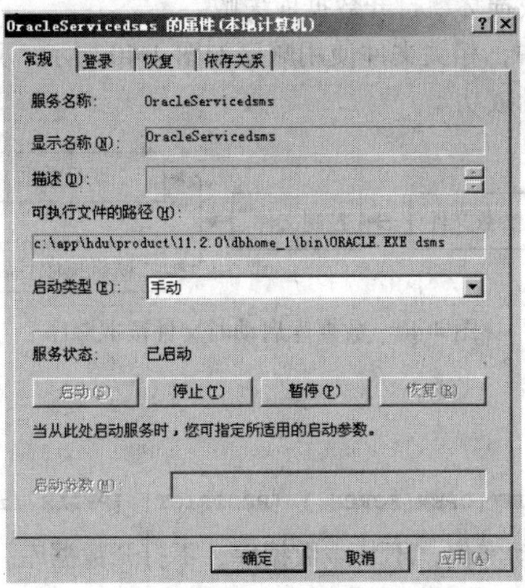

图 4-38 数据库实例服务属性设置

（1）启动实例

启动实例时，读取初始化参数文件，为实例创建内存结构和后台进程，如图 4-39 所示。在启动实例过程中执行以下任务：

- 读取初始化参数文件：如果启动命令指定 PFILE 子句，则根据该子句读取参数文件，否则在系统默认位置读取服务器参数文件，如果找不到则读取文本参数文件。
- 根据参数文件中的参数设置，分配 SGA 和 PGA 的内存空间。
- 根据参数文件中的参数设置，启动后台进程。

图 4-39 读取初始化参数文件启动实例

在实例启动状态下，可以重建控制文件，重建数据库。

（2）装载数据库

装载数据库时，根据初始化参数文件中 CONTROL_FILES 参数的设置，找到控制文件，并且从控制文件中获取数据文件和重做日志文件的信息。如果控制文件找不到或损坏，装载数据库失败。

在装载数据库状态下，可以设置数据库的日志归档模式、执行数据库介质恢复、重新定位数据文件和重做日志文件。

（3）打开数据库

打开数据库时，根据控制文件中读取的信息打开所有联机的数据文件和重做日志文件，此时数据库才处于正常运行状态，用户能够与数据库建立连接并存取数据。如果某个数据文件或重做日志文件找不到或损坏，打开数据库失败。

在启动数据库的过程中，相关文件使用顺序如图 4-40 所示，只有这些文件都正常被打开和读取后，数据库才能启动成功。

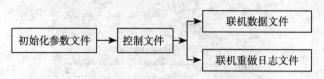

图 4-40　数据库启动时文件读取顺序

3．启动数据库的命令

数据库启动命令如下：

STARTUP [NOMOUNT|MOUNT|OPEN|FORCE] [RESTRICT] [PFILE=*file_name*]

- NOMOUNT：只启动实例，不装载数据库，不打开数据库。
- MOUNT：启动实例，装载数据库，不打开数据库。
- OPEN：默认的启动选项，启动实例，装载数据库并打开数据库。
- FORCE：用于数据库重启。无论数据库启动到哪一步或者启动失败，使用 FORCE 选项可以先强制关闭数据库实例，然后重新启动，并且不需要使用数据库关闭的命令。
- RESTRICT：启动数据库后，只有 RESTRICTED SESSION 权限的用户可以连接数据库。
- PFILE：使用 PFILE 选项中指定的文本参数文件作为初始化参数文件启动数据库。

【例 4-7】分步启动数据库 dsms。

```
SQL> startup nomount
ORACLE 例程已经启动。
Total System Global Area      644468736 bytes
Fixed Size                      1376520 bytes
Variable Size                 264244984 bytes
Database Buffers              373293056 bytes
Redo Buffers                    5554176 bytes
SQL> alter database mount;
数据库已更改。
SQL> alter database open;
数据库已更改。
```

4.2.3　关闭数据库

当用户要执行数据库冷备份或者升级操作时，必须关闭数据库。具有 SYSDBA 或 SYSOPER 权限的数据库管理员才能关闭数据库，通常由 SYS 用户以 SYSDBA 权限连接到数据库以执行关闭命令。

1．关闭数据库的三个步骤

关闭数据库的步骤和启动数据库相反，分为三步。

（1）关闭数据库

在关闭数据库时数据库系统主要完成三项工作。一是系统会将重做日志高速缓存中的内容写入重做日志文件中；二是将数据库高速缓存中被改动过的数据写入数据文件；三是关闭所有的数据文件和重做日志文件。此时用户已经无法连接到数据库进行操作。

（2）卸载数据库

关闭数据库只是对日志文件与数据文件进行操作，而没有涉及控制文件。当数据库在进行卸载数据库的操作时，控制文件才会被关闭，但实例仍然存在。

（3）终止实例

在终止实例这个步骤中，所有后台进程与服务进程都将被终止，分配的 SGA 被回收。这个步骤完成之后，数据库系统才会释放对内存的控制，数据库才被真正地关闭。

2. 关闭数据库的命令

数据库关闭命令如下：

```
SHUTDOWN [ NORMAL | IMMEDIATE | TRANSACTIONAL | ABORT ]
```

其中：

- NORMAL：以正常方式关闭数据库。数据库在关闭前将检查所有的用户连接，并且不允许再有新的用户连接，等待所有用户连接都断开后再关闭数据库。默认的关闭选项，SHUTDOWN 语句没有指定任何选项即使用 NORMAL 选项。
- IMMEDIATE：以立即方式关闭数据库。执行某些清除工作后才关闭数据库，不允许再有新的用户连接，所有用户未提交的事务回滚，终止会话，释放会话资源。当使用 SHUTDOWN 不能关闭数据库时，SHUTDOWN IMMEDIATE 可以完成数据库关闭的操作。
- TRANSACTIONAL：等待事务终结后关闭数据库。介于 NORMAL 和 IMMEDIATE 两种方式之间。不允许再有新的用户连接，不允许产生新的事务，等待用户未提交的事务提交后断开连接。
- ABORT：中止数据库。不允许再有新的用户连接，正在访问数据库的会话被中止，所有用户未提交的事务不回滚。这是最快的关闭数据库方式，但是再次启动时要进行实例恢复，这些恢复操作同样是系统自动完成的，需要的时间较长。因此，应尽量避免使用 ABORT 选项关闭数据库。

【例 4-8】关闭数据库。

```
SQL> shutdown immediate
数据库已经关闭。
已经卸载数据库。
ORACLE 例程已经关闭。
```

第 5 章 存储管理

学完上一章后，读者应该能够创建个性化的 Oracle 数据库，但是它还不够丰满，充其量只有骨架，现在我们将在骨架中填满肌肉，让它运作得更健康。那么这些肌肉从哪里来呢？本章将深入 Oracle 数据库的逻辑存储结构和物理存储结构，创建更多个性化的元素——表空间、数据文件等。

城市公交行车安全管理系统的事故管理数据库 dsms 建立之后，数据库管理员准备把 dsms 数据库的配置信息做成一个文档，一方面熟悉数据库的体系结构，另一方面检查现有的存储结构配置是否合理，如文件的存储位置是否安全、文件的大小设置是否合理、是否对重要文件做好了备份等，如果发现问题可以及时解决，使数据库能更安全、更高效地运行。

本章学习要点：了解 Oracle 数据库的存储结构；掌握控制文件的作用及其管理；掌握重做日志文件的作用及其管理；掌握表空间的作用及其管理；掌握数据文件的作用及其管理。

5.1 存储管理概述

Oracle 数据库从存储结构上可以分为物理存储结构和逻辑存储结构。物理存储结构指数据库文件在磁盘中的物理存放方式，是操作系统操作 Oracle 数据库时能够看见的结构，在数据库运行时需要使用这些数据库文件。逻辑存储结构由 Oracle 数据库创建和管理，Oracle 数据库最主要的逻辑存储结构是表空间，表空间中包含了多个数据文件。Oracle 数据库的存储结构如图 5-1 所示。

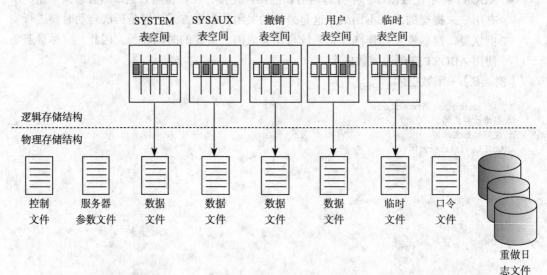

图 5-1 Oracle 的存储结构

Oracle 的物理存储结构主要指数据库文件，包括控制文件、数据文件、重做日志文件、服务器参数文件、口令文件等。

- 控制文件：用于记录 Oracle 数据库的物理存储结构和当前状态。一个数据库至少要有一个控制文件，但是 Oracle 建议用户使用两个或者更多的控制文件，并存放在不同的磁盘上，以保证控制文件的安全。
- 数据文件：用于存放所有的数据库数据。将数据放在多个数据文件中，再将数据文件分放在不同的硬盘中，可以提高存取速度。临时文件是一种特殊的数据文件，用于存储临时数据，只与临时表空间相关。
- 重做日志文件：主要记录事务或用户操作过程，一个数据库至少要有两个重做日志文件，可以循环放置。数据库日志模式又分为归档模式和非归档模式，归档模式即在每次覆盖日志文件前都会先将日志进行备份，可以完整地记录数据库所做的所有操作，非归档模式只能进行有限记录。归档模式可以进行热备份，非归档模式只能进行冷备份。
- 服务器参数文件：每一个 Oracle 数据库和实例都有它自己唯一的参数文件，文件中的参数值决定着数据库和实例的特性。
- 口令文件：用于验证具有 SYSDBA 或 SYSOPER 连接权限的数据库管理员用户。

逻辑存储结构是 Oracle 内部管理数据库对象的方式，是数据库中数据的逻辑组织方式。在物理上，数据库中数据存储在磁盘中的数据文件上，而数据文件中的数据存储在操作系统块（OS 块）中。Oracle 逻辑存储结构主要包括数据块、区、段和表空间。图 5-2 显示了逻辑存储结构和物理存储结构的关系。

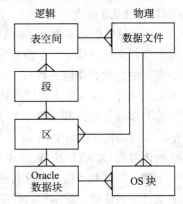

图 5-2　逻辑存储结构和物理存储结构的关系

- 数据块 (Data Block)：是 Oracle 管理存储空间的最小单元，通常是操作系统块的整数倍，具体大小是由初始化参数 DB_BLOCK_SIZE 来确定。数据库创建后，数据块大小不允许修改。
- 区 (Extent)：区比数据块高一级，是为某个段分配的若干邻近数据块的集合。Oracle 在进行存储空间分配、回收和管理时都是以区为基本单位的。
- 段 (Segment)：段是比区更高一级的逻辑存储结构，段由多个区组成。这些区可以是连续的，也可以是不连续的。当用户在数据库中创建各种具有实际存储结构的对象时，Oracle 将为这些实际对象（表、索引等）创建段，这些对象将全部保存在其段中，一般情况下一个对象只会有一个段。
- 表空间（Tablespace）：表空间是最高一级的逻辑存储结构，Oracle 就是由若干个表空间组成。段就包含在表空间中。通过表空间，Oracle 就可以将相关的逻辑存储结构和对象组合在一起。

5.2　控制文件管理

5.2.1　控制文件概述

控制文件是 Oracle 数据库中极其重要的文件。控制文件相对于 Oracle 数据库的作用，类似于 Windows 操作系统中的注册表。控制文件是一个二进制文件，它记载了数据库的物理存储结构和当前状态。数据库的启动和正常运行都离不开控制文件。在启动数据库时，Oracle 从初始化参数文件中获得控制文件的名字及位置，打开控制文件，然后从控制文件中读取数据文件和重做日志文件的信息，最后打开数据库。在数据库运行时，Oracle 会修改控制文件，所以，一旦控制文件损坏，数据库将不能正常运行。

一个控制文件只属于一个数据库，创建数据库的同时创建控制文件。当改变数据库的物理存储结构时，Oracle 会更新控制文件。任何用户包括数据库管理员都不能修改控制文件中的数据，控制文件的修改由 Oracle 自动完成。

控制文件非常重要，因此，DBA 必须要保证控制文件不出任何问题，通常采用如下管理工作：

（1）明确控制文件的名称

在数据库装载或打开之前，Oracle 服务器必须能够访问控制文件。如果由于某种原因 Oracle 服务器不能访问控制文件或控制文件的参数设置错误，数据库就将无法打开或正常工作。控制文件的信息可通过初始化参数 CONTROL_FILES 查询，也可使用数据字典 V$CONTROLFILE 查询得到。

（2）为数据库创建多路复用控制文件，并将其放在不同的磁盘上

每个控制文件只属于一个数据库，但为了防止数据丢失，一个数据库一般不止一个控制文件，实际的商用数据库一般有三个控制文件，最多可以有八个控制文件。这些控制文件中的内容完全一样，Oracle 实例同时将内容写入到 CONTROL_FILES 参数所设置的所有控制文件中，称为多路复用控制文件。为了防止磁盘的物理故障，多路复用控制文件最好应该放在不同的、独立的物理磁盘上。

初始化参数 CONTROL_FILES 中列出的第一个文件是数据库运行期间唯一可读取的控制文件。创建、恢复和备份控制文件必须在数据库关闭的状态下运行，这样才能保证操作过程中控制文件不被修改。数据库运行期间如果一个控制文件变为不可用，那么实例将不再运行，此时应该终止这个实例，并对破坏的控制文件进行修复。

（3）及时备份控制文件

当添加、删除和重命名数据文件或重做日志文件，以及添加、删除表空间或改变表空间读写状态时，应该及时备份控制文件。可采用操作系统镜像方式备份控制文件，也可以手工方式备份控制文件。如果手工备份不及时的话，就会产生备份的控制文件与正在使用的控制文件不一致，那么利用备份的控制文件启动数据库时会破坏数据库的一致性和完整性，甚至不能启动数据库，因此手工备份控制文件时要注意及时备份。

5.2.2　查询控制文件信息

查询参数 CONTROL_FILES 和数据字典 V$CONTROLFILE 可得到控制文件的名称。

【例 5-1】查询 dsms 数据库中控制文件的名称。

```
SQL> select name from v$controlfile;
NAME
--------------------------------------------------------------------------------
C:\APP\HDU\ORADATA\DSMS\CTL1DSMS.CTL
SQL> show parameter control_files
NAME                                 TYPE           VALUE
------------------------------------ -------------- ------------------------------------
control_files                        string         C:\APP\HDU\ORADATA\DSMS\CTL1DSMS.CTL
```

控制文件中记录了数据库的多种信息，每种信息被称为一条记录，查询数据字典 V$CONTROLFILE_RECORD_SECTION 可以得到控制文件中包含的记录信息。

【例 5-2】查询 dsms 数据库的控制文件中设置的数据文件（DATAFILE）、表空间（TABLESPACE）和重做日志（REDO LOG）的记录情况。

```
SQL> select type, record_size, records_total, records_used
  2  from v$controlfile_record_section
  3  where type in ( 'DATAFILE', 'TABLESPACE', 'REDO LOG');
TYPE             RECORD_SIZE   RECORDS_TOTAL  RECORDS_USED
---------------  -----------   -------------  ------------
REDO LOG                  72              32             2
DATAFILE                 520              32             3
TABLESPACE                68              32             3
```

其中，type 表示控制文件中的记录类型，record_size 表示该记录的大小，records_total 表示该类型最大记录条数，records_used 表示已使用的记录条数。

以 DATAFILE 记录类型为例，从查询结果可知控制文件中可记录 32 个数据文件，现在已记录了两个数据文件。

5.2.3　添加、移动和删除控制文件

控制文件的文件名和物理路径由初始化参数文件 SPFILE 中 CONTROL_FILES 参数描述，因此，添加、移动和删除控制文件可以通过修改 CONTROL_FILES 参数的形式来完成，步骤如下：

第 1 步：超级用户 SYS 登录。

第 2 步：查询数据字典 V$CONTROLFILE 来获取现有控制文件名称和位置。

第 3 步：使用带 SET 子句的 ALTER SYSTEM 命令修改服务器参数文件中 CONTROL_FILES 参数。

第 4 步：关闭数据库。

第 5 步：根据第 3 步设置的控制文件信息，在操作系统中完成控制文件的物理修改。

第 6 步：重新启动数据库，使控制文件改变生效。

【例 5-3】分析例 5-1 中 dsms 数据库控制文件信息查询结果，说明控制文件设置是否合理，如果不合理则提出解决方案。

分析：由例 5-1 的查询结果可知，dsms 数据库只有一个控制文件，这是极不安全的。控制文件是数据库中极其重要的一个二进制文件，它记载了物理数据库当前的状态，为了防止丢失，一个数据库一般不止一个控制文件，这些文件存储在不同的磁盘中，内容完全一样，称为多路复用控制文件。采用多路复用控制文件的形式，如果某个磁盘发生故障导致控制文件丢失或损坏，可以使用其他磁盘上保存完好的控制文件进行恢复。

解决方案：管理员 SYS 用户登录，在不同磁盘再创建两个控制文件，形成多路复用控制文件，如图 5-3 所示，接下来的命令中以 C 盘下不同文件夹来模拟 3 个不同的磁盘。

● 查询控制文件名称和位置。

```
SQL> select name from v$controlfile;
NAME
--------------------------------------------------------------------------------
C:\APP\HDU\ORADATA\DSMS\CTL1DSMS.CTL
```

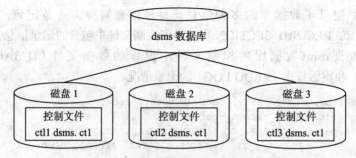

图 5-3　dsms 数据库的多路复用控制文件

- 修改参数，在不同磁盘中再添加两个控制文件。

```
SQL> alter system set control_files=
  2  'c:\app\hdu\oradata\dsms\ctl1dsms.ctl',
  3  'c:\disk2\dsms\ctl2dsms.ctl',
  4  'c:\disk3\dsms\ctl3dsms.ctl'
  5  scope=spfile;
系统已更改。
```

提示： 如果删除某路控制文件，或者移动控制文件位置，在带 SET 子句的 ALTER SYSTEM 命令中指定控制文件改变后的文件名和位置。不能把控制文件全部删除，必须保证数据库至少有一个控制文件。

- 关闭数据库。

```
SQL> shutdown immediate
数据库已经关闭。
已经卸载数据库。
ORACLE 例程已经关闭。
```

- 在操作系统中将已有的控制文件 ctl1dsms.ctl 复制，重命名为 ctl2dsms.ctl 和 ctl3dsms. ctl，并保存到指定位置。

提示： 必须在数据库关闭下才能进行控制文件的复制、删除或移动。这样才能保证在控制文件的改变过程中，原始的控制文件内容不会被 Oracle 修改。如果要删除某路控制文件，或者移动控制文件位置，关闭数据库后从操作系统中将控制文件删除或者移动到新的存储位置。

- 重新启动数据库，验证修改结果。

```
SQL> startup
ORACLE 例程已经启动。
Total System Global Area     644468736 bytes
Fixed Size                     1376520 bytes
Variable Size                264244984 bytes
Database Buffers             373293056 bytes
Redo Buffers                   5554176 bytes
数据库装载完毕。
数据库已经打开。
SQL> select name from v$controlfile;
NAME
--------------------------------------------------------------------------------
```

```
C:\APP\HDU\ORADATA\DSMS\CTL1DSMS.CTL
C:\DISK2\DSMS\CTL2DSMS.CTL
C:\DISK3\DSMS\CTL3DSMS.CTL
```

5.2.4　备份控制文件

由于控制文件是一个极其重要的文件，除了以上所说的将控制文件的多个副本存放在不同磁盘上的保护措施外，还应在数据库的结构变化之后，立即对控制文件进行备份。

备份控制文件使用 ALTER DATABASE BACKUP CONTROLFILE 命令，通常可以备份为一个二进制文件或者一个文本的追踪文件。

【例 5-4】备份 dsms 数据库的控制文件。

● 备份为一个二进制文件。

```
SQL> alter database backup controlfile to 'C:\backup\control.bak';
数据库已更改。
```

提示：备份命令中给出的路径一定要事先就建好，否则系统会报错。当该命令正确执行后，应该使用操作系统工具验证一下控制文件的备份是否已经存在于指定的目录。

如果已有的某个控制文件丢失或破损，应尽可能使用当前完好的多路复用控制文件而不是备份文件进行数据库的恢复。因为使用备份控制文件进行的恢复是不完全恢复，而不完全恢复会造成数据库的数据丢失。

● 备份为追踪文件，并查询初始化参数 USER_DUMP_DEST 获取跟踪文件存放目录以找到该追踪文件。

```
SQL> alter database backup controlfile to trace;
数据库已更改。
SQL> show parameter user_dump_dest
NAME                         TYPE            VALUE
------------------------     -------------   -----------
user_dump_dest               string          c:\app\hdu\diag\rdbms\dsms\dsms\trace
```

追踪文件的文件名格式为 <SID>_ora_<PID>.trc。其中 SID 是数据库的 SID 名，PID 是进行备份的操作系统进程 ID。执行将控制文件备份为追踪文件的命令后，在 USER_DUMP_DEST 参数指定目录下最新产生的追踪文件就是控制文件的备份，该文件中记录了大量重建控制文件必不可少的脚本信息。

5.3　重做日志文件管理

5.3.1　重做日志文件概述

数据库的日志文件通常被用来存放数据库变化信息。当数据被意外地删除或者修改时，或在出现实例故障或介质故障的情况下，可以利用日志文件进行恢复。Oracle 的日志文件称为重做日志文件，它是 Oracle 数据库一个很有特色的功能。重做日志文件会记录对于数据库的任何操作，如利用 DML 语句或者 DDL 语句对数据进行更改，或者数据库管理员对数据库结构进行更改，都会在重做日志文件中进行记录。

（1）重做日志文件

重做日志文件中的重做是指 Oracle 的日志文件按照有序循环的方式被重新使用。在默认安装 Oracle 数据库的时候，会有三个重做日志文件，当第一个重做日志文件达到一定容量时，就会停止写入，而转向第二个重做日志文件记录日志；第二个也满时，就会转向第三个。当第三个满时，就会重新往第一个重做日志文件中写入。这就是重做日志文件的含义。

（2）重做日志文件组

由于重做日志文件是一个频繁操作的文件，文件越大，系统效率越低，而小文件又很容易被写满，因此 Oracle 使用了多组重做日志。每个重做日志文件组由一组完全相同的重做日志文件组成，重做日志组中的每个重做日志文件称为成员。每个数据库要求至少有两个重做日志文件组，每组至少要包含一个重做日志文件成员，建议在实际应用中每个重做日志文件组至少有两个成员，而且最好将它们放在不同的物理磁盘上，形成多路复用重做日志文件，以防止一个成员损坏了，所有日志信息就丢失的情况发生。

如果一个重做日志文件组包含多个重做日志文件，在记录日志时，后台进程 LGWR 会将 SGA 中重做日志缓存中的日志信息写入同一个组的各个重做日志文件中，也就是说同组中每个成员所存信息完全相同。图 5-4 是某 Oracle 数据库的多路复用重做日志结构，包含两个重做日志文件组，分别是组 1 和组 2。每组各包含两个成员，组 1 的成员是文件 redo01a.log 和文件 redo01b.log，组 2 的成员是文件 redo02a.log 和文件 redo02b.log，同组的成员分别位于不同的磁盘。记录日志时，如日志记入组 1，则 LGWR 进程把相同事务变化写入文件 redo01a.log 和文件 redo01b.log，因此这两个文件大小和内容完全一样。

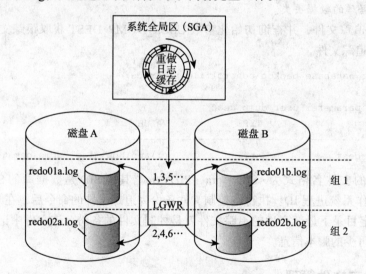

图 5-4　Oracle 的多路复用联机重做日志

（3）数据库的归档模式

在向原来的重做日志文件中写入新的日志信息时，是否需要对原有的日志信息进行备份呢？根据用户需求的不同，就存在两种处理模式。一种是不需要数据库进行自动备份，这种模式就叫做非归档模式，此时原来重做日志文件中的日志信息被新的日志所覆盖，将不复存在；而当新的日志信息改写原有的重做日志文件以前，数据库自动对原有的联机重做日志文件进行备份，这种操作模式就叫做归档模式，备份操作由后台进程 ARCn 完成，备份文件称为归档重做日志文件。

提示：数据库归档模式的查询和更改请参看 8.3.2 节内容。

（4）日志切换和检查点

日志切换是指停止向某个重做日志文件组写入，而向另一个重做日志文件组写入。在日志切换的同时，还要产生检查点操作，有一些信息被写入控制文件中。

一般来说，日志切换主要有三种处理方式。通常情况下，当重做日志文件组容量满的时候，会发生日志切换动作。另外，还可以时间的方式指定日志切换的方式，如以一个星期或者一个月作为切换的单位，这样就不用理会是否写满。第三，有时候出于数据库维护的需要，如当发现存放数据库重做日志文件的磁盘容量快用光时，需要换一块磁盘，此时就需要进行日志的切换动作，这称为强行日志切换。每次日志切换都会分配一个新的日志顺序号，归档时也将顺序号进行保存。每个联机或归档的重做日志文件都通过它的日志顺序号进行唯一标识。

强行日志切换的命令如下：

```
SQL> alter system switch logfile;
系统已更改。
```

当发生日志切换时，系统会在后台完成检查点（checkpoint）操作，将 SGA 的数据缓冲区中已修改过的数据块写入数据文件，并更新控制文件和数据文件的头部，以保证控制文件、数据文件头、日志文件头的系统更改号一致，这是数据库保持数据完整性的一个重要机制。强行产生检查点的命令如下：

```
SQL> alter system checkpoint;
系统已更改。
```

5.3.2 查询重做日志文件组和成员

使用数据字典 V$LOG 和 V$LOGFILE 查询重做日志文件组和成员的信息。

【例 5-5】查询 dsms 数据库中重做日志文件组的信息。

```
SQL> select group#, sequence#, members, bytes, status, archived from v$log;
GROUP#     SEQUENCE#    MEMBERS     BYTES STATUS    ARC
------     ------------  ----------  ------- --------- ---
     1          79            1  10485760 INACTIVE  NO
     2          80            1  10485760 CURRENT   NO
```

其中，group# 表示重做日志文件组的组号；sequence# 表示重做日志文件的顺序号，供将来数据库恢复时使用；members 和 bytes 表示重做日志文件组成员的个数和文件大小；archived 表示是否已完成归档，NO 表示未归档；status 表示该组状态，有以下四种常用状态：

- CURRENT：当前正在写入的重做日志文件组。
- INACTIVE：非活动组，实例恢复不需要使用的重做日志文件组。
- ACTIVE：活动组，但不是当前组，在实例恢复时需要这组重做日志文件组。
- UNUSED：Oracle 服务器从未写过该重做日志文件组，是重做日志文件组刚被添加到数据库中的状态。

从例 5-5 查询结果可知，dsms 数据库有两个重做日志文件组，每组一个成员，当前记录日志的是第 2 组。

【例 5-6】查询 dsms 数据库中重做日志文件成员的信息。

```
SQL> select group#,status,member from v$logfile;
```

```
GROUP# STATUS MEMBER
------- ------ --------------------
      1             C:\APP\HDU\ORADATA\DSMS\LOG_1_01.RDO
      2             C:\APP\HDU\ORADATA\DSMS\LOG_2_01.RDO
```

其中 group# 表示重做日志文件组的组号；member 表示重做日志文件组成员；status 表示该成员文件状态，有以下四种常用状态：

- 空白：该文件正在使用。
- STALE：该文件中的内容是不完全的。
- INVALID：该文件不可以被访问，如文件刚建立时就是这个状态。
- DELETED：该文件已不再使用了。

从例 5-6 查询结果可知 dsms 数据库的两个重做日志文件组成员的文件名和存储位置。

5.3.3 添加重做日志文件组和成员

要创建或给数据库添加新的重做日志文件组语法如下：

```
ALTER DATABASE [database_name]
ADD LOGFILE [GROUP n]
('file_name' [REUSE],
…,
'file_name' [REUSE])
[SIZE  pM];
```

其中：

- *database_name*：数据库名。
- GROUP *n*：为重做日志文件组指定组编号，*n* 为正整数。如果不指定，Oracle 自动为其分配下一个有效的编号。
- *file_name*：为该组创建重做日志成员，应使用完整的文件名。
- REUSE：如果创建的重做日志成员文件已存在，则覆盖现有的文件，其大小等于现有重做日志文件的大小。但该文件不能已属于其他重做日志文件组，否则无法替换。
- SIZE *p*M：每个重做日志文件组成员的大小为 *p*M。

如果重做日志文件组已存在，但该组的一个或多个成员已不能使用了，可以给某组添加新的成员，添加重做日志文件组成员的语法如下：

```
ALTER DATABASE [database_name]
ADD LOGFILE MEMBER
'file_name' [REUSE],
…,
'file_name' [REUSE]
TO GROUP n;
```

其中：

- *database_name*：数据库名。
- *file_name*：要添加的重做日志成员，应使用完整的文件名。
- REUSE：如果创建的重做日志成员文件已存在，则覆盖现有的文件。
- GROUP *n*：把重做日志成员添加到指定组 *n*。

【例 5-7】分析例 5-5 和例 5-6 中 dsms 数据库重做日志文件组和成员的信息查询结果，说明重做日志文件设置是否合理，如果不合理则提出解决方案。

分析：由例 5-5 和例 5-6 中的查询结果可知，dsms 数据库有两个重做日志文件组，每组一个成员，存储于同一磁盘下。当数据库出现意外事故，如磁盘损坏时，需要利用重做日志文件对数据进行恢复。可是如果每组只有一个成员，并且所有的成员文件都存储在同一磁盘的话，很明显，当磁盘损坏时，所有文件都将损坏，无法进行恢复工作。因此，有必要创建多路复用重做日志文件，并将各个成员都放置在不同磁盘中。一方面可以提高重做日志文件的安全性，如果一个磁盘损坏，LGWR 虽然无法往该磁盘上的重做日志文件中记录日志，但可以往其他磁盘上的重做日志文件中写日志，因此数据库实例不会中止。另一方面可以降低磁盘的 I/O 冲突，从而提高数据库的性能。

解决方案：管理员 SYS 用户登录，使数据库具有 3 个重做日志文件组，每组 3 个成员文件，存储在不同磁盘上，形成多路复用重做日志文件，如图 5-5 所示，接下来的命令中以 C 盘下不同文件夹来模拟 3 个不同的磁盘。

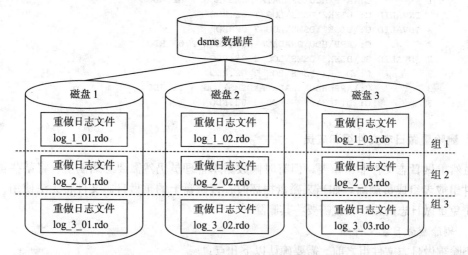

图 5-5　dsms 数据库的多路复用重做日志文件

- 添加重做日志文件组 3，包含 3 个成员，分别位于不同磁盘。

```
SQL> alter database dsms
  2   add logfile group 3
  3   ('c:\app\hdu\oradata\dsms\log_3_01.rdo',
  4    'c:\disk2\dsms\log_3_02.rdo',
  5    'c:\disk3\dsms\log_3_03.rdo')
  6   size 15m;
数据库已更改。
```

- 添加重做日志文件成员到已有组 1 和组 2。

```
SQL> alter database dsms
  2   add logfile member
  3   'c:\disk2\dsms\log_1_02.rdo','c:\disk3\dsms\log_1_03.rdo' to group 1,
  4   'c:\disk2\dsms\log_2_02rdo','c:\disk3\dsms\log_2_03.rdo' to group 2;
数据库已更改。
```

- 验证重做日志文件组信息。

```
SQL> select group#, members, bytes, status from v$log;
GROUP#    MEMBERS      BYTES STATUS
------ ------------ -------- ----------
     1         3   10485760 INACTIVE
     2         3   10485760 CURRENT
     3         3   15728640 UNUSED
```

此时 dsms 数据库有 3 个重做日志文件组，每组包含 3 个成员。由于第 3 组是新建的，所以状态显示为 UNUSED。

- 验证重做日志文件组成员信息。

```
SQL> select group#,status,member from v$logfile order by group#;
  GROUP# STATUS  MEMBER
-------- ------ ----------------------
       1 INVALID C:\DISK3\DSMS\LOG_1_03.RDO
       1         C:\APP\HDU\ORADATA\DSMS\LOG_1_01.RDO
       1 INVALID C:\DISK2\DSMS\LOG_1_02.RDO
       2 INVALID C:\DISK2\DSMS\LOG_2_02RDO
       2         C:\APP\HDU\ORADATA\DSMS\LOG_2_01.RDO
       2 INVALID C:\DISK3\DSMS\LOG_2_03.RDO
       3         C:\DISK2\DSMS\LOG_3_02.RDO
       3         C:\APP\HDU\ORADATA\DSMS\LOG_3_01.RDO
       3         C:\DISK3\DSMS\LOG_3_03.RDO
```

5.3.4 删除重做日志文件组和成员

虽然重做日志文件非常重要，但有时候数据库管理员仍然需要忍痛割爱，将某些重做日志文件组或者组成员删除。如当某磁盘损坏时，该磁盘上的重做日志文件将无法使用，此时为了避免重做日志的错误，就需要将其删除。

1. 删除重做日志文件组

删除重做日志文件组之前，需要确认以下几点：

- 当前记录日志的重做日志文件组（状态为 CURRENT）不能删除，如果要删除的话，先进行强制日志切换。
- 每个数据库至少需要两个重做日志文件组才能正常工作。
- 在归档模式下，删除重做日志文件组之前要确保已归档，否则会导致数据丢失。

删除重做日志文件组的语法如下：

ALTER DATABASE [*database_name*]
DROP LOGFILE GROUP *n*;

其中：

- *database_name*：数据库名。
- *n*：指定要删除的重做日志文件组的编号。

2. 删除重做日志文件组成员

删除重做日志文件组成员之前，需要确认以下几点：

- 要删除当前重做日志文件组的成员或刚加入的成员，先进行强制日志切换。
- 每个重做日志文件组至少需要有一个成员。
- 在归档模式下，删除重做日志文件之前要确保已归档，否则会导致数据丢失。

删除重做日志文件组成员的语法如下：

```
ALTER DATABASE [database_name]
DROP LOGFILE MEMBER
'file_name', …,'file_name';
```

其中：

- *database_name*：数据库名。
- *file_name*：要删除的重做日志文件名，需要指定文件的路径。

提示：删除了重做日志文件组或成员后，其对应的物理文件没有被自动删除，只是更新了控制文件中的相关内容，所以最好使用数据字典 V$LOG 和 V$LOGFILE 验证一下。确认删除后，需要利用相关的命令来手工删除磁盘上的物理文件，否则会在磁盘上留下一些无用的垃圾文件。

【例 5-8】删除 dsms 数据库中重做日志文件组 3 的某个成员，再删除该组。

- 查询重做日志文件组的状态，如果为当前组，则进行强制日志切换。

```
SQL> select group#,status from v$log;
GROUP# STATUS
------ --------
     1 INACTIVE
     2 INACTIVE
     3 CURRENT
SQL> alter system switch logfile;
系统已更改。
SQL> select group#,status from v$log;
GROUP# STATUS
------ ----------------
     1 CURRENT
     2 INACTIVE
     3 INACTIVE
```

- 查询重做日志文件组 3 的成员信息。

```
SQL> select group#,status,member from v$logfile where group#=3;
GROUP# STATUS MEMBER
------ ------ ---------
     3        C:\APP\HDU\ORADATA\DSMS\LOG_3_01.RDO
     3        C:\DISK2\DSMS\LOG_3_02.RDO
     3        C:\DISK3\DSMS\LOG_3_03.RDO
```

- 删除重做日志文件组 3 的某成员，并验证。

```
SQL> alter database dsms
 2    drop logfile member 'c:\disk3\dsms\log_3_03.rdo';
数据库已更改。
SQL> select group#,status,member from v$logfile where group#=3;
GROUP# STATUS  MEMBER
------ ------- -----------
     3         C:\APP\HDU\ORADATA\DSMS\LOG_3_01.RDO
     3         C:\DISK2\DSMS\LOG_3_02.RDO
```

- 删除重做日志文件组 3，并验证。

```
SQL> alter database dsms drop logfile group 3;
数据库已更改。
SQL> select group#,status from v$log;
GROUP# STATUS
------ ----------------
     1 CURRENT
     2 INACTIVE
```

● 手动删除磁盘上无用的重做日志文件。

5.4　表空间管理

5.4.1　表空间概述

表空间是 Oracle 数据库中最大的逻辑存储结构，同时也是直接与数据库物理存储结构相关联的逻辑单位。图 5-6 说明了数据库、表空间、数据文件和磁盘的关系。一个表空间只能属于一个数据库，一个数据文件只能属于一个表空间，表空间与物理上的一个或多个数据文件相对应，表空间的大小等于构成该表间的所有数据文件大小的总和。表空间用于存储用户在数据库中创建的所有内容，如用户在创建表时，可以指定一个表空间存储该表，如果用户没有指定表空间，则 Oracle 系统会将用户创建的内容存储到默认表空间中，而该表实际上存储在磁盘上的数据文件中。所以，从物理上说数据库的数据存放在数据文件中，从逻辑上说数据是被存放在表空间中的。

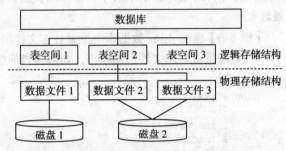

图 5-6　数据库、表空间、数据文件和磁盘的关系

Oracle 数据库中一般有两类表空间：系统表空间和非系统表空间。

系统表空间和数据库一起建立，包含了数据字典和系统管理信息。系统表空间包括 SYSTEM 表空间和 SYSAUX 表空间。

非系统表空间可以由数据库管理员创建，在非系统表空间中存储一些单独的段，这些段可以是用户的数据段、索引段、回滚段和临时段等。引入非系统表空间可以方便磁盘空间的管理，也可以更好地控制分配给用户磁盘空间的数量。非系统表空间还可以将静态数据和动态数据有效分开，也可以按照备份的要求把数据分开存放。非系统表空间根据存储内容不同，分为永久表空间、临时表空间和撤销表空间。

5.4.2　创建表空间

通常，创建表空间操作由管理员 SYS 来执行。在表空间创建过程中，Oracle 会自动在数据字典和控制文件中记录下新建的表空间，并在物理磁盘上创建表空间所包含的所有数据文件。表空间创建语法如下：

```
CREATE [SMALLFILE|BIGFILE] [TEMPORARY|UNDO] TABLESPACE tablespace_name
DATAFILE|TEMPFILE datafile_clause1 [,datafile_clause2,…]
[MINIMUM EXTENT integer [K|M]]
[BLOCKSIZE integer [K|M]]
[ONLINE|OFFLINE]
[DEFAULT storage_clause]
[LOGGING|NOLOGGING]
[EXTENT MANAGEMENT DICTIONARY|LOCAL
[AUTOALLOCATE|UNIFORM SIZE integer [K|M]]]
[SEGMENT SPACE MANAGEMENT AUTO|MANUAL];
```

各选项含义解释如下：

- SMALLFILE | BIGFILE：BIGFILE 指创建大文件表空间，SMALLFILE 指创建小文件表空间。大文件表空间是 Oracle 10g 引入的，仅在本地管理的表空间中才支持。这类表空间只包括一个数据文件，该文件可包含 4G 个数据块，如果一个数据块 8KB 的话，该文件大小是 32TB。因此，大文件表空间是为超大型数据库设计的，用一个大文件替代上千个小文件，能使更新数据文件头部信息的检查操作加快。小文件表空间是 Oracle 10g 前 Oracle 表空间的新名称，可放置多达 64K 个数据文件。SYSTEM 和 SYSAUX 均是小文件表空间。创建表空间时如果不指明，即指 SMALLFILE。
- TEMPORARY | UNDO：TEMPORARY 表示创建临时表空间，UNDO 表示创建撤销表空间，不指明表示创建永久表空间。
- DATAFILE | TEMPFILE *datafile_clause*：指定与表空间相关联的数据文件和临时文件的位置、名称和大小。语法如下：

```
DATAFILE|TEMPFILE file_name SIZE integer [K|M]
[REUSE]
[AUTOEXTENT OFF|ON
[NEXT integer [K|M] MAXSIZE UNLIMITED|integer [K|M]]
```

其中，REUSE 表示如果该文件已经存在，则清除该文件并重新创建该文件；AUTOEXTENT 指定数据文件是否自动扩展，如果自动扩展则通过 NEXT 语句指定每次扩展的大小；MAXSIZE 表示当数据文件自动扩展时，允许数据文件扩展的最大限度。

- MINIMUM EXTENT：表空间中盘区可以分配到的最小尺寸。该值是块的整数倍。
- BLOCKSIZE：为表空间说明非标准块的大小，该选项只适用于永久表空间。
- ONLINE | OFFLINE：设置为 ONLINE 则创建的表空间立即可以使用，设置为 OFFLINE 则使表空间不可用。
- DEFAULT *storage_clause*：说明在该表空间中所创建的对象的默认存储参数。该子句语法如下：

```
STORAGE(INITIAL integer [K|M]
NEXT integer [K|M]
PCTINCREASE integer
MINEXTENTS integer
MAXEXTENTS {integer|UNLIMITED})
```

其中，INITIAL 指定对象第一个区的大小，NEXT 指定下一个区以及后续区的大小；PCTINCREASE 指定第三个区以及后续的区在前面区的基础之上增加的百分比；MINEXTENTS 指定创建对象时应该分配的区的个数；MAXEXTENTS 是可以为一个对象分配的区的最大个数。

- LOGGING | NOLOGGING：表空间中所有数据变化是否写入重做日志文件中，默认为 LOGGING。
- EXTENT MANAGEMENT：表空间的区管理方式是采用数据字典管理方式（DICTIONARY）还是本地化管理方式（LOCAL）。在数据字典管理方式下，区的分配和回收，将对数据字典中的系统表进行查询和更新，会产生 UNDO 信息和日志信息且速度慢。在本地化管理方式下区的分配和回收信息存储在数据文件中的一个位图结构中，与数据字典无关。本地化管理方式的 AUTOALLOCATE（默认）和 UNIFORM 参数指出区的大小。Oracle 10g 开始强烈建议使用本地化管理方式。不过，如果

SYSTEM 表空间创建时指定为本地化管理，那数据库中不能创建数据字典管理的表空间；如果 SYSTEM 表空间创建时指定为数据字典管理，那数据库中其他表空间创建时可以是数据字典管理，也可以是本地化管理。

- SEGMENT SPACE MANAGEMENT：指表空间中管理段的已用数据块和空闲数据块的机制，包括自动管理方式（AUTO）和手动管理方式（MANUAL）。自动管理方式使用位图管理段的已用和空闲数据库，此时不用在创建对象时设置复杂的段参数如pctfree、pctused 等；手动管理方式使用空闲列表管理段的空闲数据块。

【例 5-9】分析 dsms 数据库现有表空间，说明设置是否合理，如果不合理则提出解决方案。

分析：dsms 数据库采用手动方式创建，默认建立了系统表空间 SYSTEM、辅助系统表空间 SYSAUX 和撤销表空间 UNDOTBS1。UNDO 数据根据初始化参数文件中的设置，存储于 UNDOTBS1 表空间。数据库的各种用户数据、临时数据和系统数据一起存储在系统表空间中，这是极不安全的。由于用户数据通常增长比较快，数据更改和查询操作频繁，会与系统数据争夺系统表空间资源，并使系统数据的存取和运算速度减慢，影响数据库的运行效率；而临时表空间主要用途是在数据库进行排序运算、管理索引、访问视图等操作时提供临时运算空间，当运算完成之后系统会自动清理，清理后可能产生大量的碎片，影响系统数据的存储。并且当系统表空间中用于临时数据操作的空间不足时，会导致数据库运算速度异常缓慢。

另一方面，为了提高磁盘文件的吞吐量，应把数据文件和重做日志文件放在不同磁盘上，以减少 DBWR 进程向数据文件中写数据块，与 LGWR 进程向重做日志文件写日志记录之间的竞争。而且，当数据库出现意外事故，如磁盘损坏时，需要利用重做日志文件对数据进行恢复，如果重做日志文件和数据文件放在同一个磁盘的话，此时所有文件都将损坏，无法进行恢复工作。因此，有必要把重做日志文件和数据文件放在两个不同的磁盘上。

解决方案：管理员 SYS 用户登录，建立永久表空间、临时表空间、撤销表空间，并且设置将用户数据、临时数据、UNDO 数据存储到相应的表空间。参照例 5-7，以 C 盘下不同文件夹来模拟将数据文件与重做日志文件存储于不同的磁盘。

（1）建立永久表空间，用于存储用户数据

- 建立永久表空间 USERTBS，该表空间包含两个数据文件，大小均为 50MB，本地管理。

```
SQL> create smallfile tablespace usertbs
  2   datafile 'c:\disk4\dsms\user01.ora' size 50m autoextend on next 1m maxsize
unlimited, 'c:\disk4\dsms\user02.ora' size 50m autoextend on next 1m maxsize unlimited
  3   logging
  4   extent management local uniform size 128k
  5   segment space management auto;
表空间已创建。
```

- 设置 USERTBS 为普通用户数据存储的默认表空间。

```
SQL> alter database dsms
  2   default tablespace usertbs;
数据库已更改。
```

（2）建立临时表空间，用于存储临时数据

- 创建临时表空间 TEMPTBS，该表空间包含一个临时文件，大小为 30MB。

```
SQL> create temporary tablespace temptbs
  2    tempfile 'c:\disk4\dsms\\temp01.ora' size 30m
  3    extent management local;
表空间已创建。
```

- 设置 TEMPTBS 为默认临时表空间。

```
SQL> alter database dsms
  2    default temporary tablespace temptbs;
数据库已更改。
```

（3）建立撤销表空间，用于存储 UNDO 数据

- 创建撤销表空间 UNDOTBS，该表空间包含一个数据文件，大小为 40MB。

```
SQL> create undo tablespace undotbs
  2    datafile 'c:\disk4\dsms\undo01.ora' size 40m;
表空间已创建。
```

- 修改参数 undo_tablespace 设置 UNDOTBS 为默认撤销表空间，重启数据库使修改
  生效。

```
SQL> alter system set undo_tablespace=undotbs scope=spfile;
系统已更改。
SQL> shutdown immediate
数据库已经关闭。
已经卸载数据库。
ORACLE 例程已经关闭。
SQL> startup
ORACLE 例程已经启动。
Total System Global Area   644468736 bytes
Fixed Size                   1376520 bytes
Variable Size              264244984 bytes
Database Buffers           373293056 bytes
Redo Buffers                 5554176 bytes
数据库装载完毕。
数据库已经打开。
SQL> show parameter undo_tablespace
NAME                      TYPE     VALUE
------------------------- ------   ---------
undo_tablespace           string   UNDOTBS
```

提示：撤销表空间的设置决定了 Oracle 的闪回能力，撤销表空间的管理和闪回操作的关系请参看 8.4 节内容。

（4）查询 dsms 数据库的默认表空间

```
SQL> select username,default_tablespace,temporary_tablespace
  2    from dba_users;
USERNAME    DEFAULT_TABLESPACE    TEMPORARY_TABLESPACE
---------   ------------------    ------------------
OUTLN       SYSTEM                TEMPTBS
SYS         SYSTEM                TEMPTBS
SYSTEM      SYSTEM                TEMPTBS
SCOTT       USERTBS               TEMPTBS
APPQOSSYS   SYSAUX                TEMPTBS
DBSNMP      SYSAUX                TEMPTBS
DIP         USERTBS               TEMPTBS
ORACLE_OCM  USERTBS               TEMPTBS
```

可见，数据库所有用户的临时表空间都已设置为 TEMPTBS 表空间；普通用户的默认表

空间均改为 USERTBS 表空间，用于存储用户数据；而系统用户的默认表空间用于存储系统数据，还是 SYSTEM 表空间或 SYSAUX 表空间。

提示：*用户拥有的数据库对象存储于默认表空间，操作产生的临时数据在临时表空间参与运算。在创建用户或修改用户信息时，可以自行设置默认表空间和临时表空间的值，如果不指定则采用默认值。用户的创建和修改操作请参看 7.2 节内容。*

5.4.3 查询表空间信息

使用数据字典 V$TABLESPACE 和 DBA_TABLESPACES 查询表空间的基本信息；使用数据字典 DBA_DATA_FILES 和 V$DATAFILE 查询表空间中包含数据文件的信息；使用数据字典 DBA_TEMP_FILES 和 V$TEMPFILE 查询临时表空间包含的临时文件信息；使用数据字典 DBA_FREE_SPACE 可以查询表空间中空闲空间大小。

【例 5-10】查询 dsms 数据库存在哪些表空间，其名字、状态和类型是什么？

```
SQL> select tablespace_name, contents, status
  2  from dba_tablespaces;
TABLESPACE_NAME     CONTENTS        STATUS
---------------     --------------  ---------
SYSTEM              PERMANENT       ONLINE
SYSAUX              PERMANENT       ONLINE
UNDOTBS             UNDO            ONLINE
USERTBS             PERMANENT       ONLINE
TEMPTBS             TEMPORARY       ONLINE
UNDOTBS1            UNDO            ONLINE
```

【例 5-11】查询 dsms 数据库中数据文件的名称、大小及其对应的表空间。

```
SQL> select file_name, bytes/(1024*1024) MB, tablespace_name
  2  from dba_data_files;
FILE_NAME                                            MB TABLESPACE_NAME
--------------------------------------------------- ---- ---------------
C:\APP\HDU\ORADATA\DSMS\SYSTEM_01.DBF               180  SYSTEM
C:\APP\HDU\ORADATA\DSMS\SYSTEMAUX_01.DBF             90   SYSAUX
C:\APP\HDU\ORADATA\DSMS\UNDO01.DBF                   20   UNDOTBS1
C:\DISK4\DSMS\USER01.ORA                             50   USERTBS
C:\DISK4\DSMS\USER02.ORA                             50   USERTBS
C:\DISK4\DSMS\UNDO01.ORA                             40   UNDOTBS
```

【例 5-12】查询 dsms 数据库中临时文件信息。

```
SQL> select name, status, bytes
  2  from v$tempfile;
NAME                              STATUS   BYTES
--------------------------------- -------  ----------
C:\DISK4\DSMS\TEMP01.ORA          ONLINE   31457280
```

【例 5-13】查询 dsms 数据库中各表空间中空闲空间大小。

```
SQL> select tablespace_name, sum(bytes/(1024*1024))  free_MB
  2  from dba_free_space
  3  group by tablespace_name;
TABLESPACE_NAME    FREE_MB
---------------    ------------
SYSAUX             7.1875
```

```
UNDOTBS1                6
UNDOTBS              37.75
SYSTEM            8.2265625
USERTBS                 98
```

5.4.4 表空间状态管理

通过设置表空间的状态属性，可以限制其中数据的可用性。一个表空间具有脱机（OFFLINE）、联机（ONLINE）、只读（READ ONLY）和读写（READ WRITE）四种状态。其中表空间正常状态为联机、读写；非正常状态为脱机、只读。

1. 脱机（OFFLINE）

当表空间的状态属性为 OFFLINE 时，表空间不可用。任何保存在该表空间中的数据库对象将不可存取。

在脱机状态下有三种模式：

- 正常（NORMAL）：默认的模式，表示表空间以正常方式切换到脱机状态。在此过程中，系统会执行一次检查点，将相关信息写入数据文件中，然后再关闭表空间的所有数据文件；若在这个过程中未发生任何错误，则进入了 NORMAL 的脱机状态。下次转回 ONLINE 时，不需要恢复。
- 临时（TEMPORARY）：表示表空间以临时的方式切换到脱机状态。在此过程中，系统会执行一次检查点，但在执行检查点时并不会检查各个数据文件的状态，即使某些数据文件处于不可用的状态，系统也会忽略这些错误而进入 TEMPORARY 状态。因此在下次转回 ONLINE 时，可能要恢复。
- 立即（IMMEDIATE）：表示表空间以立即的方式切换到脱机状态。这时系统不会执行检查点，也不会检查数据文件是否可用，而是直接将属于该表空间的数据文件设置为脱机状态。因此在转回 ONLINE 时，必须恢复。

2. 联机（ONLINE）

当表空间的状态属性为 ONLINE 时，用户可以访问数据库中的数据。

3. 只读（READ ONLY）

当表空间的状态属性为 READ ONLY 时，无论用户具有何种权限，表空间中的表都只能读取，不能更新。要把表空间设置为只读，要满足以下条件：

- 表空间处于 ONLINE 状态。
- 不能是 SYSTEM 表空间和活动的撤销表空间。
- 表空间不能正在进行联机数据备份。

4. 读写（READ WRITE）

当表空间的状态属性为 READ WRITE 时，用户可以读取和更新数据库中数据。

【例 5-14】假如 dsms 数据库的 USERTBS 表空间中存储的都是一些历史数据，这些数据不允许被修改，只能被查询，如何通过数据库设置来实现这种约束？

分析：当表空间被设置为只读状态时，Oracle 只能访问表空间中保存的对象，不能修改。所以如果某些历史数据不允许被修改，只要设置表空间为只读即可。

- 设置 USERTBS 表空间为只读状态。

```
SQL> alter tablespace usertbs read only;
表空间已更改。
```

- 查询 USERTBS 表空间的状态。

```
SQL> select tablespace_name, status
  2  from dba_tablespaces
  3  where tablespace_name='USERTBS';
TABLESPACE_NAME    STATUS
----------------   ---------
USERTBS            READ ONLY
```

提示： 系统表空间、默认临时表空间和默认撤销表空间是不能设置为脱机状态和只读状态的，因为 Oracle 随时要使用这些表空间。

5.4.5 删除表空间

如果不再需要表空间和其中保存的数据，可以删除表空间。在 Oracle 数据库中，除了系统表空间外，都可以删除。一旦表空间删除，该表空间的数据就无法恢复了。不能删除包含任何活动段的表空间，最好在表空间删除之前将其脱机。

删除表空间语法如下：

```
DROP  TABLESPACE tablespace_name
[INCLUDING CONTENTS [AND DATAFILES]];
```

各选项含义解释如下：

- *tablespace_name*：表空间名。
- INCLUDING CONTENTS：在删除表空间时，如果该表空间还保存着数据库对象，则使用该选项将表空间及其中保存的数据库对象全部删除。
- AND DATAFILES：删除表空间同时也删除对应的数据文件。

【例 5-15】删除撤销表空间 UNDOTBS1 及对应的数据文件。

- 撤销表空间 UNDOTBS1 脱机。

```
SQL> alter tablespace undotbs1 offline;
表空间已更改。
```

- 删除撤销表空间 UNDOTBS1 及数据文件。

```
SQL> drop tablespace undotbs1 including contents and datafiles;
表空间已删除。
```

5.5 数据文件管理

5.5.1 数据文件概述

Oracle 数据库的表空间在物理上表现为磁盘数据文件，也就是说 Oracle 数据库中的数据逻辑存储在表空间中，物理存储在表空间包含的数据文件中。表空间和数据文件关系密切，但又有些不同：

- 一个表空间至少包含一个数据文件。
- 段可以跨多个数据文件，但是不能跨多个表空间。图 5-7 说明了表空间、数据文件和段之间的关系。
- 一个数据库必须有 SYSTEM 表空间和 SYSAUX 表空间，数据库创建时，系统自动把第一个数据文件分配给 SYSTEM 表空间。

Oracle 数据库读写数据文件的过程：Oracle 数据库读取数据时，系统首先从数据文件中读取数据，并存储到 SGA 的数据缓存区中，这是为了减少 I/O，如果读取数据时，缓冲区中已经有要读取的数据，就不需要再从磁盘中读取了。存储数据时也是一样，事务提交时改变的数据先存储到数据缓存区中，再由 Oracle 后台进程 DBWR 决定如何将其写入数据文件中。

通过查询数据字典 DBA_DATA_FILES 和 V$DATAFILE 可以了解表空间和与其对应的数据文件。临时表空间对应的数据文件称为临时文件，查询数据字典 DBA_TEMP_FILES 和 V$TEMPFILE 可以了解临时表空间包含的临时文件信息。

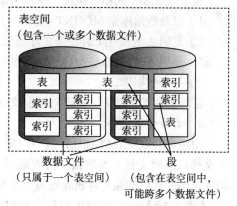

图 5-7 表空间、数据文件和段的关系

5.5.2 创建、修改、移动和删除数据文件

在表空间创建之后，可以对其包含的数据文件进行修改，如为表空间添加数据文件、修改数据文件大小、移动数据文件位置等。

1. 创建数据文件

创建数据文件也就是为表空间添加数据文件。通常，以下三种情况下会创建数据文件：

- 创建数据库时：此时创建系统表空间及其相关数据文件，非系统表空间及其数据文件也可以在创建数据库时创建。使用 CREATE DATABASE 语句。
- 创建表空间时：此时创建非系统表空间及其数据文件。使用 CREATE TABLESPACE…DATAFILE 语句或 CREATE TEMPORARY TABLESPACE…TEMPFILE 语句。
- 修改表空间时：此时可以创建数据文件或临时文件并添加到指定表空间中。使用 ALTER TABLESPACE…ADD DATAFILE 语句或 ALTER TABLESPACE…ADD TEMPFILE 语句。表空间创建之后，物理磁盘上其对应的数据文件大小之和决定了表空间的大小，如果要增加表空间的大小，可以采用这种形式。

2. 修改数据文件的大小

增加表空间的大小，可以通过添加数据文件或修改表空间中已有的数据文件的大小来实现。修改数据文件大小有两种形式：重新设置数据文件大小或者设置数据文件为自动扩展。

在修改数据文件大小前，数据库管理员可以通过查询数据字典 DBA_FREE_SPACE 了解表空间的空闲量，决定是否需要增大表空间；然后查询待修改的数据文件名称、大小、路径以及是否可扩展等信息，最后使用 ALTER DATABASE DATAFILE …RESIZE 语句重新设置数据文件大小，或者使用 ALTER DATABASE DATAFILE …AUTOEXTEND ON 语句设置数据文件为自动扩展。如果修改的是临时文件，把语句中的 DATAFILE 改为 TEMPFILE 即可。

3. 移动数据文件位置

如果数据文件所在的磁盘已经没有可用的存储空间，则可以将数据文件从一个磁盘移动到另外一个磁盘。移动数据文件包括四步：

1）修改表空间为脱机状态。

2）复制数据文件到另外一个磁盘。

3）使用 ALTER TABLESPACE …RENAME DATAFILE…TO…语句修改数据文件的名称。

4）修改表空间为联机状态。

由于系统表空间不可脱机，所以移动系统表空间的数据文件步骤略有不同：

1）启动数据库到 MOUNT 状态。

2）复制系统表空间的数据文件到另外一个磁盘。

3）使用 ALTER DATABASE …RENAME FILE…TO…语句修改数据文件的名称。

4）打开数据库。

在移动数据文件后，建议对控制文件或数据库进行备份。

4. 删除数据文件

使用带 DROP DATAFILE 或 DROP TEMPFILE 子句的 ALTER TABLESPACE 命令删除数据文件或临时文件。当数据文件或临时文件被删除后，Oracle 系统把文件相关信息从数据字典和控制文件中删除，并删除磁盘上存储的对应物理文件。

【例 5-16】dsms 数据库运行一段时间之后，管理员发现系统一个磁盘的 I/O 量过大。通过查询之后发现是由于用户数据快速增长，并且数据库的所有用户数据都存储于此磁盘而导致的。于是 DBA 决定把存储用户数据的 USERTBS 表空间对应的数据文件移到其他存储容量较大的磁盘，并通过添加数据文件和增大已有数据文件的形式来增加表空间的存储容量。

（1）移动 USERTBS 表空间对应数据文件的位置

- 查询 USERTBS 表空间及其对应的数据文件、文件大小，以及是否可扩展。

```
SQL> select tablespace_name,file_name ,bytes/(1024*1024) MB, autoextensible
  2  from dba_data_files
  3  where tablespace_name='USERTBS';
TABLESPACE_NAME  FILE_NAME                       MB AUTOEXTENSIBLE
---------- ------------------------------ -- ---------------
USERTBS          C:\DISK4\DSMS\USER01.ORA        50 YES
USERTBS          C:\DISK4\DSMS\USER02.ORA        50 YES
```

- 修改表空间 USERTBS 为脱机状态。

```
SQL> alter tablespace usertbs offline;
表空间已更改。
```

- 复制数据文件到 c:\disk5\dsms 下（以该目录模拟计算机上一个容量较大的磁盘），源目录下的数据文件可以删除。
- 修改数据文件的名称。

```
SQL> alter tablespace usertbs
  2  rename datafile 'c:\disk4\dsms\user01.ora' to 'c:\disk5\dsms\user01.ora';
表空间已更改。
SQL> alter tablespace usertbs
  2  rename datafile 'c:\disk4\dsms\user02.ora' to 'c:\disk5\dsms\user02.ora';
表空间已更改。
```

- 切换表空间 USERTBS 为联机状态。

```
SQL> alter tablespace usertbs online;
表空间已更改。
```

（2）为表空间 USERTBS 增加一个新的数据文件 user03

```
SQL> alter tablespace usertbs
  2  add datafile 'c:\disk5\dsms\user03.ora' size 50M;
表空间已更改。
```

（3）修改数据文件大小

- 增大数据文件 user03 的大小到 100MB。

```
SQL> alter database
  2  datafile 'c:\disk5\dsms\user03.ora' resize 100m;
数据库已更改。
```

- 设置数据文件 user03 可自动扩展。

```
SQL> alter database
  2  datafile 'c:\disk5\dsms\user03.ora'
  3  autoextend on next 10m maxsize unlimited;
数据库已更改。
```

（4）查询更改后的 USERTBS 表空间及其对应的数据文件信息

```
SQL> select tablespace_name,file_name ,bytes/(1024*1024) MB, autoextensible
  2  from dba_data_files
  3  where tablespace_name='USERTBS';
TABLESPACE_NAME      FILE_NAME                         MB  AUTOEXTENSIBLE
----------------     ----------------------------     --- --------------
USERTBS              C:\DISK5\DSMS\USER03.ORA         100  YES
USERTBS              C:\DISK5\DSMS\USER01.ORA          50  YES
USERTBS              C:\DISK5\DSMS\USER02.ORA          50  YES
```

第6章 数据字典

通过上一章的学习和实践，我们的 Oracle 数据库已经羽翼丰满，可以真正使用了。但是数据库中究竟有哪些元素呢？如果我们想检索之前建的东西该怎么办呢？这些问题我们只能通过本章的学习才能知晓，它就是——数据字典，是 Oracle 数据库的核心组件，是 Oracle 数据库对象结构的元数据信息。熟悉和深入研究数据字典对象，可以很大程度地帮助我们了解 Oracle 内部机制。

本章学习要点：了解数据字典的概念；了解静态数据字典和动态数据字典；掌握常见的数据字典视图用法。

6.1 数据字典简介

如何知道数据库中有哪些用户，用户的数据表存放在哪里，用户的信息是怎样的，用户具有哪些权限等？这些信息是数据库管理用户数据的核心，Oracle 数据库对于这些信息的管理通过数据字典来维护。每个数据库都提供了各自的数据字典管理方案。

数据字典是 Oracle 数据库的核心组件，它由一系列只读的数据字典表和数据字典视图组成，但与审计有关的数据字典（以 AUD$ 开头的表）除外，这些表是可以修改的。数据字典表中记录了数据库的系统信息，如方案对象的信息，实例运行的性能信息（如实例的状态、SGA 区的信息）。Oracle 服务器通过数据字典中的信息对 Oracle 数据库进行管理和维护。数据字典分为基表和数据字典视图两大类。

数据字典表的所有者是 SYS 用户，数据字典表和数据字典视图都被保存在 SYSTEM 表空间中。因此，基于性能和安全的考虑，Oracle 建议不要在 SYSTEM 表空间中创建其他方案对象。数据字典主要保存的信息如下：

- 各种方案对象的定义信息，如表、视图、索引、同义词、存储过程、函数、包、触发器和各种对象。
- 存储空间的分配信息，如为某个对象分配了多少存储空间，或者该对象使用了多少存储空间。
- 安全信息，如用户、权限、角色、完整性约束等信息。
- 实例运行时的性能和统计信息。
- 其他数据库本身的基本信息。

数据字典的主要用途表现在以下几个方面：

- Oracle 通过查询数据字典表或数据字典视图来获取有关用户、方案对象、对象的定义信息以及其他存储结构的信息，以便确认权限、方案对象的存在性和正确性。
- 在每次执行 DDL 语句修改方案对象和对象后，Oracle 都在数据字典中记录下所做的修改。
- 用户可以从数据字典的只读视图中，获取各种与方案对象和对象有关的信息。
- DBA 可以从数据字典的动态性能视图中，监视实例的运行状态，为性能调整提供依据。

6.2 数据字典的组成

数据字典中的信息通过表和视图的方式进行组织管理。因此，数据字典的组成包括数据字典表和数据字典视图两部分。

6.2.1 数据字典表

数据字典表中存储的信息通常都是经过加密处理的。大部分数据字典表的名称中都包含 $ 等这样的特殊符号。数据字典表属于 SYS 用户，在创建数据库时通过自动运行 sql.bsq 脚本来创建数据字典表。脚本在安装数据库之后，还保存在数据库服务器目录上。一般路径为 / oracle_home/rdbms/admin，文件名为 sql.bsq。sql.bsq 是一个很重要的学习资源，其中定义了所有数据字典表的结构。

数据字典表（$ 表）的内容用来记录数据表、索引、视图和数据文件等对象的内容。这部分字典表特征是以 $ 结尾，如 TAB$、COL$ 和 TS$ 等。

【例 6-1】查询数据字典表 ts$ 的表结构。

```
SQL> desc ts$;
Name                      Type                      Nullable
------------------        --------------------      --------------------
TS#                       NUMBER
NAME                      VARCHAR2(30)
OWNER#                    NUMBER
ONLINE$                   NUMBER
CONTENTS$                 NUMBER
UNDOFILE#                 NUMBER                    Y
UNDOBLOCK#                NUMBER                    Y
BLOCKSIZE                 NUMBER
...
```

数据字典的作用是描述数据，是 Oracle 存放有关数据库信息的地方，如一个表的创建者、创建时间、所属表空间以及用户访问权限等信息。当用户在对数据库中的数据进行操作时遇到困难（如权限不足等），就可以访问数据字典来查看详细的信息。

6.2.2 数据字典视图

在任何数据库中基表都是被最先创建的对象。考虑到系统效率，Oracle 数据库服务器以最简捷的方式来操作数据字典的基表。基表结构复杂，不宜理解，因此很少有人直接访问这些基表。取而代之的是，绝大多数用户包括数据库管理员（DBA）通过访问数据字典视图来得到数据库的相关信息。数据字典视图把数据字典基表的信息转换成人们较为容易理解的形式，它们包括了用户名、用户的权限、对象名、约束和审计等方面的信息。数据字典视图是通过运行 catalog.sql 脚本文件来产生的。

Oracle 中的数据字典有静态和动态之分。静态数据字典主要是在用户访问数据字典时内容不会发生改变的，但动态数据字典的内容依赖数据库具体运行情况，反映数据库运行的一些内在信息，所以在访问这类数据字典时得到的结果往往不是一成不变的。

1. 静态数据字典

静态数据字典主要是由表和视图组成。应该注意的是，静态数据字典中的表是不能直接被访问的，但是可以访问数据字典中的视图。静态数据字典中的视图分为三类，它们分别由三个前缀构成：USER_*、ALL_*、DBA_*。其三者之间的关系图如图 6-1 所示。

图 6-1 数据字典视图关系图

1）USER_*。该视图存储了关于当前用户所拥有的对象的信息（即所有在该用户模式下的对象）。

2）ALL_*。该视图存储了当前用户能够访问的对象的信息（与 USER_* 相比，ALL_* 并不需要拥有该对象，只需要具有访问该对象的权限即可）。

3）DBA_*。该视图存储了数据库中所有对象的信息（前提是当前用户具有访问这些数据库的权限，一般来说必须具有管理员权限）。

从上面的描述可以看出，三者之间存储的数据肯定会有重叠，其实它们除了访问范围的不同以外（因为权限不一样，所以访问对象的范围不一样），其他均具有一致性。具体来说，由于数据字典视图是由 SYS（系统用户）所拥有的，所以在默认情况下，只有 SYS 和拥有 DBA 系统权限的用户可以看到所有的视图。没有 DBA 权限的用户只能看到 USER_* 和 ALL_* 视图。如果没有被授予相关的 SELECT 权限的话，则不能看到 DBA_* 视图。

由于三者具有相似性，下面以 USER_ 为例介绍几个常用的静态视图。

- USER_USERS 视图。主要描述当前用户的信息，主要包括当前用户名、用户 id、帐户状态、表空间名、创建时间等。例如，执行下列命令即可返回这些信息。

【例 6-2】查询 USER_USERS 视图中部分信息。

```
SQL> select username,user_id,account_status  from  user_users;
USERNAME          USER_ID          ACCOUNT_STATUS
----------------  -----------      -----------------
SYS               0                OPEN
```

提示： 由于具体数据库的不同，数据字典视图的查询显示结果可能不同。

- USER_TABLES 视图。主要描述当前用户拥有的所有表的信息，主要包括表名、表空间名和簇名等。通过此视图可以清楚了解当前用户可以操作哪些表。

【例 6-3】查询 USER_TABLES 视图中部分信息。

```
SQL> select table_name,tablespace_name  from user_tables;
TABLE_NAME                         TABLESPACE_NAME
-------------------------------    --------------------------------
DS_ACCIDENTINFO                    USERTBS
DS_ACCIDRAWBACKINFO                USERTBS
DS_ACCIDRAWBACKWORKFLOW            USERTBS
DS_ACCILOANDETAIL                  USERTBS
DS_ACCILOANINFO                    USERTBS
DS_ACCILOANWORKFLOW                USERTBS
```

```
DS_ACCIQUALIDUTY                          USERTBS
...
```

- USER_OBJECTS 视图。主要描述当前用户拥有的对象信息，对象包括表、视图、存储过程、触发器、包、索引和序列等。该视图比 USER_TABLES 视图更加全面。例如，需要获取一个名为 "f_WorkDays" 函数的对象类型和其状态的信息，可以对 USER_OBJECTS 视图执行查询命令。

【例 6-4】查询 USER_OBJECTS 视图中部分信息。

```
SQL> select object_type,status  from user_objects
  2  where object_name=upper('f_WorkDays');
OBJECT_TYPE                      STATUS
------------------------         -------------------
FUNCTION                         VALID
```

提示：这里须注意 upper 的使用，数据字典里的所有对象均为大写形式，而 PL/SQL 里不是大小写敏感的，所以在实际操作中一定要注意大小写匹配。

- USER_TAB_PRIVS 视图。该视图主要存储当前用户所拥有的表对象的权限信息。

【例 6-5】查询 USER_TAB_PRIVS 视图，了解当前用户对 V_DBUSOIL 视图的权限信息。

```
SQL> select owner,table_name,grantor,privilege,grantable
  2  from user_tab_privs
  3  where table_name=upper('V_DBUSOIL');
OWNER       TABLE_NAME      GRANTOR       PRIVILEGE       GRANTABLE
-----       ----------      -------       ---------       ---------
PTMS        V_DBUSOIL       PTMS          SELECT          YES
```

通过了解当前用户对该表的权限后，就可以清楚地知道哪些操作可以执行，哪些操作不能执行。

前面的视图均为以 USER_ 开头，其实以 ALL_ 开头的也完全一样，只是列出来的信息是当前用户可以访问的对象而不是当前用户拥有的对象。对于以 DBA_ 开头的需要管理员权限，其他用法也完全一样，这里就不再赘述了。

2. 动态数据字典

Oracle 包含了一些潜在的由系统管理员如 SYS 维护的表和视图，由于当数据库运行时它们会不断进行更新，所以称之为动态数据字典（或者是动态性能视图）。这些视图主要提供了有关内存和磁盘的运行情况，所以我们只能对其进行只读访问而不能修改它们。

Oracle 中这些动态性能视图都是以 V$ 开头的视图，如 V$ACCESS。下面介绍几个重要的动态性能视图。

- V$ACCESS。该视图显示数据库中锁定的数据库对象以及访问这些对象的会话对象（session 对象）。

【例 6-6】查询 V$ACCESS 动态性能视图信息。

```
SQL>select * from v$access;
SID       OWNER       OBJECT        TYPE
-------   ---------   -------------   ----------
164       SYS         CLU$          TABLE
162       SYS         OBJ$          TABLE
...
```

- V$SESSION。该视图列出当前会话的详细信息。由于该视图字段较多，这里就不列出所有字段，若想了解详细信息，可以直接在 sql*plus 命令行下输入"desc v$session"即可。

【例 6-7】查询 V$SESSION 动态性能视图信息。

```
SQL>select sid,user#,username,status from       v$session;
 SID              USER#             USERNAME       STATUS
 -----            ---------         ------------   --------------
138               24                DBSNMP         ACTIVE
140               169               PTMS3          ACTIVE
141               0                 SYS            INACTIVE
...
```

- V$ACTIVE_INSTANCE。该视图主要描述当前数据库下活动的实例信息。依然可以使用 select 语句来观察该信息。
- V$CONTEXT。该视图列出当前会话的属性信息，如命名空间、属性值等。

第 7 章 安全管理

现在我们可以访问自己创建的 Oracle 数据库了！那么我们该以怎么样的身份进入系统呢？进入系统需要验证吗？在本章我们将学习 Oracle 数据库如何确保自身的安全可靠性和正确有效性，防止非法用户访问数据库中的数据，保证数据库的安全。这些措施对数据库用户实施访问控制是非常重要的。

本章学习要点：了解 Oracle 的认证方法；掌握用户管理；掌握系统权限的管理；掌握对象权限的管理；掌握角色管理。

对于每个数据库而言，安全性都是非常重要的。在本章将介绍 Oracle 数据库的认证方法、用户管理、权限管理和角色管理。

7.1 Oracle 认证方法

认证是指对需要使用数据、资源或应用程序的用户进行身份确认。通过认证后，可以为用户进行数据库操作提供一种可靠的连接关系。Oracle 提供了多种身份认证方式，包括操作系统身份认证、Oracle 数据库身份认证和管理员身份认证等。

7.1.1 操作系统身份认证

一些操作系统允许 Oracle 使用它们的用户认证信息。一旦用户被操作系统所认证，他就可以很方便地连接到 Oracle，不需要再输入用户名和密码。

7.1.2 Oracle 数据库身份认证

Oracle 数据库身份认证是指数据库对试图连接数据库的用户进行身份认证。为了建立数据库身份验证机制，在创建数据库用户时，需要指定相应的用户密码。在用户连接数据库时，必须提供正确的用户名和密码才能登录 Oracle 数据库。

7.1.3 数据库管理员认证

数据库管理员拥有极高的管理权限，可以执行一些特殊的操作，如关闭或启动数据库。因此，为了安全考虑，Oracle 数据库为数据库管理员提供了安全的认证方式，用户可以选择进行操作系统认证或密码文件认证。数据库管理员认证方式流程如图 7-1 所示。

通过改变 sqlnet.ora 文件，可以修改 Oracle 登录认证方式。如在 Windows 服务器上可以设置 SQLNET.AUTHENTICATION_SERVICES 的不同值来确定不同的认证登录方式。

```
SQLNET.AUTHENTICATION_SERVICES=(NTS)          -- 是基于操作系统认证；
SQLNET.AUTHENTICATION_SERVICES=(NONE)         -- 是基于 Oracle 密码文件认证；
SQLNET.AUTHENTICATION_SERVICES= (NONE, NTS)   -- 是二者共存。
```

而在 Linux 服务器上，则默认情况下 Linux 下的 Oracle 数据库 sqlnet.ora 文件没有 SQLNET.AUTHENTICATION_SERVICES 参数，此时是基于操作系统认证和 Oracle 密码

文件认证共存的，加上 SQLNET.AUTHENTICATION_SERVICES 参数后，不管 SQLNET. AUTHENTICATION_SERVICES 设置为 NONE 或者 NTS，都是基于 Oracle 密码文件认证的。

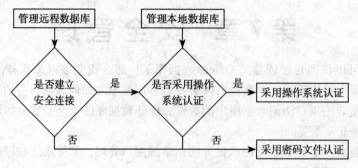

图 7-1　数据库管理员认证方式

Oracle 数据库通过 sqlnet.ora 文件中的参数 SQLNET.AUTHENTICATION_SERVICES、参数文件中的 REMOTE_LOGIN_PASSWORDFILE 和口令文件 PWDSID.ORA 三者协同作用实现身份认证。

在 Oracle 登录中，有多种不同的方式，其代表的意义不同。

```
SQL>sqlplus /nolog
1) conn /as sysdba
-- 本机登录，使用操作系统认证，有无监听都可以
2) conn sys/password as sysdba
-- 本机登录，使用密码文件认证，有无监听都可以
3) conn sys/password@dbanote as sysdba
-- 可以本机可以远程，使用密码文件认证，必须有监听，必须有tnsnames.ora, remote_login_
passwordfile 必须是 EXCLUSIVE
```

7.2　用户管理

在 Oracle 数据库中用户管理主要包括创建用户、修改用户密码、锁定与解除用户锁定、修改用户的默认表空间、查看用户信息和删除用户等内容。

7.2.1　创建用户

在 Oracle 11g 中，可以用 CREATE USER 语句创建一个新用户。CREATE USER 语句的简化语法形式如下所示：

```
CREATE USER user_name
IDENTIFIED BY password
[DEFAULT TABLESPACE def_tablespace]
[TEMPORARY TABLESPACE temp_tablespace]
```

- *user_name* 指定将要创建的新数据库用户名称。
- *Password* 指定该新数据库用户的密码。
- *def_tablespace* 指定存储该用户所创建对象的默认表空间。
- *temp_tablespace* 指定存储临时对象的默认表空间。

提示：在创建用户时，创建者必须具有 CREATE USER 系统权限。

【例 7-1】创建新用户，用户名和密码分别为 dsuser 和 Dsuser123，默认表空间 users，临

时对象默认表空间为 temp。

```
SQL> create user dsuser
  2 identified by Dsuer123
  3 default tablespace USERTBS
  4 temporary tablespace TEMPTBS;
用户已创建
```

提示：对于 Oracle 10g 及以前版本的数据库，在默认情况下其密码是不区分大小写的。ORACLE 11g 新特性之一是用户名和密码开始严格区分大小写。

7.2.2　修改用户密码

为了保护数据库的安全，用户密码应该经常修改。修改数据库用户密码的方式有两种：第一种是使用 ALTER USER 语句；第二种是使用 password 命令。其区别在于第一种方法既可以修改当前用户的密码，也可以修改其他用户的密码；而第二种方法只能修改当前用户的密码。

使用 ALTER USER 语句修改口令的语法形式如下所示：

ALTER USER *user_name*
IDENTIFIED BY *new_password*

其中：

- *user_name* 是将要修改密码的数据库用户名称。
- *new_password* 即新的用户密码。

【例 7-2】SYS 用户登录，①用 ALTER USER 修改 dsuser 用户的密码；②用 password 命令修改当前用户的密码。

```
SQL>conn sys/Sys123456 as sysdba;
已连接。
SQL> alter user dsuser
  2 identified by Dsuser0;
用户已更改。
SQL> conn dsuser / Dsuser0;
已连接。
SQL> password;
更改 dsuser 的口令
旧口令：*******
新口令：*********
重新键入新口令：*********
口令已更改
SQL>
```

7.2.3　锁定用户和解除用户锁定

如果要禁止某个用户访问 Oracle 系统，那么最好的方式是锁定该用户，而不是删除该用户。锁定用户并不影响该用户所拥有的对象和权限，这些对象和权限依然存在，只是暂时不能以该用户的身份访问系统。当锁定解除后，该用户可以正常地访问系统，并按照自己原有的权限访问各种对象。

如果直接删除该用户，那么该用户所拥有的所有对象和权限都会被删除。

锁定和解除锁定的语法形式如下所示：

```
ALTER USER user_name ACCOUNT [LOCK|UNLOCK]
```

其中：

- LOCK 表示锁定用户。
- UNLOCK 表示解除锁定用户。

【例 7-3】以 SYS 用户登录，对 dsuser 用户进行锁定和解除锁定操作。

```
SQL>conn sys/ Sys123456 as sysdba;
已连接。
SQL> alter user dsuser account lock;
用户已更改。
SQL> conn dsuser/Dsuser123;
ERROR:
ORA-28000: the account is locked
警告: 您不再连接到 ORACLE。
SQL>alter user dsuser account unlock;
SP2-0640: 未连接
SQL>conn sys/ Sys123456 as sysdba;
已连接。
SQL>alter user dsuser account unlock;
用户已更改。
```

7.2.4 修改用户的默认表空间

可以通过 ALTER USER 语句修改用户的默认表空间和临时表空间。修改语法形式如下：

```
ALTER USER user_name
DEFAULT TABLESPACE new_def_tablespace
[TEMPORARY TABLESPACE new_temp_tablespace]
```

其中：

- *user_name* 即将要修改的数据库用户名称。
- *new_def_tablespace* 即新的默认表空间名称。
- *new_temp_tablespace* 即新的临时表空间名称。

【例 7-4】修改 dsuser 用户的默认表空间为 system。

```
SQL>alter user dsuser
  2 default tablespace system;
用户已更改。
```

7.2.5 查看用户信息

【例 7-5】可以通过 DBA_USERS 数据字典视图查看有关用户的信息。

```
SQL> desc dba_users;
 名称                            是否为空？        类型
 --------------------           --------         --------------
 USERNAME                       NOT NULL         VARCHAR2(30)
 USER_ID                        NOT NULL         NUMBER
 PASSWORD                                        VARCHAR2(30)
 ACCOUNT_STATUS                 NOT NULL         VARCHAR2(32)
 LOCK_DATE                                       DATE
 EXPIRY_DATE                                     DATE
 DEFAULT_TABLESPACE             NOT NULL         VARCHAR2(30)
 TEMPORARY_TABLESPACE           NOT NULL         VARCHAR2(30)
```

```
CREATED                          NOT NULL    DATE
PROFILE                          NOT NULL    VARCHAR2(30)
INITIAL_RSRC_CONSUMER_GROUP                  VARCHAR2(30)
EXTERNAL_NAME                                VARCHAR2(4000)
PASSWORD_VERSIONS                            VARCHAR2(8)
EDITIONS_ENABLED                             VARCHAR2(1)
AUTHENTICATION_TYPE                          VARCHAR2(8)
SQL> select username,account_status
  2  from dba_users;

USERNAME                         ACCOUNT_STATUS
-------------                    --------------------------------
OUTLN                            OPEN
SYS                              OPEN
SYSTEM                           OPEN
SCOTT                            OPEN
APPQOSSYS                        EXPIRED & LOCKED
DBSNMP                           EXPIRED & LOCKED
DIP                              EXPIRED & LOCKED
ORACLE_OCM                       EXPIRED & LOCKED
```

已选择 8 行。

7.2.6 删除用户

如果系统某个用户帐号不再需要，那么可以删除该用户。删除用户可以使用 DROP USER 语句，其语法形式如下所示：

DROP USER *user_name* **[CASCADE]**

其中：

- *user_name* 即将要删除的数据库用户名称。
- *CASCADE* 即删除该用户所拥有的对象。

提示：删除用户时需要注意的是，如果当前要删除的用户拥有对象，则必须使用 CASCADE 关键字才可以删除该用户。

【例 7-6】彻底删除用户 dsuser。

```
SQL>drop user dsuser cascade;
用户已丢弃。
```

7.3 系统权限管理

权限是指预先定义好的、执行某种 SQL 语句或访问其他用户的方案对象的能力。在 Oracle 数据库中是利用权限来进行安全管理的。这些权限分为系统权限和对象权限两类。

系统权限（**system privilege**）：指在系统级控制数据库的存取和使用的机制，即执行某种 SQL 语句的能力。如启动或停止数据库的权限，修改数据库参数的权限，连接到数据库的权限，以及创建、删除、更改方案对象（如表、索引、视图、过程）的权限等。它一般是针对某一类方案对象或非方案对象的某种操作的全局性能力。没有系统权限的用户实际上是一个连登录能力都没有的、有名无实的用户。

对象权限（object privilege）：指在对象级控制数据库的存取和使用的机制，即访问其他用户的方案对象的能力。如用户可以存取哪个用户的方案中的哪个对象，是否能对该对象进行查询、插入、更新等。对象权限一般是针对其他用户的某个特定的方案对象的某种操作的局部性能力。一个用户可以访问自己方案中的任何对象，并对其进行任何操作，即对自己的任何对象具有所有对象权限。

应用程序、用户、权限、角色、数据库之间的关系如图 7-2 所示，图中显示了用户必须通过某种系统权限、对象权限才能访问数据库的原理。其中还包括了利用某些精细访问控制或安全策略事先对访问的内容进行限制的技术，当然这个技术是不能违背或绕开权限的。

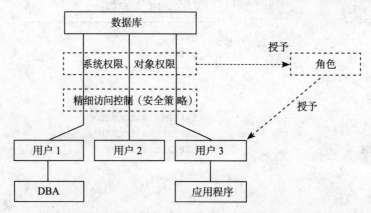

图 7-2   应用程序、用户、权限、角色、数据库之间的关系

DBA 和应用程序都必须通过一个数据库用户才能访问数据库。数据库用户必须具有某种系统权限、对象权限才能操作数据库。可以将某个角色授予用户使其具有某种权限。

7.3.1   为用户授予系统权限

为用户授予系统权限就是使得用户具有执行这种操作的能力。在 Oracle 系统中，可以使用 GRANT 语句完成对用户授予系统权限。

GRANT 语句的语法形式如下所示：

```
GRANT   sys_privilege[,sys_privilege]
TO user_name
[WITH ADMIN OPTION ]
```

其中：

- sys_privilege 即将要授予的系统权限，多个系统权限之间用逗号分隔。
- user_name 即将要授予系统权限的用户名称。
- WITH ADMIN OPTION 选项表示该用户可以将这种系统权限转授其他用户。

【例 7-7】对新用户 dsuser 授予 create session 系统权限。在本例中可以看出当一个用户被新建后，如果没有授予其 create session 系统权限，则该用户无法连接到数据库。只有被授权 create session 后才能连接成功。

```
SQL>create user dsuser
   2 identified by Dsuser123
   3 default tablespace users
   4 temporary tablespace temp;
```

用户已创建

```
SQL>conn dsuser/Dsuser123;
ERROR:
ORA-01045:user DSUSER  lacks CREATE SESSION privilege;logon denied
警告：您不再连接到 ORACLE。

SQL>conn sys/Sys123456 as sysdba;
已连接。
SQL>grant create session to dsuser;
授权成功。
SQL>conn dsuser/Dsuser123;
已连接。
```

7.3.2　查看用户的系统权限

在 Oracle 11g 系统中，可以使用 USER_SYS_PRIVS 数据字典视图查看有关用户和权限的信息。在该视图中，包含了用户名称、系统权限以及是否能转授权限的标志灯信息。需要注意的是 USER_SYS_PRIVS 数据字典视图的信息与用户紧密关联，随用户的不同而不同。

【例 7-8】分别以 dsuser 和 sys 两个不同的用户查看 USER_SYS_PRIVS 数据字典视图的信息。

```
SQL>conn dsuser/Dsuser123;
已连接。

SQL>select * from user_sys_privs;
USERNAME                PRIVILEGE                        ADM
----------------        ------------------------------   --------------

DSUSER                  CREATE SESSION                   NO

SQL>conn sys/Sys123456 as sysdba;
已连接。
SQL> select * from user_sys_privs;
USERNAME                PRIVILEGE                        ADM
----------------        ------------------------------   --------------

SYS                     AUDIT ANY                        NO
SYS                     DROP USER                        NO
SYS                     RESUMABLE                        NO
SYS                     ALTER USER                       NO
SYS                     ANALYZE ANY                      NO
SYS                     BECOME USER                      NO
SYS                     CREATE ROLE                      NO
SYS                     CREATE RULE                      YES
SYS                     CREATE TYPE                      NO
SYS                     CREATE USER                      NO
SYS                     CREATE VIEW                      NO
...
```

7.3.3　收回授予的系统权限

可以使用 REVOKE 语句收回为用户授予的权限或称为撤销权限。REVOKE 语法形式如下所示：

```
REVOKE sys_privilege[,sys_privilege]
FROM  user_name
```

其中:

- sys_privilege 即将要撤销的系统权限,多个系统权限之间用逗号分隔。
- *user_name* 即将要撤销系统权限的用户名称。

回收系统权限不会级联。如果用户 A 将系统权限 create table 授予了用户 B,用户 B 又将系统权限 create table 授予了用户 C。那么,当删除用户 B 后或从用户 B 回收系统权限 create table 后,用户 C 仍然保留着系统权限 create table。如图 7-3 所示。

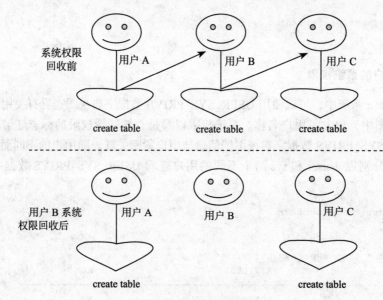

图 7-3 权限转授和撤销

提示: 用户 A 和用户 B 本身具有的系统权限 create table 必须是可以转授的。

【例 7-9】 ①新建用户 hdu ; ② sys 用户授予 hdu 用户 create session 权限、dsuser 用户 create table 权限,并允许其把该权限转授;③以 dsuser 用户连接后,对 hdu 用户授予 crcatc table 权限。

```
SQL>create user hdu
   2 identified by Hdu123;
用户已创建

SQL>grant create table to dsuser
   2 with admin option;
授权成功。
SQL>grant create session
   2 to hdu;
授权成功。
SQL>conn dsuser/Dsuer123;
已连接
SQL>grant create table to hdu;
授权成功。
```

④查看 dsuser 用户和 hdu 用户的当前权限。⑤以 sys 用户连接,撤销 dsuser 用户的 create table 权限。然后再查看 dsuser 用户和 hdu 用户的当前权限。

```
SQL>select * from user_sys_privs;
USERNAME                  PRIVILEGE              ADM
---------------           --------------------   -------
DSUSER                    CREATE TBALE           YES
DSUSER                    CREATE SESSION         NO
SQL>conn hdu/hdu;
已连接。
SQL>select * from user_sys_privs;
USERNAME                  PRIVILEGE              ADM
---------------           --------------------   -----
HDU                       CREATE TBALE           YES
HDU                       CREATE SESSION         NO
SQL>conn sys/Sys123456 as sysdba;
已连接。
SQL>revoke create table
  2 from ;
撤销成功。
SQL>conn dsuser/Dsuer123;
已连接。
SQL>select * from user_sys_privs;
USERNAME                  PRIVILEGE              ADM
---------------           --------------        --------
HDU                       CREATE TBALE           YES
SQL>conn hdu/hdu;
已连接。
SQL>select * from user_sys_privs;
USERNAME                  PRIVILEGE              ADM
----------                --------------------   -----------
HDU                       CREATE TBALE           YES
HDU                       CREATE SESSION         NO
```

7.4 对象权限管理

7.4.1 对象权限授予

对象权限是指在数据库中针对特定的对象执行的操作。对象权限包括特定的对象和特定的权限两个方面的内容，如针对 DS_ACCIWOUNDINFO 表的 select 权限和 insert 权限等。常用的对象权限包括 select、insert、update、delete 和 execute 权限等。

与系统权限一样可以使用 GRANT 语句授予对象权限，该语句授予对象权限的语法形式如下所示。

```
GRANT  object_privilege[(column_name)]
ON object_name
TO user_name
[WITH GRANT OPTION ]
```

其中：

- object_privilege 表示对象权限。
- column_name 表示对象中的列名称。
- *object_name* 表示指定的对象名称。
- *user_name* 表示接受权限的目标用户名称。
- WITH GRANT OPTION 选项表示允许该用户将当前的对象权限转授予其他用户。

【例 7-10】①以 hdu 用户登录，执行前面已经授予的 create table 权限，发现因为在默认的
SYSTEM 表空间没有权限，无法创建表；②以 sys 用户登录，对 hdu 用户修改其在 SYSTEM
表空间的最大空间占用为 5MB；③再次以 hdu 用户登录，执行 create table 语句，则表创建
成功。语句如下：

```
SQL>conn hdu/hdu;
已连接。
SQL> create table DS_ACCIWOUNDINFO (
  2  ACCID   VARCHAR2(13) primary key,
  3  DIAGNOSIS  VARCHAR2(500),
  4  HOSPITAL  VARCHAR2(2),
  5  NUMOFPEOPLE NUMBER,
  6  WOUNDTYPE VARCHAR2(2)
  7  )
create table DS_ACCIWOUNDINFO
*
ERROR 位于第 1 行：
ORA-01950: 表空间 'SYSTEM' 中无权限

SQL>conn sys/Sys123456 as sysdba;
已连接。
SQL>alter user hdu quota 5m on system;
SQL>conn hdu/hdu;
已连接。
SQL> create table DS_ACCIWOUNDINFO (
  2  ACCID   VARCHAR2(13) primary key,
  3  DIAGNOSIS  VARCHAR2(500),
  4  HOSPITAL  VARCHAR2(2),
  5  NUMOFPEOPLE NUMBER,
  6  WOUNDTYPE VARCHAR2(2)
  7  )

表已创建。
```

④以 hdu 用户登录，把对 DS_ACCIWOUNDINFO 表对象的 select 和 insert 对象权限授予
dsuser。⑤以 dsuser 用户登录，验证其对 hdu 用户的 DS_ACCIWOUNDINFO 表对象的 insert
和 select 对象权限，以及 delete 对象权限。语句如下：

```
SQL>grant select ,insert
  2  on DS_ACCIWOUNDINFO
  3  to dsuser;
授权成功。
SQL>conn dsuser/Dsuser123;
已连接。
SQL>insert into hdu. DS_ACCIWOUNDINFO
  2  (ACCID,DIAGNOSIS,HOSPITAL,NUMOFPEOPLE ,WOUNDTYPE)
  3  values('A201302030123','追尾 ','1',1,'1');

已创建 1 行。
SQL>select * from hdu. DS_ACCIWOUNDINFO;
ACCID            DIAGNOSIS      HOSPITAL      NUMOFPEOPLE    WOUNDTYPE
-------------    ---------      --------      -----------    ---------
A201302030123    追尾            1             1             1
```

```
SQL>delete from hdu. DS_ACCIWOUNDINFO;
delete from hdu. DS_ACCIWOUNDINFO    *
ERROR 位于第 1 行:
ORA-01031:权限不足
```

7.4.2 对象权限查看

在 Oracle 11g 中，可以使用 USER_TAB_PRIVS_MADE、USER_COL_PRIVS_MADE、USER_TAB_PRIVS_RECD 和 USER_COL_PRIVS_RECD 等数据字典视图查看有关用户和对象的权限信息。

【例 7-11】用 USER_TAB_PRIVS_MADE 视图查看 hdu 用户的 DS_ACCIWOUNDINFO 对象权限授予。

```
SQL>conn hdu/hdu;
已连接。

SQL>select *       fromuser_tab_privs_made;

GRANTEE          TABLE_NAME       GRANTOR       PRIVILEGE      GRA    HIE
--------         ----------       -------       ----------     ---    ----
DSUSER           DS_ACCIWOUNDINFO HDU           INSERT         NO     NO
DSUSER           DS_ACCIWOUNDINFO HDU           SELECT         NO     NO
```

7.4.3 撤销对象权限

可以使用 REVOKE 语句撤销已经授予某个用户的对象权限，其语法形式如下所示。

REVOKE object_privilege
ON *object_name*
FROM *user_name*

其中：

- object_privilege 表示对象权限。
- *object_name* 表示指定的对象名称。
- *user_name* 表示将要撤销对象权限的用户名称。

与撤销系统权限不同的是，在撤销对象权限时，当某个用户的对象权限被撤销后，从该对象转授出去的权限也自动被撤销了。

如果用户 A 将在 scott.emp 表对象上的 select 权限授予了用户 B，用户 B 又将 scott.emp 对象上的 select 权限授予了用户 C。那么，当删除用户 B 后或从用户 B 回收 scott.emp 对象的 select 权限后，用户 C 在 scott.emp 对象上的 select 权限也同时被删除或收回。如图 7-4 所示。

提示：用户 A 和用户 B 拥有的 scott.emp 对象上的 select 权限必须是具有能被转授予的权限。

【例 7-12】撤销 dsuser 用户对 DS_ACCIWOUNDINFO 表对象的 insert 权限。

```
SQL>revoke insert
  2  on hdu.DS_ACCIWOUNDINFO
  3  from dsuser;
撤销成功。
```

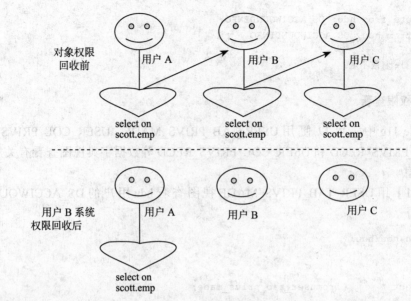

图 7-4 对象权限的回收

7.5 角色管理

7.5.1 创建角色

角色是一组可以授予用户或其他角色的权限。可以使用 CREATE ROLE 语句创建角色。创建角色的用户应该具有 create role 系统权限。使用 CREATE ROLE 语句形式如下所示。

CREATE ROLE *role_name*[**IDENTIFIED BY** *role_password*]

其中:

- *role_name* 表示要创建的角色名称。
- *role_password* 表示所创建的角色口令。

【例 7-13】创建两个角色,分别是 TeamLeader 和 ManagerLeader,并设置口令。

```
SQL>conn sys/sys as sysdba;
已连接。
SQL>grant create role
  2 to hdu
  3 with admin option;
授权成功。

SQL>conn hdu/hdu;
已连接。
SQL>create role TeamLeader;
角色已创建

SQL>create role ManagerLeader
  2 identified by abc123;
角色已创建
```

7.5.2 为角色和用户授予权限

在角色创建之后,如果没有为角色授予权限,那么角色毫无用处。对于角色来说,既可授予系统权限，也可授予对象权限，还可把另一个角色的权限授予给它。这种授予过程与授予用户权限的过程相似，同样用 GRANT 语句，只是把语句中的 user_name 改为 role_name。

【例 7-14】给前面的两个角色分别授予权限。

```
SQL>grant select,insert,delete
  2 on hdu. DS_ACCIWOUNDINFO
  3 to TeamLeader;
授权成功。

SQL>grant create table
  2 to ManagerLeader;
grant create table
*
ERROR 位于第 1 行:
ORA-01031: 权限不足
SQL>conn sys/sys as sysdba;
已连接。
SQL>grant create table
  2 to ManagerLeader;
授权成功。
```

7.5.3 查看角色信息

在 Oracle 11g 系统中，可以通过 USER_ROLE_PRIVS、ROLE_SYS_PRIVS 和 ROLE_TAB_PRIVS 等数据字典视图查看有关角色的信息。

【例 7-15】查看 USER_ROLE_PRIVS 数据字典视图中包含的角色权限。

```
SQL>conn hdu/hdu;
已连接。
SQL>desc user_role privs;
名称                 是否为空            类型
-------              --------           -----------
USERNAME                                VARCHAR2(30)
GRANTED_ROLE                            VARCHAR2(30)
ADMIN_OPTION                            VARCHAR2(3)
DEFAULT_ROLE                            VARCHAR2(3)
OS_GRANTED                              VARCHAR2(3)
SQL>select USERNAME,GRANTED_ROLE
  2 from user_role_privs;
USERNAME                 GRANTED_ROLE
--------------          -------------------
HDU                      MANAGERLEADER
HDU                      TEAMLEADER
```

7.5.4 撤销角色权限

可以把授予角色的权限收回（或撤销）。撤销使用 REVOKE 语句，用法与前类似。

【例 7-16】撤销 ManagerLeader 角色权限。

```
SQL>conn sys/sys as sysdba;
已连接。
SQL>revoke create table
  2 from ManagerLeader;
撤销成功。
```

7.5.5 删除角色

如果某个角色不需要了，那么可以用 DROP ROLE 语句删除该角色，该语句形式如下所示。

DROP ROLE role_*name*

其中 role_*name* 表示要删除的角色名称。

【例 7-17】删除角色 TeamLeader。

```
SQL>drop role TeamLeader;
角色已丢弃。
```

第 8 章　数据库备份与恢复

备份与恢复是数据库管理中最重要的内容之一。当我们使用一个数据库时，总希望数据库是安全可靠的，数据库中的数据是正确的。事故管理是公交行车安全管理系统的重要组成部分，事故管理数据库记录了公交车辆运营过程中发生的司机事故记录数据、事故处理流程数据和司机安全行车公里数据，这些数据作为公司对司机考核的重要参考，为公司合理配置运营生产资源提供了有力依据。数据库管理员的主要工作就是保证数据库在工作期间能够正常运行。要做到这一点不是一件容易的事情，在运行过程中的很多因素，如硬件故障、软件故障、网络故障和人为问题等都有可能影响数据库系统的操作，影响数据库中数据的正确性，甚至破坏数据库，使数据库中全部或部分数据丢失。如果数据库崩溃后却没有办法恢复它，那么会对企业造成毁灭性的结果。因此在数据库的日常维护中，数据库管理员需要根据数据库运行情况选择最合适的方法做好备份工作，当发生故障后，能利用备份尽快重新恢复一个完整的数据库。

本章学习要点：了解 Oracle 数据库备份与恢复的概念；掌握 Export/Import、数据泵进行数据导出和导入的方法；掌握脱机备份与恢复的方法；熟悉联机备份与恢复的方法；掌握闪回操作；了解使用 RMAN 进行数据库备份与恢复。

8.1　备份与恢复概述

8.1.1　备份概述

数据库备份即数据库文件的有效副本，它可以保护数据在出现意外损失时最大程度地恢复。Oracle 数据库的备份分为逻辑备份和物理备份两种。

1. 逻辑备份

逻辑备份的核心是复制数据。这种备份方式即利用 Oracle 提供的命令从数据库中抽取数据并存于二进制文件中。逻辑备份可对数据库逻辑组件（如表、视图和存储过程等数据库对象）进行备份。Oracle 提供的逻辑备份工具有 EXP 和 EXPDP。不过由于常规的 EXP 和 EXPDP 在处理大数据量时效率不佳，现在除了小规模数据库外，已较少用于备份，而多用于数据迁移的解决方案。

2. 物理备份

物理备份的核心是复制文件。这种备份方式将实际组成数据库的操作系统文件（如控制文件、数据文件、重做日志文件等）从一处复制到另一处。物理备份复制构成数据库的文件而不管其逻辑内容。可以使用 Oracle 的恢复管理器（Recovery Manager，RMAN）或操作系统命令进行数据库的物理备份。

根据备份时数据库的状态，物理备份又可以分为脱机备份和联机备份。

（1）脱机备份

脱机备份是在数据库正常关闭状态下发生的备份，又称为冷备份。通过 SHUTDOWN NORMAL 或 SHUTDOWN IMMEDIATE 或 SHUTDOWN TRANSACTIONAL 正常关闭数据库，对数据库中的数据文件、控制文件和重做日志文件进行备份。正常关闭数据库进行脱机备份后，恢复数据库不需要进行修复操作。而通过 SHUTDOWN ABORT 或其他故障导致数据库关闭后进行脱机备份，很有可能包含不一致数据和未提交事务，恢复时需要利用重做日志文件和归档重做日志文件才能将数据库恢复到一个一致性状态。

脱机备份操作简单，安全性和执行效率较高。但是数据库恢复时只能恢复到备份时间点，不能按表和用户恢复，而且恢复也必须在数据库关闭状态下完成。

（2）联机备份

联机备份是在数据库打开状态下发生的备份，又称为热备份。联机备份需要数据库运行在归档模式下。在归档模式下，联机日志被归档，在数据库内部建立一个所有作业的完整记录。联机备份时数据库保持打开状态，用户仍可连接并操作数据库，对 7×24 小时的应用而言往往必须使用联机备份。

联机备份可以达到秒级恢复，而且几乎对所有数据库对象都可以恢复，但是实现过程比较复杂，需要较大空间存放归档重做日志文件，而且操作过程中不允许失误，否则恢复无法进行。

物理备份也可以分为一致备份和不一致备份。此处的"一致"指的是数据文件和控制文件中 SCN 的一致。

提示： *SCN（System Change Number，系统更改号）是一个非常重要的标记，Oracle 使用它来标记数据库在过去时间内的状态和轨迹。Oracle 为每个事务设置了一个唯一的 SCN，当每次事务提交时都自动增加 SCN。当 DBWR 进程运行时，将触发一个检查点事件，把数据缓冲区中所有已提交的数据写入磁盘数据文件，并使得所有数据文件和控制文件中的 SCN 一致。*

（3）一致备份

一致备份即数据库的所有可读写的数据文件和控制文件具有相同的 SCN，并且数据文件不包含当前 SCN 之外的任何改变条件下的备份。在检查点进程工作时，Oracle 使所有的控制文件和数据文件一致。对于只读表空间和脱机的表空间，Oracle 也认为它们是一致的。

只有在数据库正常关闭，并且数据库未打开时创建的备份才是一致性备份。这种备份在恢复时不需要再做修复操作就可以直接打开。要实现一致性备份可以正常关闭数据库并使用脱机备份方式，也可以使数据库处于 MOUNT 状态，使用 RMAN 工具实现。

（4）不一致备份

不一致备份即数据库的可读写数据文件和控制文件的 SCN 在不一致条件下的备份。对于一个 7×24 小时工作的数据库来说，由于不可能关机，而且数据库数据是不断改变的，因此只能进行不一致备份。在 SCN 不一致的条件下，数据库必须在通过应用重做日志使 SCN 一致的情况下才能启动。因此，如果进行不一致备份，数据库必须设为归档状态，并对重做日志归档才有意义。

联机备份一定是不一致备份，但不一致备份不一定都是联机备份，比如 SHUTDOWN ABORT 关闭的数据库，虽然创建了脱机备份，但却是不一致备份。

8.1.2　恢复概述

数据库恢复就是根据数据库备份，以及归档重做日志文件或重做日志文件中的记录，把数据库复原到最近的状态。

由于数据库出现的故障主要包括实例故障和介质故障，因此数据库的恢复也分为实例恢复和介质恢复。

1. 实例恢复

实例是 Oracle 数据库系统结构中的重要组成部分，实例故障主要是指数据库系统本身发生故障，如操作系统错误、服务器意外断电、非法关机、后台进程故障或者使用 SHUTDOWN ABORT 终止数据库实例所发生的故障等。实例故障通常会导致已提交事务中修改的数据尚未写入数据文件，或未提交事务中修改的数据写入数据文件。对于实例故障，Oracle 数据库会在下次启动时自动进行实例恢复。

进行实例恢复时，数据库系统会根据重做日志文件记录的内容来重现实例故障前对数据库的修改操作：对已提交事务中尚未写入数据文件的数据全部写入数据文件，对未提交事务中写入数据文件的数据全部回滚。通过实例恢复，使控制文件和数据文件恢复到数据库故障前的一致性状态。

2. 介质恢复

介质恢复是当数据库的存储介质出现故障时所做的恢复。比如某个数据库文件的损坏，或者出现了一个磁盘坏区，或者数据库被病毒等破坏导致数据丢失，遇到这些情况时就需要采用介质恢复。介质恢复必须由数据库管理员手工完成最新数据库备份和日志文件备份的装入，并执行各种恢复命令才能够恢复。

Oracle 数据库的介质恢复包含两种方式：完全恢复和不完全恢复。

- 完全恢复。完全恢复将数据库恢复到发生故障的时间点，不丢失任何数据。通常当介质故障导致数据文件或控制文件无法访问时可以采用完全恢复。根据数据库文件的破坏情况，对整个数据库进行恢复，或者仅对表空间、数据文件进行恢复。
- 不完全恢复。不完全恢复指将数据库恢复到发生故障前的某一个时间点，此时间点以后对数据库的所有改动将会丢失。不完全恢复只应用部分联机重做日志或归档日志，管理员通过指定 SCN 或时间点，将数据库恢复到某一个时间点的状态。不完全恢复适用于当介质故障导致某些日志文件丢失不可用，或者用户误修改数据而无法用逻辑方法恢复的情形。

8.1.3　常见备份与恢复方法

Oracle 提供的备份与恢复方式很多，如 RMAN、用户管理的备份和恢复、Flashback、Export/Import 和数据泵等都提供了备份与恢复的功能，它们各有各的应用环境和特点。

1. 逻辑备份与恢复（Export/Import 和数据泵）

逻辑备份与恢复使用 Oracle 提供的实用工具来实现，如导出 / 导入工具 Export/Import（执行命令为 EXP/IMP）和数据泵（执行命令为 EXPDP/IMPDP）。这些工具是 Oracle 提供的一对操作系统下的应用程序。数据泵是 Oracle 10g 新引入的导出 / 导入工具，相对于传统的 Export/Import，在功能和结构上都有很大的增强，效率更高，但两者导出的二进制文件并不兼容。

当数据库容量达到一定程度时，相比物理备份，逻辑备份效率较低，并不适于作为常规备份方式，可以用逻辑导出 / 导入工具进行数据库的数据迁移。由于物理备份主要备份数据库文件，无论文件中有无需要备份的数据，都必须备份；而逻辑备份主要备份数据，可以导出表、方案、表空间等数据到一个二进制文件中，因此操作比较灵活，也节省了磁盘空间。

而且，逻辑备份导出的二进制文件在不同操作系统平台的 Oracle 数据库中都可导入，低版本数据库导出的二进制文件可以在高版本的数据库中导入，因此可以通过逻辑备份实现不同数据库、不同计算机、不同用户和不同版本等之间的数据移动。

2. 用户管理的备份和恢复

用户管理的备份和恢复是指不使用备份和恢复工具，只是通过操作系统命令或 SQL 语句进行操作。在没有 RMAN 技术之前，Oracle 数据库中的物理备份和恢复通常采用用户管理的形式。现在，Oracle 建议使用 RMAN 进行备份和恢复操作，但也支持用户管理的备份和恢复操作。

3. 闪回（Flashback）

为了使 Oracle 数据库从任何逻辑误操作中迅速地恢复，Oracle 推出了闪回技术。该技术首先以闪回查询（Flashback Query）出现在 Oracle 9i 版本中，在 Oracle 10g 中数据闪回功能更加完善，提供了闪回数据库、闪回删除、闪回表、闪回查询等功能，在 Oracle 11g 中，Oracle 继续对该技术进行改进和增强，增加了闪回数据归档功能。闪回技术具有恢复时间快、不使用备份文件的特点，可以使数据库回到过去的某个状态，满足用户逻辑错误快速恢复的需要。

4. 恢复管理器（RMAN）

传统用户管理的备份方式都是使用操作系统复制相关文件，数据库管理员需要通过各种方式先把这些文件找出来再进行备份，工作相对繁琐。为了简化数据库的备份与恢复工作，Oracle 提供了恢复管理器（Recover Manager，RMAN）。RMAN 是随 Oracle 服务器软件一起安装的工具软件，专门用于对数据库进行备份、修复和恢复操作，同时自动管理备份。使用 RMAN，用户不需要再关心数据库文件存放在什么位置，RMAN 的备份由 Oracle 自身的服务进程操作，用户只要指定数据库备份方案、备份内容和备份存储路径等信息，其余均由 Oracle 自动完成。使用 RMAN，可以减少用户在对数据库进行备份与恢复时产生的错误，提高备份与恢复的效率。

8.2 逻辑导出 / 导入

8.2.1 Export/Import

导出和导入工具 Export/Import 用于实现数据库的逻辑备份和恢复，是 Oracle 几个古老的命令行工具之一。Oracle 的导出工具 Export 可以将整个数据库、所有用户对象、表空间或者特定表数据导出到一个操作系统二进制文件中；导入工具 Import 读取二进制导出文件并将对象和数据载入数据库中。

提示： 执行导出和导入时，导出工具 Export 对应的命令为 EXP，导入工具 Import 对应的命令为 IMP。

利用 Export/Import，可以完成以下工作：

- 获取数据库对象的创建脚本，并存入二进制文件。
- 在数据库联机状态下进行备份和恢复。
- 在不同用户、不同计算机、不同版本数据库、异构数据库服务器之间迁移数据。
- 在不同数据库之间通过传输表空间特性快速复制数据。

不过，Export/Import 的版本不能往上兼容，比如 IMP 命令可以成功导入低版本 EXP 命令生成的文件，不能导入高版本 EXP 命令生成的文件。

在调用 EXP/IMP 命令进行导出 / 导入之前，要确保执行命令的用户具有 CREATE SESSION 权限，具有 CONNECT 角色也可以，因为该权限也包含在 CONNECT 角色中。默认情况下，用户只能导出自己的对象，若要导出其他用户的对象，执行导出命令的用户需要具有 EXP_FULL_DATABASE 角色。同样，要将对象导入其他用户中，执行导入命令的用户需要具有 IMP_FULL_DATABASE 角色。不过，如果执行命令的用户具有 DBA 角色，就不需要再单独给该用户授权了，因为 DBA 角色已经拥有了相关角色和权限。

1. EXP/IMP 命令的常用参数

执行 EXP/IMP 命令进行导出 / 导入，关键是指定好相关参数，如用户名 / 密码、导出 / 导入文件、导出模式等。表 8-1 列出了 EXP 命令常用参数，表 8-2 列出了 IMP 命令常用参数。要查询 EXP/IMP 命令的所有参数，可以通过在命令窗口输入"exp help = y"或"imp help=y"得到参数的简要说明。

表 8-1　EXP 常用参数

参数名	说明
USERID	指定执行导出的用户名和口令
BUFFER	指定导出数据时所使用缓冲区大小，以字节为单位
FILE	指定导出的二进制文件名称，默认文件名为 EXPDAT.DMP
LOG	指定屏幕输出的日志文件名称
FULL	指定是否以整个数据库模式导出，值为 Y 或 N，默认值为 N
OWNER	按用户模式导出时，指定要导出的用户列表，多个用户名之间用逗号分隔
TABLES	按表方式导出时，指定需导出的表；如果表属于当前连接用户，直接指定表名，否则指定方案名 . 表名；多个表名之间用逗号分隔
QUERY	指定导出表的子集的 SELECT 子句
ROWS	确定是否要导出表中的数据，值为 Y 或 N，默认值为 Y
COMPRESS	指定是否导入到一个区，值为 Y 或 N，默认值为 Y
GRANTS	指定是否导出权限，值为 Y 或 N，默认值为 Y
INDEXES	指定是否导出索引，值为 Y 或 N，默认值为 Y
PARFILE	指定传递给导出命令的参数文件名
TABLESPACES	按表空间模式导出时，指定要导出的表空间名，多个表空间名之间用逗号分隔；该参数通常与 TRANSPORT_TABLESPACE 搭配使用
TRANSPORT_TABLESPACE	是否导出可传输的表空间元数据，值为 Y 或 N，默认值为 N

表 8-2　IMP 常用参数

参数名	说明
USERID	指定执行导入的用户名和密码
BUFFER	指定用来读取数据的缓冲区大小，以字节为单位
FILE	指定要导入的二进制文件名，默认文件名是 EXPDAT.DMP
LOG	指定屏幕输出的日志文件名称
FULL	指定是否要导入整个导出文件，值为 Y 或 N，默认值为 N
FROMUSER	指定要从导出文件中导入的所有者用户名列表
TOUSER	指定要将对象导入的用户名，TOUSER 与 FROMUSER 可以不同
TABLES	指定要导入的表，多个表名之间用逗号分隔
ROWS	指定是否要导入表中的数据行，值为 Y 或 N，默认值为 Y
IGNORE	导入时是否忽略遇到的错误，值为 Y 或 N，默认值为 N
GRANTS	指定是否导入权限，值为 Y 或 N，默认值为 Y

（续）

参数名	说明
INDEXES	指定是否导入索引，值为 Y 或 N，默认值为 Y
PARFILE	指定传递给导入命令的参数文件名
TABLESPACES	传输表空间的特性中使用的参数，通常与 TRANSPORT_TABLESPACE 搭配使用，指定将要传输到数据库的表空间
TRANSPORT_TABLESPACE	传输表空间的特性中使用的参数，指定是否导入可传输的表空间元数据，值为 Y 或 N，默认值为 N
TTS_OWNERS	传输表空间的特性中使用的参数，指定拥有可传输表空间集中数据的用户

2. Export/Import 的四种导出 / 导入模式

- 整个数据库模式。将数据库中的所有对象导出 / 导入，但并不包括 SYS 用户中的对象，也就是说数据字典无法导出 / 导入。对应 EXP/IMP 命令中的 FULL 参数。
- 表空间模式。将指定表空间的所有对象及数据导出 / 导入。对应 EXP/IMP 命令中的 TABLESPACES 参数。
- 用户模式。将指定用户的所有对象及数据导出 / 导入。对应 EXP 命令中的 OWNER 参数，IMP 命令中的 FROMUSER 参数和 TOUSER 参数。
- 表模式。将指定表的数据导出 / 导入。对应 EXP/IMP 命令中的 TABLES 参数。

提示：以上提到的四种导出 / 导入模式通常是互斥的。例如，导出时若 EXP 命令中指定了 FULL 参数，就不允许出现其他三种模式中的关键参数。IMP 导入时的模式与 EXP 导出时的模式并没有直接关系，比如以用户模式导出的二进制文件，通过 IMP 命令导入时，可以表模式导入。

3. Export/Import 的三种工作方式

- 交互式方式。在命令窗口，以交互的方式根据提示逐个输入参数的值，完成导出 / 导入。
- 命令行方式。在命令行指定带有各种参数的 EXP /IMP 命令，完成导出 / 导入。
- 参数文件方式。用户将运行参数和参数值存储在参数文件中，在命令行的 EXP /IMP 命令中设置参数 PARFILE 的值为指定参数文件。当使用命令行方式指定的 EXP /IMP 的参数过多，导致命令行字符串长度超过操作系统所规定的最大值时，只能使用参数文件方式。

【例 8-1】以交互方式完成事故管理数据库中司机基本信息表（ds_driverinfo 表）的导出和导入操作。

- 使用交互式 EXP 命令导出 ds_driverinfo 表数据到二进制文件 C:\ds_driverinfo_bak. dmp，该表属于事故管理数据库管理员用户 dsuser。如图 8-1 所示。
- 误删除 ds_driverinfo 表数据后，使用交互式 IMP 命令将二进制文件数据导入，实现表数据的恢复。如图 8-2 所示。

【例 8-2】创建用户 dsbak，用于存储事故管理数据库中的历史数据。将事故管理数据库 dsuser 用户方案导出，导入到 dsbak 用户下，要求只导入对象结构，不导入数据。以命令行方式完成相关操作。

- 新建 dsbak 用户，授予 dba 角色。

```
SQL> create user dsbak
  2  identified by Dsbak123
```

```
3    default tablespace usertbs
4    temporary tablespace temptbs;
```
用户已创建。
```
SQL> grant dba to dsbak;
```
授权成功。

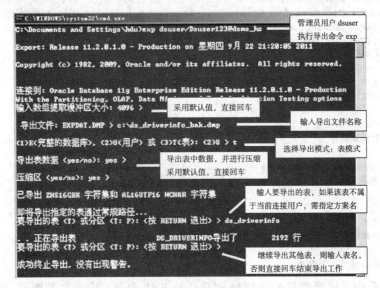

图 8-1　导出文件

图 8-2　导入文件

● 导出 dsuser 用户方案。

```
C:\Documents and Settings\hdu>exp system/manager@dsms_hz  file=c:\dsuser_bak.dmp
log=c:\dsuser_exp.log  owner=dsuser
Export: Release 11.2.0.1.0 - Production on 星期二 9 月 27 13:59:42 2011
Copyright (c) 1982, 2009, Oracle and/or its affiliates.  All rights reserved.
连接到 : Oracle Database 11g Enterprise Edition Release 11.2.0.1.0 - Production
With the Partitioning, OLAP, Data Mining and Real Application Testing options
已导出 ZHS16GBK 字符集和 AL16UTF16 NCHAR 字符集
即将导出指定的用户 ...
. 正在导出 pre-schema 过程对象和操作
. 正在导出用户 DSUSER 的外部函数库名
. 导出 PUBLIC 类型同义词
...
即将导出 DSUSER 的对象 ...
. 正在导出数据库链接
...
. 即将导出 DSUSER 的表通过常规路径 ...
. . 正在导出表                DS_ACCIDENTINFO 导出了            1453 行
...
. 正在导出同义词
. 正在导出视图
. 正在导出存储过程
...
成功终止导出，没有出现警告。
```

在上述命令中，以管理员 SYSTEM 用户执行 EXP 命令，用户名和密码后通常没有 AS SYSDBA 或 AS SYSOPER 等连接身份信息，写上反而会报错。

FILE 参数指定了二进制导出文件的路径和文件名，如果没有该参数，则创建导出文件到默认路径，采用默认文件名 EXPDAT.DMP。LOG 参数指定该命令执行的输出日志文件名和路径，如果不指定则只将日志信息在当前命令窗口输出。OWNER 参数指定导出 DSUSER 用户方案的所有对象和数据。

● 把 dsuser 用户方案导入 dsbak 用户，只导入对象结构，不导入数据。

```
C:\Documents and Settings\hdu>imp system/manager@dsms_hz file=c:\dsuser_bak.dmp
log=dsbak_imp.log fromuser=dsuser  touser=dsbak  rows=n  ignore=y
...
经由常规路径由 EXPORT:V11.02.00 创建的导出文件
已经完成 ZHS16GBK 字符集和 AL16UTF16 NCHAR 字符集中的导入
. 正在将 DSUSER 的对象导入到 DSBAK
...
成功终止导入，没有出现警告。
```

在上述命令中，以管理员 SYSTEM 用户执行 IMP 命令。FROMUSER 参数指定导出对象方案名，TOUSER 参数指定导入的用户方案。IGNORE=Y 表示忽略创建时的错误，导入时如果出错则忽略错误，继续执行下面的创建语句。ROWS 参数指定是否导出表数据，N 表示否。IMP 命令也有参数 ROWS，含义与 EXP 中的对应参数相同，在实际应用中如果要求迁移对象结构，还是在 EXP 命令中使用 ROWS 参数比较好，这样可以缩小导出文件，提高导出 / 导入效率。

【例 8-3】将管理员用户 dsuser 的事故信息表（ds_accidentinfo 表）中 2011 年之前的事故信息迁移到 dsbak 用户下。以参数文件方式完成相关操作。

- 建立导出参数文件 dsms_exp.par，存储在 C 盘根目录下。该文件中记录了此次导出的
  所有参数，文件内容如下：

```
userid=dsuser/Dsuser123
file=C:\ds_accidentinfo_2011.dmp
log=C:\ds_accidentinfo_exp.log
tables=ds_accidentinfo
query=" where acctime<'1-1 月 -2011'"
```

采用参数文件导出 / 导入的形式，其实就是将命令行中的导出 / 导入参数写入一个文本文
件中。USERID 参数指定了执行导出命令的用户名和密码，QUERY 参数指定符合条件的表记
录，常与 TABLES 参数配合使用。

- 导出 2011 年之前的事故信息到二进制文件。

```
C:\Documents and Settings\hdu>exp parfile=c:\dsms_exp.par
...
已导出 ZHS16GBK 字符集和 AL16UTF16 NCHAR 字符集
即将导出指定的表通过常规路径 ...
. . 正在导出表                  DS_ACCIDENTINFO 导出了          717 行
...
成功终止导出，没有出现警告。
```

所有导出条件均写在参数文件中，EXP 命令中只需指定 PARFILE 参数等于该文件即可。

- 建立导入参数文件 dsms_imp.par，存储在 C 盘根目录下。该文件中记录此次导入的所
  有参数，文件内容如下：

```
userid=dsuser/Dsuser123
file=C:\ds_accidentinfo_2011.dmp
log=C:\ds_accidentinfo_imp.log
fromuser=dsuser
touser=dsbak
tables=ds_accidentinfo
ignore=y
```

- 将二进制文件导入 dsbak 用户下。

```
C:\Documents and Settings\hdu> imp parfile=c:\dsms_imp.par
...
经由常规路径由 EXPORT:V11.02.00 创建的导出文件
已经完成 ZHS16GBK 字符集和 AL16UTF16 NCHAR 字符集中的导入
. 正在将 DSUSER 的对象导入到 DSBAK
.. 正在导入表            "DS_ACCIDENTINFO" 导入了          717 行
...
成功终止导入，没有出现警告。
```

通过适当的编辑和设计，可以把参数文件制定为一个可重用的配置文件，当需要调用
EXP/IMP 命令执行导出 / 导入时，只需指定 PARFILE 一个参数即可，而不再需要单独指定每
个参数了。

提示： 在使用参数文件导出 / 导入时，也可以把部分参数写在命令行中，部分参数写在参
数文件中。同样的参数即使在参数文件中指定了，仍然可以在命令行中重复指定，最终执行
时以最后读取的参数为准。比如 dsms_imp.par 参数文件中设置了参数 "ignore=y"，执行命令
为 "imp parfile=c:\dsms_imp.par ignore=n"，则执行 "ignore=n"。

8.2.2 数据泵

随着数据库规模和数据量的增长，古老的 Export/Import 导出 / 导入工具在处理大数据量时已力不从心。从 Oracle 10g 开始，不仅保留了原有的 Export/Import 工具，还提出了一种新的数据导出和导入工具——数据泵（Data Dump），使数据库管理员或开发人员可以将数据库元数据（对象定义）和数据快速迁移到另一个 Oracle 数据库中。与数据泵技术相对应的工具是 Data Pump Export 和 Data Pump Import，导出命令是 EXPDP，导入命令是 IMPDP。这两个命令的调用形式与 EXP/IMP 非常相似，不过功能和效率相差很大。数据泵的高速并行设计使得数据库服务器在运行时可执行导出和导入作业快速装载或卸载大量数据，而且数据泵还可以实现断点重启，导出 / 导入作业无论是人为中断还是意外中断，都可以从断点重新启动。所以 Oracle 建议使用数据泵进行导出 / 导入操作。

1. 数据泵与传统 EXP/IMP 命令的区别

- 数据泵导出 / 导入工具是一个服务器端的工具，一般在服务器端执行，导出文件位于数据库服务器端，即使在客户端执行数据泵导出命令，导出文件也生成在服务器上。而 EXP 命令可以在客户端执行，也可以在服务器端执行，导出文件位于执行 EXP 命令的计算机上。
- 数据泵导出 / 导入的文件与传统 EXP/IMP 导出 / 导入的文件互不兼容。
- 为了系统安全，数据泵中已不允许使用绝对路径，取而代之的是使用数据库的目录和目录对象存储导出文件。目录对象一般由数据库管理员或具有相关系统权限的用户创建，之后再将目录的读或写权限授予用户。

2. 数据泵技术的优点

- 数据泵支持并行处理导出和导入，因此比传统 EXP/IMP 命令能更快地迁移数据。
- 数据泵支持在执行过程中暂停和重启导出 / 导入作业，这是传统 EXP/IMP 命令无法做到的。
- 数据泵支持网络操作，在网络上不同数据库服务器之间、不同的数据库之间移动数据，不需要磁盘存储，不需要备份文件。
- 数据泵导出 / 导入工具提供了非常细粒度的对象控制，通过使用 INCLUDE 和 EXCLUDE 两个参数，可以指定导出 / 导入时是否包含或不包含某个对象。

3. 数据泵导出 / 导入的目录对象

目录（Directory）是 Oracle 数据库中的一种对象，它指向操作系统中的一个路径。使用数据泵命令 EXPDP/IMPDP 导出 / 导入时，导出文件、日志文件以及 SQL 文件都存放在目录对象指定的操作系统路径下。

数据泵作业时，数据库管理员可以使用默认目录对象而不必再创建新目录，默认目录对象名为 DATA_PUMP_DIR，使用数据字典 DBA_DIRECTORIES 可以查询到目录对象全部信息。

通过 CREATE DIRECTORY 命令可以创建目录对象。每个目录对象有 READ 和 WRITE 两个权限，可以通过 GRANT 命令授权给指定用户或角色。拥有目录对象 READ/WRITE 权限的用户才可以读 / 写该目录对象指定操作系统路径下的文件，才能使用数据泵导出 / 导入这些文件。

【例 8-4】查询默认目录所对应的操作系统路径。

```
SQL> select *
  2  from dba_directories
  3  where directory_name='DATA_PUMP_DIR';
OWNER DIRECTORY_NAME   DIRECTORY_PATH
---------- --------------------- ---------------------------------
SYS       DATA_PUMP_DIR         C:\app\hdu\product\11.2.0\dbhome_1\rdbms\log\
```

当用户执行 EXPDP/IMPDP 命令时，如果没有使用 DIRECTORY 参数指定目录对象，所有的导出 / 导入文件都将存放在系统默认目录 DATA_PUMP_DIR，指向以上查询结果所示路径。

【例 8-5】新建一个目录对象 dsms_dump_dir，用于指向 c:\dsms\dir 这个操作系统目录。新建用户 dpbak，使用目录对象 dsms_dump_dir 进行数据泵导出 / 导入相关操作。

● 数据库管理员 dsuser 登录，创建目录对象 dsms_dump_dir 指向 c:\dsms\dir。

```
SQL> connect dsuser/Dsuser123@dsms_hz
已连接。
SQL> create directory dsms_dump_dir as 'c:\dsms\dir';
目录已创建。
```

● 创建用户 dpbak。

```
SQL> create user dpbak identified by Dpbak123;
用户已创建。
```

● 授予用户 dpbak 连接数据库、执行基本数据操作、导出 / 导入数据库的权限。

```
SQL> grant connect, resource, exp_full_database, imp_full_database to dpbak;
授权成功。
```

使用数据泵执行导出 / 导入的用户，通常要具有 EXP_FULL_DATABASE 角色、IMP_FULL_DATABASE 角色或者 DBA 角色。

● 授予用户 dpbak 读写目录对象 dsms_dump_dir 所指向目录中文件的权限。

```
SQL> grant read,write on directory dsms_dump_dir to dpbak;
授权成功。
```

4. 数据泵的工作方式和导出 / 导入模式

数据泵的工作方式有交互式方式、命令行方式和参数文件方式三种，其中命令行和参数文件的使用方法与 Export/Import 类似，而数据泵的交互式执行方式与 Export/Import 不同。

数据泵的交互式执行方式支持导出 / 导入任务的停止和重启。当某些原因导致任务中断，或者人为地在执行过程中按了 Ctrl + C 组合键中断任务时，此时任务并没有取消，而是被挂起，转向后台继续执行。用户可以通过执行 EXPDP/IMPDP 命令，附加 ATTACH 参数的方式重新恢复中断的任务，并进行后续操作。

数据泵的导出 / 导入模式有整个数据库模式、表空间模式、用户模式和表模式四种。在以用户模式导出 / 导入时，使用 EXPDP/IMPDP 命令中的 SCHEMA 参数，其余几种模式对应的参数设置与 Export/Import 类似。

5. EXPDP 命令的使用

执行 EXPDP 命令进行导出，关键是熟悉相关参数，在命令窗口输入" expdp help=y"可以得到 EXPDP 命令所有参数的简要说明。表 8-3 列出了 EXPDP 命令常用参数。

表 8-3 EXPDP 常用参数

参数名	说明
ATTACH	连接到一个现有的、正在运行的 EXPDP 作业。可设置为 ATTACH=JOB_NAME，JOB_NAME 指定导出作业名
CONTENT	指定要导出的内容是数据、元数据（仅包含对象定义）还是包括元数据和数据，对应的值分别为 DATA_ONLY、METADATA_ONLY 和 ALL。默认值为 ALL
DIRECTORY	指定目录对象名称。导出的备份文件、日志文件和 SQL 文件均存储于此
DUMPFILE	指定目标转储文件的名称，默认名称为 expdat.dmp，使用形式为 DUMPFILE=[directory_object:]file_name，其中 directory_object 用于指定目录对象名，file_name 用于指定转储文件名。如果不指定 directory_object，导出工具会自动使用 DIRECTORY 参数指定的目录对象
ESTIMATE	估算导出作业的导出文件大小，值可为 BLOCKS 或 STATISTICS。设置为 BLOCKS 时，基于数据块大小的倍数计算导出文件大小；设置为 STATISTICS 时，根据当前对象的统计量来计算导出文件大小。默认值是 BLOCKS
ESTIMATE_ONLY	计算导出文件大小后是否执行导出，值为 Y 或 N。值为 Y 时，在实际导出前估算对象所占用的磁盘空间，不执行导出作业。值为 N 时，不仅估算对象所占用的磁盘空间，还会执行导出操作。默认值为 N
EXCLUDE	排除不需要导出的特定对象类型。使用形式为 EXCLUDE=object_type[:name_clause]，其中 object_type 用于指定要排除的对象类型，name_clause 用于指定要排除的具体对象。对于不导出的对象也不会导出与它有依赖关系的其他对象
FLASHBACK_SCN	允许在导出数据时使用闪回特性，导出特定 SCN 时刻的表数据
FLASHBACK_TIME	允许在导出数据时使用闪回特性，导出特定时间的表数据。与 FLASHBACK_SCN 不能同时使用
FULL	是否导出整个数据库，值为 Y 或 N，默认值为 N
INCLUDE	指定导出时要包括的特定对象类型及相关对象，使用形式和 EXCLUDE 参数类似。EXCLUDE 和 INCLUDE 不能同时使用
JOB_NAME	指定要创建的导出作业的名称
LOGFILE	指定导出日志文件名称，默认名称为 export.log。使用形式为 LOGFILE=[directory_object:]file_name，其中 directory_object 指定目录对象名称，file_name 指定导出日志文件名。如果不指定 directory_object，导出工具会自动使用 DIRECTORY 参数指定的目录对象
NOLOGFILE	是否禁止生成导出日志文件。默认值为 N，表示生成；值为 Y 表示禁止生成导出日志文件
PARALLEL	指定执行导出操作的并行进程个数，默认值为 1
PARFILE	指定参数文件名
QUERY	用于指定过滤导出数据的 where 条件。使用形式为 QUERY=[schema.] [table_name:]query_clause，其中 schema 用于指定方案名，table_name 用于指定表名，query_clause 用于指定条件限制子句
SCHEMAS	要导出的方案的列表，默认为当前登录用户方案
STATUS	指定显示导出作业状态的时间间隔，默认值为 0
TABLES	指定要导出的表的列表，同时会导出与表有依赖关系的对象
TABLESPACES	指定要导出的表空间的列表。表空间中所有对象都被导出
VERSION	要导出的对象数据库版本。值为 COMPATIBLE 时，根据初始化参数 COMPATIBLE 生成对象元数据；值为 LATEST 时，根据数据库的实际版本生成对象元数据；值也可以是任何有效的数据库版本。默认值为 COMPATIBLE。该参数可以较好解决数据库对象从高版本迁移到低版本过程中的兼容问题

【例 8-6】估计事故管理数据库 **dsms** 整库导出时的文件大小，然后导出整个数据库。

● 估计事故管理数据库整库导出时的文件大小。

```
C:\Documents and Settings\hdu>expdp dpbak/Dpbak123@dsms_hz full=y estimate_only=
y estimate=blocks nologfile=y
Export: Release 11.2.0.1.0 - Production on 星期二 9 月 27 15:47:07 2011
Copyright (c) 1982, 2009, Oracle and/or its affiliates.  All rights reserved.
连接到 : Oracle Database 11g Enterprise Edition Release 11.2.0.1.0 - Production
With the Partitioning, OLAP, Data Mining and Real Application Testing options
启动 "DPBAK"."SYS_EXPORT_FULL_01":  dpbak/********@dsms_hz full=y estimate_only=y
estimate=blocks nologfile=y
正在使用 BLOCKS 方法进行估计 ...
处理对象类型 DATABASE_EXPORT/SCHEMA/TABLE/TABLE_DATA
.  预计为 "DSUSER"."DS_S_ACCINFO"                          2 MB
...
使用 BLOCKS 方法的总估计 : 11.87 MB
作业 "DPBAK"."SYS_EXPORT_FULL_01" 已于 15:47:15 成功完成
```

通常，在进行数据导出之前，Oralce 建议用户先估计一下导出文件的大小，以便决定在哪个目录上保存文件、是否需要新建目录对象等，避免出现磁盘空间不足的现象。

在上述命令中，FULL=Y 表示导出整个数据库，ESTIMATE_ONLY=Y 表示只计算导出文件大小而不导出数据，ESTIMATE=BLOCKS 表示根据数据块大小的倍数估算文件大小，NOLOGFILE=Y 表示不产生导出日志文件。

● 导出整个数据库。

```
C:\Documents and Settings\hdu>expdp dpbak/Dpbak123@dsms_hz
directory=dsms_dump_dir dumpfile=dsms_full_%U.dmp full=y parallel=3 filesize=10m
Export: Release 11.2.0.1.0 - Production on 星期二 9 月 27 15:36:29 2011
Copyright (c) 1982, 2009, Oracle and/or its affiliates.  All rights reserved.
连接到 : Oracle Database 11g Enterprise Edition Release 11.2.0.1.0 - Production
With the Partitioning, OLAP, Data Mining and Real Application Testing options
启动 "DPBAK"."SYS_EXPORT_FULL_01":  dpbak/********@dsms_hz directory=dsms_dump_d
ir dumpfile=dsms_full_%U.dmp full=y parallel=3 filesize=10m
正在使用 BLOCKS 方法进行估计 ...
处理对象类型 DATABASE_EXPORT/SCHEMA/TABLE/TABLE_DATA
使用 BLOCKS 方法的总估计 : 11.87 MB
. . 导出了 "DSUSER"."DS_S_ACCINFO"                1.274 MB      4575 行
...
处理对象类型 DATABASE_EXPORT/TABLESPACE
处理对象类型 DATABASE_EXPORT/PROFILE
...
已成功加载 / 卸载了主表 "DPBAK"."SYS_EXPORT_FULL_01"
******************************************************************************
DPBAK.SYS_EXPORT_FULL_01 的转储文件集为 :
  C:\DSMS\DIR\DSMS_FULL_01.DMP
  C:\DSMS\DIR\DSMS_FULL_02.DMP
  C:\DSMS\DIR\DSMS_FULL_03.DMP
作业 "DPBAK"."SYS_EXPORT_FULL_01" 已于 15:37:46 成功完成
```

使用 EXPDP 命令导出时，导出文件只能存放在目录对象对应的操作系统目录中，DIRECTORY 参数指定目录对象，DUMPFILE 参数指定操作系统目录下生成的导出文件名，其中 %U 是一个通配符，表示将对产生的多个导出文件自动编号。

PARALLEL 参数用来设置执行导出作业的最大线程数。默认参数值为 1 表示单线程导出，即只有一个导出文件；如果设置多线程，最好指定相同数量的导出文件，以便把数据同时写入多个导出文件。FILESIZE 参数设置单个导出文件的最大容量，常与 PARALLEL 参数配合使用。

通过 PARALLEL 参数的设置，用户可以调整系统的并行度，以平衡系统资源和导出时间之间的矛盾。该参数可以在启动导出时设置，也可以通过交互模式设置。但是并行度不是越大越好，假如要导出的数据量很小，那指定的并行度越高，效率反而越低。因此只有合理设置各个参数，才能提高导出的效率。

【例 8-7】导出 dsms 数据库的 USERTBS 表空间。

```
C:\Documents and Settings\hdu>expdp dpbak/Dpbak123@dsms_hz
dumpfile=dsms_usertbs.dmp logfile=dsms_usertbs.log tablespaces=usertbs
...
启动 "DPBAK"."SYS_EXPORT_TABLESPACE_01":  dpbak/********@dsms_hz
dumpfile=dsms_usertbs.dmp logfile=dsms_usertbs.log tablespaces=usertbs
正在使用 BLOCKS 方法进行估计 ...
处理对象类型 TABLE_EXPORT/TABLE/TABLE_DATA
使用 BLOCKS 方法的总估计：11.75 MB
处理对象类型 TABLE_EXPORT/TABLE/TABLE
处理对象类型 TABLE_EXPORT/TABLE/INDEX/INDEX
...
.. 导出了 "DSUSER"."DS_S_ACCINFO"                        1.274 MB    4575 行
.. 导出了 "DSUSER"."G_EMPINFO"                           192.2 KB    2118 行
...
已成功加载 / 卸载了主表 "DPBAK"."SYS_EXPORT_TABLESPACE_01"
******************************************************************************
DPBAK.SYS_EXPORT_TABLESPACE_01 的转储文件集为：
C:\APP\HDU\PRODUCT\11.2.0\DBHOME_1\RDBMS\LOG\DSMS_USERTBS.DMP
作业 "DPBAK"."SYS_EXPORT_TABLESPACE_01" 已于 16:11:51 成功完成
```

使用 EXPDP 命令导出时，可以不指定 DIRECTORY 参数，此时将导出文件和日志文件存储在系统默认目录对象下，对应的操作系统目录见例 8-4 中的查询结果。LOGFILE 参数指定导出日志文件名称。TABLESPACES 参数指定要导出的表空间。

【例 8-8】导出 dsuser 用户方案，使用参数文件导出形式。

● 新建参数文件 dsms_expdp.par，存储在 C 盘根目录下。文件内容如下：

```
userid= dpbak/Dpbak123@dsms_hz
dumpfile=dsms_dump_dir:dsms_dsuser.dmp
logfile=dsms_dump_dir:dsms_dsuser.log
schemas=dsuser
job_name=dsuser_job
```

可以在设置 DUMPFILE 参数和 LOGFILE 参数时指定目录对象，目录对象和文件名之间用冒号分隔。SCHEMAS 参数指定了导出方案名。JOB_NAME 参数给当前导出作业取名。

● 导出 dsuser 用户方案。

```
C:\Documents and Settings\hdu>expdp parfile=c:\dsms_expdp.par
...
启动 "DPBAK"."DSUSER_JOB":  dpbak/********@dsms_hz parfile=c:\dsms_expdp.par
正在使用 BLOCKS 方法进行估计 ...
处理对象类型 SCHEMA_EXPORT/TABLE/TABLE_DATA
使用 BLOCKS 方法的总估计：10.75 MB
处理对象类型 SCHEMA_EXPORT/USER
...
.. 导出了 "DSUSER"."DS_S_ACCINFO"                        1.274 MB    4575 行
.. 导出了 "DSUSER"."G_EMPINFO"                           192.2 KB    2118 行
...
```

```
已成功加载/卸载了主表 "DPBAK"."DSUSER_JOB"
*******************************************************************************
DPBAK.DSUSER_JOB 的转储文件集为 : C:\DSMS\DIR\DSMS_DSUSER.DMP
作业 "DPBAK"."DSUSER_JOB" 已于 16:25:36 成功完成
```

6. IMPDP 命令的使用

执行 IMPDP 命令可以将数据泵导出文件导入数据库。IMPDP 命令的使用与 EXPDP 类似，关键是熟悉相关参数。在命令窗口输入"impdp help=y"可以得到该命令所有参数的简要说明。表 8-4 列出了 IMPDP 命令常用参数。

表 8-4 IMPDP 常用参数

参数名	说明
ATTACH	连接到一个现有的、正在运行的 EXPDP 作业。使用形式与 EXPDP 命令一样
CONTENT	指定要导入的内容是数据、元数据（仅包含对象定义）还是包括元数据和数据，对应的值分别为 DATA_ONLY、METADATA_ONLY 和 ALL。默认值为 ALL
DIRECTORY	指定导入的目录对象名称
DUMPFILE	指定导入文件的名称，默认名称为 expdat.dmp。使用形式与 EXPDP 命令一样
ESTIMATE	估算导出作业的导出文件大小，值可为 BLOCKS 或 STATISTICS。默认值是 BLOCKS
EXCLUDE	排除不需要导出的特定对象类型。使用形式与 EXPDP 命令一样
FLASHBACK_SCN	允许在导入数据时使用闪回特性，导入特定 SCN 时刻的表数据
FLASHBACK_TIME	允许在导入数据时使用闪回特性，导入特定时间的表数据。与 FLASHBACK_SCN 不能同时使用
FULL	是否导入整个数据库，值为 Y 或 N，默认值为 N
INCLUDE	指定导入时要包括的特定对象类型及相关对象，使用形式与 EXCLUDE 参数类似。EXCLUDE 和 INCLUDE 不能同时使用
JOB_NAME	指定要创建的导入作业的名称
LOGFILE	指定导入日志文件名称，默认名称为 import.log。使用形式与 EXPDP 命令一样
NOLOGFILE	是否禁止生成导出日志文件。默认值为 N，表示生成；值为 Y 表示禁止生成导出日志文件
PARALLEL	指定执行导出操作的并行进程个数，默认值为 1
PARFILE	指定参数文件名
QUERY	用于指定过滤导入数据的 where 条件。使用形式与 EXPDP 命令一样
REMAP_DATAFILE	用于在不同平台之间迁移表空间时修改数据文件名。使用形式为 REMAP_DATAFIEL=source_datafile:target_datafile，其中 source_datafile 指源数据文件名，target_datafile 指转变后的目标数据文件
REMAP_SCHEMA	用于将源方案的所有对象装载到目标方案中。使用形式为 REMAP_SCHEMA=source_schema:target_schema，其中 source_schema 指源方案名，target_schema 指目标方案名
REMAP_TABLESPACE	用于将源表空间的所有对象导入目标表空间。使用形式为 REMAP_TABLESPACE=source_tablespace :target_tablespace，其中 source_tablespace 指源表空间名，target_tablespace 指目标表空间名
SCHEMAS	要导入的方案的列表，默认为当前登录用户方案
SQLFILE	将导入时的 DDL 语句写入 SQL 脚本中。使用形式为 SQLFILE=[directory_object:]file_name，其中 directory_object 指目录对象名，file_name 指生成的 SQL 脚本名。SQLFILE 参数指定后就不会向数据库中导入数据了
STATUS	指定显示导入作业状态的时间间隔，默认值为 0

（续）

参数名	说明
TABLE_EXISTS_ACTION	用于指定当表已经存在时导入作业要执行的操作。当值为 SKIP 时，导入作业会跳过已存在表处理下一个对象；当值为 APPEND 时，会追加数据；为 TRUNCATE 时，导入作业会截断表，然后为其追加新数据；当值为 REPLACE 时，导入作业会删除已存在表，重建并追加数据。默认值为 SKIP
TABLES	指定要导入的表的列表，同时会导入与表有依赖关系的对象
TABLESPACES	指定要导入的表空间的列表。表空间中所有对象都被导入
VERSION	要导入的对象数据库版本。使用形式与 EXPDP 命令一样

【例 8-9】将 dsuser 用户方案下所有 GP_ 开头的表数据导入到 dsbak 用户下。

- 由于参数较多，使用参数文件方式导入。在 C 盘下新建参数文件 dsms_impdp.par，文件内容如下：

```
userid=dpbak/Dpbak123@dsms_hz
directory= dsms_dump_dir
dumpfile= dsms_dsuser.dmp
logfile=dsms_dsbak.log
schemas=dsuser
remap_schema=dsuser:dsbak
include=table: "like ,GP_%'"
table_exists_action=replace
```

使用 IMPDP 命令将一个用户方案中对象数据导入到其他方案中，必须指定 REMAP_SCHEMA 参数。如果导入后数据存储的表空间改变了，还需要指定 REMAP_TABLESPACE 参数。本例中源用户方案为 dsuser，目标用户方案 dsbak，默认表空间均为 USERTBS，所以只需指定 REMAP_SCHEMA 参数即可。

TABLE_EXISTS_ACTION 参数值为 replace 表示导入的表已存在，则删除重建后再导入数据。

使用 INCLUDE 参数进行对象过滤，可以细化到某种对象类型或某个具体对象，在指出具体对象名时支持通配符。以上命令中通过 INCLUDE 参数的设置就只导入 GP_ 开头的表了，而不导入 dsuser 用户方案下的其他对象。与 INCLUDE 参数使用方法类似但功能完全相反的是 EXCLUDE 参数，两者不能同时使用。

- 执行导入操作。

```
C:\Documents and Settings\hdu>impdp parfile=c:\dsms_impdp.par
Import: Release 11.2.0.1.0 - Production on 星期二 9 月 27 17:01:20 2011
Copyright (c) 1982, 2009, Oracle and/or its affiliates.  All rights reserved.
连接到 : Oracle Database 11g Enterprise Edition Release 11.2.0.1.0 - Production
With the Partitioning, OLAP, Data Mining and Real Application Testing options
已成功加载 / 卸载了主表 "DPBAK"."SYS_IMPORT_SCHEMA_01"
启动 "DPBAK"."SYS_IMPORT_SCHEMA_01":  dpbak/********@dsms_hz
parfile=c:\dsms_impdp.par
处理对象类型 SCHEMA_EXPORT/TABLE/TABLE
处理对象类型 SCHEMA_EXPORT/TABLE/TABLE_DATA
.. 导入了 "DSBAK"."GP_ROLE"                        8.781 KB            19 行
.. 导入了 "DSBAK"."GP_ROLEMODULE"                 19.45 KB           460 行
.. 导入了 "DSBAK"."GP_ROLEUSER"                    7.656 KB            44 行
处理对象类型 SCHEMA_EXPORT/TABLE/INDEX/INDEX
处理对象类型 SCHEMA_EXPORT/TABLE/CONSTRAINT/CONSTRAINT
处理对象类型 SCHEMA_EXPORT/TABLE/INDEX/STATISTICS/INDEX_STATISTICS
```

```
处理对象类型 SCHEMA_EXPORT/TABLE/COMMENT
处理对象类型 SCHEMA_EXPORT/TABLE/STATISTICS/TABLE_STATISTICS
作业 "DPBAK"."SYS_IMPORT_SCHEMA_01" 已于 17:01:31 成功完成
```

7. 交互模式管理导出/导入作业

数据泵支持在执行导出/导入过程中暂停和重启作业。在 EXPDP/IMPDP 命令执行过程中，用户按下 Ctrl+C 组合键可进入交互模式，执行某些管理操作，如查看作业的执行状态、追加导出文件等。在交互模式中，常用的参数如表 8-5 所示。

表 8-5　数据泵交互模式常用参数

参数名	说明
ADD_FILE	追加导出文件。仅用于 EXPDP
CONTINUE_CLIENT	返回到事件记录模式。如果处于空闲状态，将重新启动作业
EXIT_CLIENT	退出当前交互模式，作业转为后台运行
FILESIZE	指定导出文件的最大值。仅用于 EXPDP
KILL_JOB	分离并删除作业
PARALLEL	更改当前作业的活动工作进程的数量
START_JOB	启动或恢复当前作业
STATUS	监视当前作业状态
STOP_JOB	停止当前正在执行的作业

【例 8-10】交互模式下操作举例。

● 进入交互模式：在导出过程中按下 Ctrl+C 组合键可退出当前状态，进入交互模式。

```
C:\Documents and Settings\hdu>expdp dpbak/Dpbak123@dsms_hz dumpfile=dsms_full.dmp
full=y job_name=dsms_full_expdp
Export: Release 11.2.0.1.0 - Production on 星期二 9 月 27 20:45:41 2011
Copyright (c) 1982, 2009, Oracle and/or its affiliates.  All rights reserved.
连接到 : Oracle Database 11g Enterprise Edition Release 11.2.0.1.0 - Production
With the Partitioning, OLAP, Data Mining and Real Application Testing options
启动 "DPBAK"."DSMS_FULL_EXPDP":  dpbak/********@dsms_hz
dumpfile=dsms_full.dmp full=y job_name=dsms_full_expdp
正在使用 BLOCKS 方法进行估计 ...
处理对象类型 DATABASE_EXPORT/SCHEMA/TABLE/TABLE_DATA
```

进入交互模式的另一种方式是通过在 EXPDP/IMPDP 命令中指定参数 ATTACH，参数值为某个正在执行的作业名。如果不指定该参数，则默认进入当前正在运行的作业。如果当前没有正在运行的作业，也未指定参数 ATTACH，则报错。

● 交互模式下可追加导出文件。

```
Export> add_file=dsms_full_%U.dmp
```

● 交互模式下可重新返回到事件记录模式，继续导出/导入作业。

```
Export> continue_client
...
.. 导出了 "SYSTEM"."SQLPLUS_PRODUCT_PROFILE"           0 KB           0 行
已成功加载/卸载了主表 "DPBAK"."DSMS_FULL_EXPDP"
******************************************************************************
DPBAK.DSMS_FULL_EXPDP 的转储文件集为 :
  C:\APP\HDU\PRODUCT\11.2.0\DBHOME_1\RDBMS\LOG\DSMS_FULL.DMP
```

8.3 用户管理的备份与恢复

8.3.1 用户管理的脱机备份与恢复

用户管理的脱机备份是在数据库正常关闭的情况下，将数据库文件复制到其他位置。由于在数据库正常关闭状态下，用户无法访问数据库，因此备份的控制文件和数据文件是一致的，这种备份是一致性备份。

当数据库运行在非归档模式时只能使用脱机备份，数据库运行在归档模式时可以使用脱机备份，也可以使用其他备份方法。

使用脱机备份文件进行恢复时，要考虑数据库的归档模式。如果数据库处于非归档模式，只需要从脱机备份中复制文件回原来目录即可；如果数据库处于归档模式，需要把备份后所有变化的数据重新写进数据文件中。

【例 8-11】在非归档模式下，dsms 数据库的脱机备份和恢复。

1）dsms 数据库的脱机备份。

第 1 步：查询要备份的数据库文件位置并记录，数据库文件包括数据文件、控制文件和重做日志文件。

- 查询控制文件。

```
SQL> select name from v$controlfile;
NAME
--------------------------------------
C:\APP\HDU\ORADATA\DSMS\CTL1DSMS.CTL
C:\DISK2\DSMS\CTL2DSMS.CTL
C:\DISK3\DSMS\CTL3DSMS.CTL
```

- 查询数据文件。

```
SQL> select file_name,tablespace_name from dba_data_files;
FILE_NAME                                TABLESPACE_NAME
---------------------------------------- ----------------
C:\APP\HDU\ORADATA\DSMS\SYSTEM_01.DBF     SYSTEM
C:\APP\HDU\ORADATA\DSMS\SYSTEMAUX_01.DBF   SYSAUX
C:\DISK5\DSMS\USER03.ORA                  USERTBS
C:\DISK5\DSMS\USER01.ORA                  USERTBS
C:\DISK5\DSMS\USER02.ORA                  USERTBS
C:\DISK4\DSMS\UNDO01.ORA                  UNDOTBS
```

- 查询重做日志文件。

```
SQL> select member from v$logfile;
MEMBER
--------------------------------------
C:\APP\HDU\ORADATA\DSMS\LOG_1_01.RDO
C:\APP\HDU\ORADATA\DSMS\LOG_2_01.RDO
C:\DISK2\DSMS\LOG_1_02.RDO
C:\DISK3\DSMS\LOG_1_03.RDO
C:\DISK2\DSMS\LOG_2_02.RDO
C:\DISK3\DSMS\LOG_2_03.RDO
```

第 2 步：正常关闭数据库。

```
SQL> shutdown immediate
数据库已经关闭。
```

已经卸载数据库。
ORACLE 例程已经关闭。

正常关闭数据库可以使用 SHUTDOWN NORMAL 或 SHUTDOWN IMMEDIATE 或 SHUTDOWN TRANSACTIONAL 命令。如果在执行 SHUTDOWN ABORT 命令，或其他故障导致的数据库关闭情况下进行脱机备份，可能包含不一致数据和未提交事务，使备份的数据文件和控制文件不一致。

第 3 步：复制所有数据库文件到备份磁盘。

第 4 步：重启数据库，完成备份操作。

```
SQL> startup
ORACLE 例程已经启动。
Total System Global Area   644468736 bytes
Fixed Size                   1376520 bytes
Variable Size              327159544 bytes
Database Buffers           310378496 bytes
Redo Buffers                 5554176 bytes
数据库装载完毕。
数据库已经打开。
```

2）破坏 dsms 数据库中部分数据。例如，删除 dsuser 用户方案。

```
SQL> drop user dsuser cascade;
用户已删除。
```

3）脱机备份的恢复。

第 1 步：关闭数据库。

```
SQL> shutdown immediate
数据库已经关闭。
已经卸载数据库。
ORACLE 例程已经关闭。
```

此时，可以使用包括 SHUTDOWN ABORT 在内的所有数据库关闭命令。

第 2 步：从脱机备份文件中把数据文件、控制文件和重做日志文件复制到数据库中原来位置。

第 3 步：重启数据库，完成恢复操作。

```
SQL> startup
ORACLE 例程已经启动。
Total System Global Area   644468736 bytes
Fixed Size                   1376520 bytes
Variable Size              327159544 bytes
Database Buffers           310378496 bytes
Redo Buffers                 5554176 bytes
数据库装载完毕。
数据库已经打开。
```

4）验证数据库恢复结果。

```
SQL> connect dsuser/Dsuser123@dsms_hz
已连接。
```

对于用户管理的脱机备份和恢复，使用备份文件进行恢复时只能恢复到备份时刻，如果备份之后数据库结构或者数据发生了变化，将无法恢复；而且脱机备份和恢复要求关闭数据库，这对于 7×24 小时运行的数据库来说是不可能的，此时只能使用联机备份和恢复。但是脱机备份和恢复最大的优点就是操作简单，并且由于数据库处于关闭状态，所做的备份和恢复也是最可靠的。

8.3.2 归档模式设置

Oracle 数据库可运行在两种不同模式下：非归档模式和归档模式。数据库的日志运行模式与数据库备份和恢复方法有直接关系。在非归档模式下，当重做日志切换一轮后，有些已提交的数据将被覆盖，因此数据库只能恢复到备份时间点，从上一次备份到数据库崩溃这段时间内提交的所有数据将丢失。而在归档模式下，当进行日志切换操作从一个重做日志文件组切换到另一组时，后台归档进程 ARCn 会将重做日志文件内容复制到其他位置，形成归档重做日志文件。这样就可以利用归档重做日志文件中保存的数据和重做日志文件一起来实现数据库的完全恢复了。

图 8-3 演示了在归档模式下重做日志文件的切换和归档过程。Oracle 服务器保证在归档进程（ARC0）没有将重做日志文件内容复制到归档重做日志文件前，LGWR 不能再写入该重做日志文件。

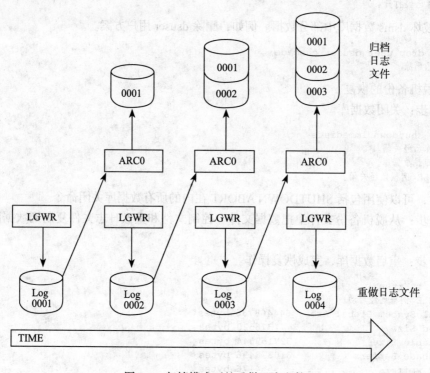

图 8-3   归档模式下的重做日志文件

查询数据库日志运行模式可以使用 ARCHIVE LOG LIST 命令，也可以查询数据字典 V$DATABASE。如果要修改日志运行模式，需以加载方式启动数据库，使用 ALTER DATABASE 命令修改后再打开数据库。

【例 8-12】查询 dsms 数据库的日志运行模式，如果是非归档模式，则改为归档模式。

（1）查询数据库的日志运行模式

```
SQL> select name,log_mode from v$database;
```

```
NAME       LOG_MODE
---------- -----------------------
DSMS       ARCHIVELOG
```

或者：

```
SQL> archive log list
数据库日志模式                      非存档模式
自动存档             禁用
存档终点             USE_DB_RECOVERY_FILE_DEST
最早的联机日志序列      91
当前日志序列          92
```

（2）设置数据库日志模式为归档模式

● 正常关闭数据库。

```
SQL> shutdown immediate
数据库已经关闭。
已经卸载数据库。
ORACLE 例程已经关闭。
```

● 以加载方式启动数据库。

```
SQL> startup mount
ORACLE 例程已经启动。
Total System Global Area    644468736 bytes
Fixed Size                    1376520 bytes
Variable Size               327159544 bytes
Database Buffers            310378496 bytes
Redo Buffers                  5554176 bytes
数据库装载完毕。
```

● 设置数据库为归档模式。

```
SQL> alter database archivelog;
数据库已更改。
```

如果想将数据库日志模式设置为非归档，在此处使用ALTER DATABASE NOARCHIVELOG 语句。

● 打开数据库。

```
SQL> alter database open;
数据库已更改。
```

● 验证修改结果。

```
SQL> archive log list
数据库日志模式                       存档模式
自动存档              启用
存档终点              USE_DB_RECOVERY_FILE_DEST
最早的联机日志序列       91
下一个存档日志序列       92
当前日志序列           92
```

由查询结果可见，当前数据库运行在归档模式下。归档的终点是 USE_DB_RECOVERY_FILE_DEST，该值含义是使用数据库快闪恢复区的数据库存储目录来存储归档重做日志文件。

提示：在数据库日志模式由非归档模式改为归档模式之前，Oracle 建议关闭数据库后全备份数据库。这个备份是非归档模式下的最后一次备份，当数据库在修改归档模式的过程中出现问题，可以使用该备份进行恢复。

修改数据库的日志模式将更新控制文件。在数据库日志模式由非归档模式设置为归档模式成功之后，Oracle 建议做一个数据库的全备份（主要是备份数据文件和控制文件）。由于之前在非归档模式下的数据库备份已不能用了，这个新的备份是归档模式下的第一个备份。

归档模式设置完成后可以通过 LOG_ARCHIVE_START、LOG_ARCHIVE_DEST、LOG_ARCHIVE_FORMAT 和 LOG_ARCHIVE_MAX_PROCESSES 等参数的设置来管理归档进程 ARCn 和归档文件的存储位置及文件命名格式。可以先使用 SHOW PARAMETER 命令查询参数值，然后根据实际需要用带 SET 子句的 ALTER SYSTEM 命令修改参数值。

- LOG_ARCHIVE_START。指定后台归档进程 ARCn 是否启用。在 Oracle 10g 之前，数据库日志模式改为归档之后，不会自动启动后台归档进程，需要设置 LOG_ARCHIVE_START 值为 TRUE。Oracle 10g 开始，数据库日志模式改为归档之后，系统会自动启动归档进程，不用再设置该参数。
- LOG_ARCHIVE_MAX_PROCESSES。该参数是一个动态参数，指定启动几个后台归档进程 ARCn。如果数据库的 DML 操作非常频繁，ARCn 进程的读写跟不上 LGWR，可能会导致重做日志文件已轮换一圈，但 ARCn 还未将重做日志文件中数据写入归档重做日志文件，此时 LGWR 将等待 ARCn 工作完成后再重写日志文件。可以通过设置 LOG_ARCHIVE_MAX_PROCESSES，启动多个 ARCn 来解决这个问题。
- LOG_ARCHIVE_FORMAT。指定归档重做日志文件的命名格式。
- LOG_ARCHIVE_DEST 和 LOG_ARCHIVE_DEST_n。指定归档重做日志文件的存储位置。由于归档重做日志文件中存储了数据库恢复的重要信息，所以要做好保护工作以防文件丢失或破损。可以与多路复用控制文件、多路复用重做日志文件一样，通过设置多路复用归档重做日志文件的形式，将多个完全相同的归档重做日志文件写入不同物理磁盘。LOG_ARCHIVE_DEST_n 参数用于多路复用归档重做日志文件，该参数控制归档重做日志文件写到不同的磁盘和目录下，其中 n 为 1～31，即 Oracle 11g 最多可以定义 31 份归档重做日志文件。而 LOG_ARCHIVE_DEST 参数指定所有归档重做日志文件存储在同一位置。

【例 8-13】查询 dsms 数据库的归档重做日志文件命名格式。

```
SQL> show parameters log_archive_format
NAME                             TYPE          VALUE
-------------------------------- ------------- -----------------
log_archive_format               string        ARC%S_%R.%T
```

命名格式中 %T 是重做线程编号，%S 是日志序列号，%R 是 RESETLOGS 的 id 值。

【例 8-14】设置 dsms 数据库的归档重做日志文件存储目录。

分析：由于归档重做日志文件对数据库恢复的重要性，常通过物理冗余，形成多路复用归档重做日志文件，实现对文件的保护。在归档模式下，还应该尽量将归档重做日志文件和重做日志文件放置到不同的磁盘中。因为在日志切换过程中，LGWR 进程需要向重做日志文件保存数据，而 ARCn 进程则需要对重做日志文件进行归档。如果它们在同一个磁盘上的话，就会发生对重做日志成员争夺的现象，从而降低数据库的性能。

解决方案：管理员 SYS 用户登录，设置三路复用归档重做日志文件，并参考例 8-11 中对重做日志文件位置的查询结果，将归档重做日志文件和重做日志文件存储于不同磁盘。接下来的命令中以 C 盘下不同文件夹来模拟 3 个不同的磁盘。

- 查询 log_archive_dest_n 参数的值。

```
SQL> show parameter log_archive_dest_
NAME                          TYPE            VALUE
----------------------- -------------- -----------
log_archive_dest_1            string
log_archive_dest_10           string
log_archive_dest_11           string
log_archive_dest_12           string
log_archive_dest_13           string
...
```

共有 log_archive_dest_1 ～ log_archive_dest_31 这 31 个参数，值都为空，表示还未设置。
- 管理员登录，设置三路复用归档重做日志文件。

```
SQL> alter system set log_archive_dest_1="LOCATION=c:\disk6\dsms\arch"
scope=spfile;
    系统已更改。
SQL> alter system set log_archive_dest_2="LOCATION=c:\disk7\dsms\arch"
scope=spfile;
    系统已更改。
SQL> alter system set log_archive_dest_3="LOCATION=c:\disk8\dsms\arch"
scope=spfile;
    系统已更改。
```

以上命令中，LOCATION 表示归档重做日志文件存储在本地磁盘上，后面指出存储路径。
- 重启数据库使修改生效。

```
SQL> shutdown immediate
数据库已经关闭。
已经卸载数据库。
ORACLE 例程已经关闭。
SQL> startup
ORACLE 例程已经启动。
Total System Global Area          644468736 bytes
Fixed Size                          1376520 bytes
Variable Size                     327159544 bytes
Database Buffers                 3 10378496 bytes
Redo Buffers                        5554176 bytes
数据库装载完毕。
数据库已经打开。
```

- 验证：执行日志切换，将进行归档操作，生成归档重做日志文件。

```
SQL> alter system switch logfile;
系统已更改。
```

发现在归档路径 c:\disk6\dsms\arch、c:\disk7\dsms\arch 和 c:\disk8\dsms\arch 下各有一个新文件产生，文件大小和名称完全相同，这些新文件就是归档重做日志文件。

8.3.3　用户管理的联机备份与恢复

用户管理的脱机备份和恢复必须关闭数据库，这对于 7×24 小时运行的数据库来说是不可接受的；脱机备份还需要备份整个数据库，对于大型的数据库来说，实现起来也比较困难；而且脱机备份下的恢复只能将数据库恢复到备份时间点，会丢失备份到数据库故障这一段时间的数据。用户管理的联机备份和恢复可以解决以上问题。联机备份和恢复即在数据库运行状态下完成备份和恢复操作，允许只备份部分表空间或数据文件，并且利用重做日志文件、归档日志和数据库备份，可以把数据库恢复到最近的状态。

用户管理的联机备份和恢复是在数据库运行状态下进行的。在进行联机备份的同时，数据库仍可以访问，用户可以对数据库进行修改和删除等操作，从而导致数据库文件之间的不一致。在使用联机备份进行恢复时，必须使用重做日志文件和归档重做日志文件才能使数据库恢复到故障时刻。因此，若要进行联机备份和恢复，数据库必须运行在归档模式下。

联机备份和恢复的主要优点是备份和恢复时数据库仍可使用；可以备份表空间或数据文件；恢复时可以仅修复损坏或丢失的数据文件；而且备份和恢复的时间短。联机备份和恢复的不足之处在于对数据库管理的技术要求比较高，操作过程中不能出错，否则后果严重；而且在归档模式下系统的管理和维护成本有所增加。

1. 用户管理的联机备份

在对数据库执行联机备份时，主要备份的是数据文件，结合前面对控制文件、重做日志文件和归档重做日志文件管理的介绍，可以知道这些文件的备份通常是通过多路复用形成的冗余来实现的。因此，联机备份时，可以对指定表空间的所有数据文件备份，也可以对表空间的某个数据文件进行备份。

联机备份的步骤如下：

第 1 步：使用数据字典 DBA_DATA_FILES 查询表空间和对应的数据文件。

第 2 步：使用 ALTER TABLESPACE…BEGIN BACKUP 将表空间设置为备份状态。

第 3 步：复制数据文件到备份目录。

第 4 步：使用 ALTER TABLESPACE…END BACKUP 将表空间退出备份状态。

第 5 步：归档当前重做日志文件，可使用 ALTER SYSTEM SWITCH LOGFILE 命令。

从 Oracle 10g 开始，可以使用 ALTER DATABASE BEGIN BACKUP 命令将整个数据库的所有表空间置于备份状态，用 ALTER DATABASE END BACKUP 命令将整个数据库的所有表空间退出备份状态。

【例 8-15】联机备份 USERTBS 表空间的数据文件。

- 查询 USERTBS 表空间及其对应的数据文件。

```
SQL> select file_id, file_name, tablespace_name
  2   from dba_data_files
  3   where tablespace_name='USERTBS';
  FILE_ID FILE_NAME                        TABLESPACE_NAME
------------ ------------------------------ ------------------
        3 C:\DISK5\DSMS\USER03.ORA       USERTBS
        4 C:\DISK5\DSMS\USER01.ORA       USERTBS
        5 C:\DISK5\DSMS\USER02.ORA       USERTBS
```

- 将表空间 USERTBS 设置为备份状态。

```
SQL> alter tablespace usertbs begin backup;
表空间已更改。
```

此时，USERTBS 表空间对应的所有数据文件的头部都被锁住并产生检查点。用户可以对USERTBS 表空间的数据进行查询操作，也可以执行 DML 操作，只不过变化的数据无法写入数据文件，而是写入了重做日志文件。

- 备份 USERTBS 表空间的数据文件到备份目录。
- 将表空间 USERTBS 退出备份状态。

```
SQL> alter tablespace usertbs end backup;
```

表空间已更改。

此时，USERTBS 表空间对应的所有数据文件的头部都被解锁，数据库对这些数据文件的操作恢复正常。

- 日志切换产生归档重做日志文件。

```
SQL> alter system switch logfile;
系统已更改。
```

2．用户管理的联机恢复

联机备份的恢复指的是介质恢复，即当数据库的存储介质出现故障时所做的恢复，如磁盘或数据库文件损坏的恢复。介质恢复有两种方式：完全恢复和不完全恢复。完全恢复指将数据库恢复到发生故障的时间点，不丢失任何数据。不完全恢复指将数据库恢复到发生故障前的某一个时间点，此时间点以后的所有改动将会丢失。

联机备份的完全恢复步骤如下：

第 1 步：将要恢复的表空间或数据文件设为脱机状态，但是不包括系统表空间或活动的撤销表空间。

第 2 步：修复（RESTORE）损坏或丢失的操作系统文件，即将备份的数据库文件复制到数据库中指定的位置。

第 3 步：恢复（RECOVER）数据文件，即利用重做日志文件和归档重做日志文件把从备份开始到数据库故障这段时间内所有提交的数据写回数据文件。

数据库完全恢复的命令有：

1）恢复数据库。

RECOVER [AUTOMATIC] DATABASE;

用于恢复数据库的多个数据文件，该命令只能在数据库 MOUNT 状态下使用。AUTOMATIC 表示自动搜索和恢复重做日志文件与归档重做日志文件中已提交数据。

2）恢复表空间。

RECOVER [AUTOMATIC] TABLESPACE *tablespace_id* | *tablespace_name*;

用于恢复一个或多个表空间的所有数据文件，该命令只能在数据库 OPEN 状态下使用。*tablespace_id* 表示表空间编号，*tablespace_name* 表示表空间名称。

3）恢复数据文件。

RECOVER [AUTOMATIC] DATAFILE *datafile_id* | *datafile_name*;

用于恢复一个或多个数据文件，该命令可以在数据库 MOUNT 和 OPEN 状态下使用。*datafile_id* 表示数据文件编号，*datafile_name* 表示数据文件名称。

【例 8-16】破坏 USERTBS 表空间对应的数据文件，使用例 8-15 所做的备份进行完全恢复。

- 启动数据库。

```
SQL> startup
ORACLE 例程已经启动。
Total System Global Area        644468736 bytes
Fixed Size                        1376520 bytes
Variable Size                   327159544 bytes
Database Buffers                310378496 bytes
Redo Buffers                      5554176 bytes
```

```
数据库装载完毕。
ORA-01157: 无法标识 / 锁定数据文件 4 - 请参阅 DBWR 跟踪文件
ORA-01110: 数据文件 4: 'C:\DISK5\DSMS\USER01.ORA'
```

● 将 USERTBS 要恢复的数据文件设为脱机状态。

```
SQL> alter database datafile 3 offline;
数据库已更改。
SQL> alter database datafile 4 offline;
数据库已更改。
SQL> alter database datafile 5 offline;
数据库已更改。
```

USERTBS 表空间对应的数据文件编号参看例 8-15 中的查询结果。数据文件脱机后，不使用该文件的用户操作可以正常执行。使用编号的好处是减少了用户输入的字符数，也减少了出错的概率。

● 修复操作：使用例 8-15 中的备份将数据文件复制到相应目录下。

● 恢复操作。

```
SQL> recover datafile 3;
完成介质恢复。
SQL> recover datafile 4;
完成介质恢复。
SQL> recover datafile 5;
完成介质恢复。
```

● 修改数据文件为 online 状态。

```
SQL> alter database datafile 3 online;
数据库已更改。
SQL> alter database datafile 4 online;
数据库已更改。
SQL> alter database datafile 5 online;
数据库已更改。
```

● 打开数据库。

```
SQL> alter database open;
数据库已更改。
```

● 检查该数据文件中数据是否已恢复。

```
SQL> connect dsuser/Dsuser123@dsms_hz
已连接。
SQL> select count(*) from ds_g_crossing;
  COUNT(*)
----------
       289
```

不完全恢复通常使用在以下情形：

1）介质故障导致某些重做日志文件或归档重做日志文件丢失不可用。

2）用户误修改数据而无法用逻辑方法恢复。

3）丢失控制文件后只能以备份的控制文件打开数据库。

Oracle 可以执行三种形式的不完全恢复：

1）基于时间的恢复：指定一个具体的时间。

2）基于 SCN 的恢复：指定一个具体的 SCN 号。在 Oracle 数据库中，如果提交一个事务，就会为它分配一个 SCN 号，该 SCN 号记录在重做日志文件、数据文件和控制文件中。

SCN 可以转换为时间，因此本质上基于 SCN 的恢复和基于时间的恢复是一致的。

3）基于 CANCEL 的恢复：使用所有能够应用的重做和归档重做日志文件进行恢复，直到用户主动取消为止。

执行不完全恢复的过程：通过创建的备份恢复所有数据文件，然后应用部分重做日志或归档日志恢复数据库到指定时间点，最后以 OPEN RESETLOGS 打开数据库并重置日志。

指定 RESETLOGS 会执行以下操作：

1）归档当前重做日志文件，并清空文件内容，重置日志序列号为 1。

2）如果重做日志文件不存在，则重建。

3）重置控制文件中有关重做日志的元数据。

4）更新数据文件和重做日志文件中的 RESETLOGS SCN 和时间戳。

Oracle 提出闪回技术后，在某些情况下数据库的不完全恢复操作可以由闪回操作很简单且方便地完成。

8.4　闪回技术和撤销表空间

8.4.1　闪回技术概述

闪回（Flashback）技术是 Oracle 9i 开始提供的一种特性，使用闪回技术可以使数据库回到过去的某个时间点，实现对历史数据的恢复。在闪回技术提出之前，当用户对一个表做了错误的 DML 操作并提交或误删除一个重要的表时，从这些用户操作错误恢复数据的方法是采用逻辑导出 / 导入技术或用户管理的备份和恢复技术。这些方法通常要求在发生错误之前有一个正确的备份才能恢复，而且既复杂又耗时，还不一定保证百分百成功。闪回技术提供了一种从逻辑错误中恢复数据的更简单、更快捷和更可靠的方式，不需要事先备份，还允许在数据库运行过程中选择性地恢复某些对象。

在 Oracle 11g 中，闪回技术包括以下内容：

- 闪回查询 (Flashback Query)。查询某个表在指定时间或指定 SCN 的状态。使用闪回版本查询 (Flashback Version Query) 可以查询某个表在指定时间段或某两个 SCN 之间的修改操作。使用闪回事务查询 (Flashback Transaction Query) 可以查询指定时间段某个对象的事务信息，该信息中记录了回滚 SQL 语句，用于实现对该事务进行回滚处理。
- 闪回表（Flashback Table）。使表回滚到过去某一时间或某 SCN 的状态，用来快速恢复表。
- 闪回删除（Flashback Drop）。类似于操作系统的垃圾回收站功能，可以恢复被删除的表或者索引等。
- 闪回数据库（Flashback Database）。使数据库回滚到过去某一时间或某 SCN 的状态，用来快速恢复数据库。
- 闪回数据归档（Flashback Data Archive）。将数据库对象的修改操作记录在闪回数据归档区中，使数据的闪回不依赖于 UNDO 数据，可以闪回到指定时间之间的旧数据。

8.4.2　闪回查询

使用闪回查询可以查询过去某个时间点或 SCN 的任何数据，以便重建因意外而被删除或因更改而丢失的数据。执行闪回查询时，在查询语句后加上 AS OF TIMESTAMP 语句或 AS

OF SCN 语句来指定某一时间点或某一 SCN。

基于时间执行闪回查询时，使用 Oracle 的时间函数 TO_TIMESTAMP，该函数的格式为：

TO_TIMESTAMP (*'timepoint','format'*)

其中 *timepoint* 表示时间点，*format* 表示需要把 *timepoint* 转化为何种格式。

基于 SCN 执行闪回查询会比指定时间更加精确。因为即使闪回查询时指定 AS OF TIMESTAMP，Oracle 也会将时间转换为 SCN，这是由于 Oracle 内部都是通过 SCN 而不是时间来标记操作。获取当前 SCN 的方法非常多，通常可以查询数据字典 V$DATABASE 中的 CURRENT_SCN 列，或者使用 DBMS_FLASHBACK.GET_SYSTEM_CHANGE_NUMBER 函数。

【例 8-17】修改 dsms 数据库的路口表 ds_g_crossing，闪回查询修改前的数据。

● 查询当前时间和 SCN。

```
SQL> select to_char(sysdate, 'yyyy-mm-dd hh24:mi:ss') time,
  2  dbms_flashback.get_system_change_number scn
  3  from dual;
TIME                                    SCN
-----------------------------------     -------
2011-10-06 21:19:48                     798796
```

SYSDATE 是 Oracle 的系统函数，用来取得当前的系统时间，以天为单位，最大可以精确到纳秒。SYSDATE 函数支持时间的加减运算，如 SYSDATE-1 可以得出距当前时间一天前的时间，SYSDATE-1/24 表示距当前时间一小时前的时间，SYSDATE-5/24/60 表示距当前时间五分钟前的时间等。

● 修改路口表 ds_g_crossing 中的数据并提交。

```
SQL> select districttype from ds_g_crossing where districtname='蒋村停车场';
DISTRICTTYPE
-------------
            1
SQL> update ds_g_crossing set districttype=2 where districtname='蒋村停车场';
已更新 1 行。
SQL> commit;
提交完成。
SQL> select districttype from  ds_g_crossing where districtname='蒋村停车场';
DISTRICTTYPE
-------------
            2
```

● 基于时间的闪回查询。

```
SQL> select districttype from ds_g_crossing as of timestamp to_
timestamp('2011-10-06 21:19:48','yyyy-mm-dd hh24:mi:ss')  where districtname='蒋村停车
场';
DISTRICTTYPE
-------------
            1
```

如果查询的是 15 分钟前的数据，也可以使用以下形式：

```
SQL> select districttype from ds_g_crossing as of timestamp sysdate-15/24/60
where districtname='蒋村停车场';
DISTRICTTYPE
-------------
            1
```

不可以无限往前闪回查询！当前时间到 TO_TIMESTAMP 函数内指定时间之间的 UNDO 数据都应该存在才能闪回，否则会出现类似"未找到基于指定时间的快照 snapshot"的错误，凡是与快照有关的错误通常都和 UNDO 数据有关。可以增大参数 UNDO_RETENTION 的值减少该错误发生的次数。Oracle 11g 新引入的闪回数据归档可以解决这类问题。

- 基于 SCN 的闪回查询。

```
SQL> select districttype from ds_g_crossing as of scn 798796 where districtname='
蒋村停车场 ';
    DISTRICTTYPE
    ------------
              1
```

闪回查询不会恢复任何操作或修改，也不会告诉用户做过什么操作或修改，只是让用户查询到指定时间点或 SCN 的表中数据。在当前时间点和过去某时间点之间，表对象可能经过多次修改，如果希望查看每次修改后的数据，可以使用闪回版本查询。闪回版本查询可以查询到指定时间段或指定 SCN 之间的撤销表空间中记录的提交数据。更进一步，使用闪回事务查询可以查询到指定时间段或指定 SCN 之间的某个对象的详细事务信息。

闪回版本查询中提供了多个伪列，如表 8-6 所示。

表 8-6　闪回版本查询中的伪列说明

伪列	说明
versions_startscn	该条记录操作时的 SCN，空值表示该条记录是在查询范围外创建的
versions_starttime	该条记录操作时的时间，空值表示该条记录是在查询范围外创建的
versions_endscn	该条记录失效时的 SCN，空值表示该条记录在查询范围内无操作，或者该列已被删除，要结合 versions_operation 的值进一步分析
versions_endtime	该条记录失效时的时间，空值表示该条记录在查询范围内无操作，或者该列已被删除，要结合 versions_operation 的值进一步分析
versions_operation	该条记录执行的操作：I 表示 insert，U 表示 update，D 表示 delete
versions_xid	该条记录操作的事务 ID

使用闪回版本查询时，在查询语句后加上 VERSIONS BETWEEN TIMESTAMP|SCN … AND…语句。闪回事务查询可以使用数据字典 FLASHBACK_TRANSACTION_QUERY。闪回事务查询和闪回版本查询有较密切的关系，通常通过闪回版本查询结果中的伪列 versions_xid 得到事务 ID，再将它作为查询条件来查询数据字典得到执行事务的用户的名称、所执行的操作、应用事务的表、开始的 SCN 和时间戳以及用来回滚事务的 SQL 语句等信息。

【例 8-18】多次修改 dsms 数据库的路口表 ds_g_crossing，闪回版本查询修改前的数据，闪回事务查询回滚 SQL 语句。

- 多次修改路口表 ds_g_crossing，并记录修改前后的 SCN。

```
SQL> select dbms_flashback.get_system_change_number from dual;
GET_SYSTEM_CHANGE_NUMBER
------------------------
                  805819
SQL> update ds_g_crossing set districtname=' 杭　州 -'||districtname where
districtname like ' 大关路 %';
    已更新 4 行。
SQL> commit;
    提交完成。
SQL> delete from ds_g_crossing where districtname like ' 中河路 %';
    已删除 2 行。
```

```
SQL> commit;
提交完成。
SQL> select dbms_flashback.get_system_change_number from dual;
GET_SYSTEM_CHANGE_NUMBER
-------------------------
                   805832
```

- 基于 SCN 的闪回版本查询。

```
SQL> select districtname,versions_startscn,versions_endscn,versions_operation,
versions_xid from ds_g_crossing versions between scn 805819 and 805832;
DISTRICTNAME   VERSIONS_STARTSCN VERSIONS_ENDSCN V VERSIONS_XID
--------------- ---------------------- --------------- - -----------------
中河路平海路口                        805828               D 1300010023000000
杭州 - 大关路上塘路口                  805824               U 0C00190023000000
杭州 - 大关路                          805824               U 0C00190023000000
杭州 - 大关路和睦路口                  805824               U 0C00190023000000
...
```

通过以上查询结果可以看到不同事务对表 ds_g_crossing 中每一行数据的修改情况，包括修改前后相应的 SCN、DML 操作类型，以及事务 ID 等。

- 闪回事务查询：通过闪回版本查询结果中 versions_xid 列标识的事务 ID 值，查询 ID 值为 1300010023000000 的事务操作信息。

```
SQL> select commit_scn, undo_sql from flashback_transaction_query where
xid='13000010023000000';
COMMIT_SCN UNDO_SQL
----------- ----------------------------------------------------------------
     805828 insert into "DSUSER" ."DS_G_CROSSING" ("DISTRICTID",
            "DISTRICTNAME","PARENTID","DISTRICTTYPE","NOTE"," P
            OINTTYPE"," CROSSWALK"," SPEEDLIMIT"," ORIENTATION")
            values ('002030',' 中河路 ','002','2',NULL,NULL,NULL,NULL,NULL);
     805828 insert into "DSUSER" ."DS_G_CROSSING" ("DISTRICTID",
            "DISTRICTNAME","PARENTID","DISTRICTTYPE","NOTE"," P
            OINTTYPE"," CROSSWALK"," SPEEDLIMIT"," ORIENTATION")
            values ('001006000',' 中河路平海路口 ','001006','3',NULL,'2','1','1','0');
  ...
```

查询结果中 COMMIT_SCN 表示事务提交时的 SCN，UNDO_SQL 表示回滚该操作所对应的 SQL 语句。如果在查询结果中发现 UNDO_SQL 为空，可能是由于 Oracle 11g 默认禁用 SUPPLEMENTAL LOGGING 导致的，通过命令 ALTER DATABASE ADD SUPPLEMENTAL LOG DATA 将 SUPPLEMENTAL LOGGING 启用即可。

8.4.3   闪回表

在闪回技术提出之前，如果用户对表执行了错误 的 DML 操作并提交了，而且在操作前也没有进行备份，要将这个表恢复到 DML 操作之前的状态，就只能使用不完全恢复。而使用闪回表技术只要一个命令就可以完成恢复。闪回表是一种能够将表恢复到过去某个时间点或某个 SCN，不需要进行不完全恢复的闪回技术。

用户对表数据的 DML 操作信息都记录在撤销表空间中，这是实现闪回表技术的基础。因此要想闪回到过去的某个时间点或某个 SCN，必须确保与撤销表空间相关的参数设置合理，特别是 UNDO_RETENTION 参数，该参数指定了回滚段中 DML 操作数据保存的时间。例如，某个 DML 操作在提交后被记录在撤销表空间中，保存时间为 900 秒，用户可以在 900 秒内对表进行闪回操作，从而将表中数据恢复到 DML 操作前的状态。

执行闪回表操作的用户要求具有以下权限：

1）FLASHBACK ANY TABLE 权限或者是该表的 FLASHBACK 权限。

2）该表的 SELECT、INSERT、DELETE 和 ALTER 权限。

闪回表的使用语法如下：

```
FLASHBCK TABLE[schema.]table_name
TO [ SCN | TIMESTAMP] expr [ENABLE | DISABLE] TRIGGERS ;
```

其中的各项参数说明如下：

- schema：方案名，一般为用户名。
- table_name：表名。
- TO TIMESTAMP：系统时间戳，包含年、月、日、时、分、秒。
- TO SCN：系统更改号。
- expr：指定一个时间点或者 SCN。
- ENABLE TRIGGERS：表示触发器恢复以后为 enable 状态。
- DISABLE TRIGGERS：表示触发器恢复以后为 disable 状态，是默认选项。

【例 8-19】修改 dsms 数据库的路口表 ds_g_crossing 后，使用闪回表技术恢复。

- 管理员用户 dsuser 连接。

```
SQL> connect dsuser/Dsuser123@dsms_hz
已连接。
```

- 查询当前时间。

```
SQL> select to_char(sysdate, 'yyyy-mm-dd hh24:mi:ss') time from dual;
TIME
-------------------------
2011-10-07 11:14:55
```

- 误删除表 ds_g_crossing 中数据，并提交。

```
SQL> delete from ds_g_crossing;
已删除 289 行。
SQL> commit;
提交完成。
```

- 基于时间闪回表。

```
SQL> flashback table ds_g_crossing to timestamp to_timestamp('2011-10-07
11:14:55', 'yyyy-mm-dd hh24:mi:ss');
    flashback table ds_g_crossing to timestamp to_timestamp('2011-10-07
11:14:55','yyyy-mm-dd hh24:mi:ss')
                                   *
第 1 行出现错误：
ORA-08189: 因为未启用行移动功能，不能闪回
```

闪回表时，被恢复的表必须启用 row movement。表的 row movement 属性用来控制是否允许修改列值所造成的记录移动，有 disable 和 enable 两种状态，默认是 disable 状态。

- 启用行移动功能。

```
SQL> alter table ds_g_crossing enable row movement;
表已更改。
```

- 再执行闪回表，并查询表中数据。

```
SQL> flashback table ds_g_crossing to timestamp to_timestamp('2011-10-07
11:14:55', 'yyyy-mm-dd hh24:mi:ss');
闪回完成。
SQL> select count(*) from ds_g_crossing;
  COUNT(*)
----------
       289
```

8.4.4　闪回删除

当用户对表进行 DDL 操作时，它是自动提交的。如果误删除了某个表，在闪回技术提出之前，只能使用日常的备份恢复数据。闪回删除为误删除的表对象的恢复提供了一种安全机制。此处的删除指使用 DROP 命令删除表。

Oracle 的闪回删除原理和 Windows 中的文件删除类似：当一个表被删除时，它并不是真的被删除了，而是通过修改数据字典的方式，将其改名后放入了回收站（Recycle Bin），只要这个表还在回收站中，它就可以被恢复（闪回）。

回收站是所有被删除的表及其相关对象的逻辑存储容器。当一个表被删除时，回收站会将该表及其相关对象，如索引、约束、触发器等存储在回收站中。为了避免被删除表与同类对象名称重复，当被删除表及相关对象放到回收站后，Oracle 系统对被删除的对象名进行了转换。被删除对象的名字转换格式为 BIN$globalUID$version：

- globalUID 是一个全局唯一的、24 个字符长的标识对象，它是 Oracle 内部使用的标识，对于用户来说没有任何实际意义，因为这个标识与对象未删除前的名称没有关系。
- $version 是 Oracle 数据库分配的版本号。

每个用户都有一个自己的回收站。通过查询数据字典 USER_RECYCLEBIN 或 RECYCLEBIN 获得回收站内的信息。RECYCLEBIN 是数据字典 USER_RECYCLEBIN 的同义词，要求在对象所属的用户方案下使用。

如果要对 DROP 的表进行恢复操作，可以使用以下语句：

```
FLASHBCK TABLE [schema.]table_name
TO BEFORE DROP [RENAME TO new_table_name] ;
```

其中各项参数说明如下：

- schema：方案名，一般为用户名。
- table_name：要恢复的表名，也可以是回收站中的名字。
- TO BEFORE DROP：表示恢复到删除之前。
- RENAME TO new_table_name：表示恢复时更换表名，new_table_name 即设置的新表名。

【例 8-20】删除 dsms 数据库的路口表 ds_g_crossing 后，使用闪回删除技术恢复。

- 检查回收站是否启用。

```
SQL> show parameter recyclebin
NAME                 TYPE           VALUE
```

```
----------------- -------------- ------
recyclebin          string         on
```

如果参数值为 off，则需要通过带 SET 子句的 ALTER SYSTEM 语句将该参数值设置为 on。

- 删除表 ds_g_crossing。

```
SQL> drop table ds_g_crossing;
表已删除。
```

- 查询回收站信息。

```
SQL> select object_name, original_name,type from recyclebin;
OBJECT_NAME                         ORIGINAL_NAME          TYPE
--------------------------------- ---------------------- ----------
BIN$P746Glk+Sf2T0BsdTuJ4eg==$0    SYS_C003648            INDEX
BIN$DLpnBEpSQZaz/KTwyYbJYg==$0    DS_G_CROSSING          TABLE
```

通过查询结果可见表 ds_g_crossing 及其索引 SYS_C003648 都被放入了回收站中。

- 闪回删除。

```
SQL> flashback table ds_g_crossing to before drop;
闪回完成。
```

如果要恢复的表在当前用户方案下已存在同名的表了，使用以上语句会出错，需要在以上语句最后加上 RENAME TO 语句设置新的表名。

提示：如果回收站中有同名的对象，闪回删除时先被删除的对象先恢复。如果要恢复后删除的对象，在指定表名时用回收站中的表名就可以了。

- 验证闪回删除操作结果。

```
SQL> select count(*) from ds_g_crossing;
  COUNT(*)
----------
       289
SQL> select object_name, original_name,type from recyclebin;
未选定行
```

闪回删除时将表和索引一起恢复。闪回删除后，回收站中相关信息没有了。

- 查询表 ds_g_crossing 的索引信息。

```
SQL> select index_name from user_indexes where table_name='DS_G_CROSSING';

INDEX_NAME
-------------------------------
BIN$P746Glk+Sf2T0BsdTuJ4eg==$0
```

表 ds_g_crossing 的索引虽然也被恢复，但是索引名仍然是回收站中的名称，需要通过 ALTER INDEX… RENAME TO…语句手动重命名。

- 重命名索引。

```
SQL> alter index "BIN$P746Glk+Sf2T0BsdTuJ4eg==$0" rename to ind_crossing;
索引已更改。
SQL> select index_name from user_indexes where table_name='DS_G_CROSSING';
INDEX_NAME
-------------
IND_CROSSING
```

提示：闪回删除只能恢复非系统表空间中的表，而且要求这些表必须存储在本地管理的表空间中。当表被删除时，与表相关的位图索引和参照完整性约束并不受回收站保护，因此无法利用闪回删除恢复。

Oracle 并不保证所有的闪回删除操作都成功。因为回收站被放在表所在的表空间中，它以表空间中现有的已经分配的空间为基础，这意味着系统并没有给回收站预留空间，回收站空间依赖于现有表空间中的可用空间。当用户在表空间中创建新对象而磁盘空间不够时，Oracle 将使用回收站的磁盘空间。所以，数据库管理员需要关注回收站的空间利用情况，掌握清除回收站对象从而释放空间的办法，以提高回收站的利用率。

在删除 Windows 文件时，同时按下 Shift 键可以将文件直接删除，不放入回收站。Oracle 也提供了 PURGE 命令清空回收站。

（1）删除时指定 PURGE 参数

如果希望删除表时能立即释放其所占空间，不放入回收站，可以在 DROP 命令后加上 PURGE 参数。这种形式类似于在 Windows 中按下 Shift 键删除文件。指定 PURGE 参数删除的表无法用闪回删除方式恢复。

（2）清除回收站中的现有对象

对于回收站中已有对象，可以通过 PURGE 命令来删除，语法如下：

```
PURGE {[TABLESPACE tablespace_name [USER user_name]]|
[TABLE table_name|INDEX index_name]|
[RECYCLEBIN | DBA_ RECYCLEBIN]} ;
```

其中各项参数说明如下：

- TABLESPACE tablespace_name：从回收站清除一个特定表空间的所有对象，tablespace_name 指定表空间名。
- USER user_name：从回收站中清除属于某个特定用户的所有删除对象，user_name 指定用户名。
- TABLE table_name：从回收站中永久删除表并释放空间，table_name 指定要删除的表名，可以用表在删除前的名字，也可以用表在回收站中的名字。
- INDEX index_name：从回收站中永久删除索引并释放空间，index_name 指定要删除的索引名。
- RECYCLEBIN：从当前用户回收站中清除所有的对象并释放与这些对象关联的空间。
- DBA_RECYCLEBIN：从数据库所有用户的回收站中清除所有对象。该命令能高效地完全清空回收站。执行该命令的用户必须具有 SYSDBA 系统权限才可以。

使用 DROP USER… CASCADE 命令删除用户方案时，也会绕过回收站直接删除指定用户及其所属的全部对象。同时，如果回收站中有属于该用户的对象，则也会从回收站中清除掉。

【例 8-21】创建 dsms 数据库中路口表 ds_g_crossing 的备份表，删除备份表，使用 PURGE 清空回收站。

- 创建备份表 ds_g_crossing_bak。

```
SQL> create table ds_g_crossing_bak as select * from ds_g_crossing;
表已创建。
```

- 删除备份表。

```
SQL> drop table ds_g_crossing_bak;
```

表已删除。

- 查询回收站信息。

```
SQL> select object_name, original_name,type from recyclebin;
OBJECT_NAME                      ORIGINAL_NAME           TYPE
------------------------------   ----------------------  ----------
BIN$N2VjDRU9R7uP52eS2mgC4A==$0 DS_G_CROSSING_BAK         TABLE
```

- 清空回收站。

```
SQL> purge recyclebin;
回收站已清空。
```

回收站中信息全部清空，无法使用闪回删除恢复表 ds_g_crossing_bak。

8.4.5　闪回数据库

闪回数据库能够使数据库迅速回滚到以前的某个时间点或者某个 SCN，从而实现数据库的恢复。这种恢复是不需要备份的，所以更方便、更快速。这对于数据库从逻辑错误中恢复特别有用，而且也是大多数逻辑损害时恢复数据库的最佳选择。

Oracle 为了使用数据库的闪回功能，特别创建了另外一组日志，就是 Flashback Logs（闪回日志），记录数据库的闪回操作。闪回数据库是基于闪回日志的。闪回日志由 Oracle 自动创建，闪回日志中记录了数据库操作执行前要修改的数据，即数据块的前映像。这些信息存储在闪回恢复区（Flash Recovery Area）中，由闪回恢复区管理。当使用闪回数据库恢复时，通过闪回日志就可以将数据库恢复到指定时间点或指定 SCN 的状态，然后再应用重做日志和归档日志，将数据库恢复到一致性状态。

闪回日志由 Oracle 自动创建、修改和删除，完全无需数据库管理员的手工干预。数据库管理员唯一需要做的就是设置闪回恢复区的大小。当闪回恢复区空间不足时，系统会自动删除旧的闪回日志以腾出空间。为了尽可能多地保存闪回日志数据，Oracle 建议将闪回恢复区设置得大些。

虽然对于数据库的逻辑错误，闪回数据库是不完全恢复的优秀替代。但是它也有其自身的局限性：

- 使用闪回数据库恢复不能解决介质故障。若要从介质故障中恢复，仍然需要重建数据文件和恢复归档重做日志文件。
- 如果控制文件已被重建，不能使用闪回数据库。也就是说不能使用闪回数据库恢复到控制文件被重建之前。
- 闪回数据库最多只能将数据库恢复到在闪回日志中最早可用的那个 SCN，并不能将数据库恢复到任意的 SCN 值。

Oracle 默认不启动闪回数据库，如果需要启用该特性，必须将数据库日志模式设置为归档模式，并启用闪回恢复区，再启动闪回数据库特性。

【例 8-22】启用闪回数据库。

（1）数据库必须运行在归档模式下

```
SQL> select name,log_mode from v$database;
NAME       LOG_MODE
---------  --------------
DSMS       ARCHIVELOG
```

（2）数据库必须指定了闪回恢复区

```
SQL> show parameter db_recovery
NAME                              TYPE            VALUE
------------------------- ------------- -----------
db_recovery_file_dest     string          C:\app\hdu\flash_recovery_area
db_recovery_file_dest_size    big integer    2G
```

参数 DB_RECOVERY_FILE_DEST 指定了闪回恢复区的存储路径，参数 DB_RECOVERY_FILE_DEST_SIZE 指定了闪回恢复区的最大可用空间，必须保证这两个参数不为空值，可以通过带 SET 子句的 ALTER SYSTEM 命令修改这两个参数值。

（3）数据库必须启动闪回数据库特性

```
SQL> select flashback_on from v$database;
FLASHBACK_ON
-----------------------
YES
```

如果闪回数据库未启用，可以使用 ALTER DATABASE FLASHBACK ON 命令进行启用。该命令要求在数据库 MOUNT 状态下执行，并且数据库处于归档模式。

（4）查看 DB_FLASHBACK_RETENTION_TARGET 参数

```
SQL> show parameter db_flashback
NAME                                 TYPE     VALUE
------------------------------ ------- --------------
db_flashback_retention_target     integer  1440
```

参数 DB_FLASHBACK_RETENTION_TARGET 指定了闪回日志数据的保留时间，该值以分钟为单位，默认值为 1440（1 天）。可以通过带 SET 子句的 ALTER SYSTEM 命令修改参数值。

参数 DB_FLASHBACK_RETENTION_TARGET 说明可以闪回数据库到过去的时间段，但并不保证可以闪回到时间段内的某个时间点。由于闪回日志是 Oracle 自动维护的，当闪回恢复区空间不足时较早的闪回日志将会被删除，因此最好在闪回数据库前查询相关数据字典，获取闪回数据库的相关监控信息。

- 数据字典 V$ FLASHBACK_ DATABASE _LOG ：显示与闪回数据库有关的 SCN、TIME、闪回数据库的时间及闪回数据的大小。

```
SQL> select oldest_flashback_scn scn, to_char(oldest_flashback_time, 'yyyy-mm-dd
hh24:mi:ss') time from v$flashback_database_log;
     SCN TIME
---------- --------------------
   854474 2011-10-07 15:36:42
```

从查询结果可知，可以将数据库恢复到最小的 SCN 是 854474，最早恢复到 2011-10-07 15:36:42。

- 数据字典 V$FLASHBACK_DATABASE_STAT ：显示闪回数据库日志的情况，可用来估算闪回数据库潜在的需求空间。

```
SQL> select to_char(begin_time, 'yyyy-mm-dd hh24:mi:ss') b_time, to_char(end_
time, 'yyyy-mm-dd hh24:mi:ss') e_time,flashback_data fb_data, db_data , redo_data
from v$flashback_database_stat;
 B_TIME              E_TIME                 FB_DATA         DB_DATA      REDO_DATA
----------------- ----------------- -------------- ---------- --------------
2011-10-07 15:36:41 2011-10-07 16:43:19  3350528       4694016        1422848
```

FLASHBACK_DATA 表示在时间间隔内记录了多少闪回日志，单位是字节。DB_DATA 记录了时间间隔内有多少数据块的读写，单位是数据块。REDO_DATA 记录了时间间隔内有多少重做数据，单位是字节。

- V$RECOVERY_FILE_DEST：显示闪回恢复区的空间使用情况。

```
SQL> select name, space_limit,space_used,space_reclaimable from v$recovery_file_
dest;
NAME               SPACE_LIMIT SPACE_USED            SPACE_RECLAIMABLE
------------------ ----------- --------------------- -----------------
C:\app\hdu\flash_recovery_area  2147483648  8192000              0
```

NAME 指定闪回恢复区的目录，SPACE_LIMIT 说明空间最大使用上限，SPACE_USED 说明已经使用的空间大小，SPACE_RECLAIMABLE 说明可以回收的空间大小，单位都是字节。如果 SPACE_LIMIT 和 SPACE_USED 的值比较接近，意味着闪回恢复区可用空间不足。

闪回数据库的步骤：将数据库启动到 MOUNT 状态，执行 FLASHBACK DATABASE TO SCN|TIMESTAMP…语句闪回数据库，使用 ALTER DATABASE OPEN RESETLOGS 打开数据库，重置重做日志。此时闪回数据库语句中指定的 SCN 或时间点之后的数据都将丢弃。

【例 8-23】使用闪回数据库完成到某个 SCN 的恢复。

- 查询当前的 SCN。

```
SQL> select current_scn from v$database;
CURRENT_SCN
--------------
       856917
```

- 使用 PURGE 删除表 ds_g_crossing，将无法使用闪回删除进行恢复。

```
SQL> drop table dsuser.ds_g_crossing purge;
表已删除。
```

表 ds_g_crossing 属于 dsuser 方案，而当前操作的用户不是 dsuser，所以删除表时需要指定方案名。

- 关闭数据库，并在 MOUNT 模式下启动数据库。

```
SQL> shutdown immediate
数据库已经关闭。
已经卸载数据库。
ORACLE 例程已经关闭。
SQL> startup mount
ORACLE 例程已经启动。
Total System Global Area  644468736 bytes
Fixed Size                  1376520 bytes
Variable Size             264244984 bytes
Database Buffers          373293056 bytes
Redo Buffers                5554176 bytes
数据库装载完毕。
```

- 闪回数据库到 SCN 856917。

```
SQL> flashback database to scn 856917;
闪回完成。
```

- 使用 RESETLOGS 选项打开数据库。

```
SQL> alter database open resetlogs;
数据库已更改。
```

- 验证。

```
SQL> select count(*) from dsuser.ds_g_crossing;
  COUNT(*)
----------
       289
```

8.4.6 闪回数据归档

闪回数据归档是 Oracle 11g 提供的新功能。使用闪回数据归档，Oracle 数据库可以将 UNDO 数据进行归档，从而提供全面的历史数据查询。

把闪回数据归档和重做日志归档类比，重做日志归档记录的是重做日志的历史状态，用于保证恢复的连续性；而闪回数据归档记录的是 UNDO 数据的历史状态，可以用于对数据进行闪回追溯查询；后台进程 LGWR 用于将重做日志信息写到日志文件，ARCn 进程负责进行日志归档；在 Oracle 11g 中，新增的 FBDA 后台进程（Flashback Data Archiver Process）则用于对闪回数据进行归档。

闪回数据归档的实现机制与前几种闪回技术不同，它将改变的数据存储到特定的闪回数据归档区中，从而让闪回不再受 UNDO 数据的限制，大大提高了数据的保留时间。闪回归档数据可以年为单位进行保存，闪回数据归档中的数据行可以保留几年甚至几十年。但是，闪回数据归档并不针对所有的数据修改，它只记录 update 和 delete 操作，而不记录 insert 操作。

闪回数据归档的步骤：

第 1 步：创建闪回数据归档区。闪回数据归档区由一个或多个表空间组成，可以创建多个闪回数据归档区。

第 2 步：为系统指定默认的闪回数据归档区，此步可省略，也可在第 1 步创建时直接指定。

第 3 步：对表启用闪回数据归档。在创建表时为表指定闪回数据归档区，使用 FLASHBACK ARCHIVE 子句；为已存在的表指定闪回数据归档区，使用带有 FLASHBACK ARCHIVE 子句的 ALTER TABLE 语句。

第 4 步：当闪回查询的数据超过了可能的保留期时，可以使用闪回数据归档方式重新编写查询语句以查询闪回归档区中的历史数据。

创建闪回归档区的语法如下：

```
CREATE FLASHBACK ARCHIVE [DEFAULT] flashback_archive_name
TABLESPACE tablespace_name [QUATO integer {M|G|T|P}]
[RETENTION integer {YEAR|MONTH|DAY}];
```

其中各项参数说明如下：

- DEFAULT：指定为默认闪回数据归档区。
- *flashback_archive_name*：闪回数据归档区的名称。
- TABLESPACE *tablespace_name*：指定闪回数据归档区存放的表空间。
- QUATO *integer* { M | G | T | P }：指定表空间中分配给闪回数据归档区的大小。
- RETENTION *integer* { YEAR | MONTH | DAY }：指定闪回数据归档区中数据保留的时间。

【例 8-24】使用闪回数据归档查询表 ds_g_crossing 中历史信息。

- 创建默认闪回数据归档区。

```
SQL> connect sys/Sys123456@dsms_hz as sysdba
已连接。
SQL> create flashback archive default fla1 tablespace usertbs quota 50m retention
1 month;
闪回档案已创建。
```

数据库管理员 SYS 创建闪回数据归档区 fla1，存放于 USERTBS 表空间，大小 50MB，闪回数据归档区中的数据保留期限是一个月。

- 对表 ds_g_crossing 启用闪回数据归档。

```
SQL> alter table dsuser.ds_g_crossing flashback archive;
表已更改。
```

由于上一步中指定了默认的闪回归档区 fla1，此处如果使用默认闪回归档区，可不写上闪回数据归档区名称。如果使用非系统默认数据归档区，如 test_arch，则需要在命令最后加上闪回数据归档区名称 test_arch。

为表 ds_g_crossing 指定闪回数据归档区后，对该表的操作将受到限制。可以使用带有 NO FLASHBACK ARCHIVE 子句的 ALTER TABLE 语句取消表的闪回数据归档区。

- 记录 SCN。

```
SQL> select current_scn from v$database;
CURRENT_SCN
-----------
    861161
```

- 删除表 ds_g_crossing 中的部分数据。

```
SQL> delete from dsuser.ds_g_crossing where rownum<=100;
已删除 100 行。
SQL> commit;
提交完成。
SQL> select count(*) from dsuser.ds_g_crossing;
  COUNT(*)
----------
       189
```

- 查询 SCN 为 861161 的表数据。

```
SQL> select count(*) from dsuser.ds_g_crossing as of scn 861161;
  COUNT(*)
----------
       289
```

Oracle 对带有 AS OF 的查询语句使用撤销表空间中数据还是闪回数据归档区中历史数据，对用户来说是完全透明的。

8.4.7　撤销表空间管理

UNDO 数据用于确保数据的一致性。当执行 DML 操作时，事务操作前的数据被称为 UNDO 数据。撤销表空间用于存放 UNDO 数据，在 Oracle 9i 之前，管理 UNDO 数据时使用回滚段。从 Oracle 9i 开始，管理 UNDO 数据不仅可以使用回滚段，还可以使用撤销表空间。因为规划和管理回滚段比较复杂，所以 Oracle 10g 开始已经完全丢弃使用回滚段，而是使用撤销表空间来管理 UNDO 数据。

Oracle 的闪回技术和撤销表空间的设置密切相关。撤销表空间管理的参数有 UNDO_MANAGEMENT、UNDO_TABLESPACE 和 UNDO_RETENTION。

- UNDO_MANAGEMENT。

指定 UNDO 数据的管理方式。如果使用自动管理模式，必须设置该参数为 AUTO，如果使用手工管理模式，必须设置该参数为 MANUAL。使用自动管理模式时，Oracle 使用撤销表空间管理 UNDO 数据；使用手工管理模式时，Oracle 会使用回滚段管理 UNDO 数据。需要注意，使用自动管理模式时，如果没有配置初始化参数 UNDO_TABLESPACE，Oracle 会自动选择第一个可用的撤销表空间存放 UNDO 数据，如果没有可用的撤销表空间，Oracle 会使用 SYSTEM 回滚段存放 UNDO 数据。

- UNDO_TABLESPACE。

使用自动撤销管理模式时，通过设置该参数可以指定实例所要使用的撤销表空间。撤销表空间的大小直接影响到闪回操作的能力。该表空间越大，能存储的 UNDO 数据越多，闪回操作的能力自然越强。如果该表空间中可用空间非常小，会影响闪回操作的正常执行。

- UNDO_RETENTION。

它指定 UNDO 数据的最大保留时间，是一个动态参数，可以在实例运行过程中随时修改。该参数的单位是秒，通常默认值为 900 秒，也就是 15 分钟。需要注意的是，该参数只指定 UNDO 数据的过期时间，并不是说 UNDO 数据一定会在撤销表空间中保留 15 分钟。一个新事务开始时，如果撤销表空间已被写满，则新事务的数据会自动覆盖已提交事务的数据，而不管这些数据是否过期。同样的，并不是说 UNDO_RETENTION 指定的时间一过，UNDO 数据就无法访问了，此时只是把这部分 UNDO 数据占用的空间标识为可重用，只要别的事务数据不覆盖它，这些 UNDO 数据仍然存在，可以被闪回操作引用。

因此，创建自动管理的撤销表空间时，要特别注意其大小，尽可能保证撤销表空间有足够的存储空间。

创建撤销表空间有两种方法，一是在使用 CREATE DATABASE 创建数据库时，通过 UNDO_TABLESPACE 子句建立并指定一个默认的撤销表空间；二是使用创建表空间的语法，并设置 UNDO_TABLESPACE 参数指定系统使用的默认撤销表空间。

提示：创建和修改撤销表空间的相关语句请参看 5.4 节内容。

在自动撤销管理模式下，监控撤销表空间的常用数据字典有：

1）V$ROLLSTAT：记录撤销表空间各个回滚段的信息。

2）V$TRANSCATION：记录各个事务所使用的回滚段信息。

3）DBA_UNDO_EXTENTS：记录撤销表空间中每个盘区的状态和大小。

4）V$UNDOSTAT：记录撤销表空间的统计信息，其最重要。数据库管理员常用它来监视撤销表空间的使用情况。每隔 10 分钟，Oracle 将收集到的关于撤销表空间的统计信息作为一条记录添加到 V$UNDOSTAT 中。在 UNDOBLKS 列中记录了 10 分钟内使用的 UNDO 块总数；在 TXNCOUNT 列记录了 10 分钟内并发执行事务的最大数；MAXQUERYLEN 列以秒为单位记录了执行时间最长的查询，UNDO 数据的保留时间必须要大于该值；SSOLDERRCNT 列记录了 ORA-01555 "Snapshot Too Old" 错误发生的次数，增大 UNDO_RETENTION 的值可以减少该错误发生的次数。

【例 8-25】dsms 数据库中撤销表空间信息查询。

- 查询撤销表空间管理参数。

```
SQL> show parameter undo
NAME                                 TYPE           VALUE
------------------------------------ -------------- ----------
undo_management                      string         AUTO
undo_retention                       integer        900
undo_tablespace                      string         UNDOTBS
```

从查询结果可知，UNDO 数据的管理方式是自动管理模式，默认撤销表空间 UNDOTBS，UNDO 数据的最大保留时间是 900 秒。

● 查询当前时间 30 分钟内撤销表空间的统计信息。

```
SQL> select to_char(begin_time, 'mm/dd/yyyy hh24:mi:ss') begin_time,
  2  to_char(end_time, 'mm/dd/yyyy hh24:mi:ss') end_time,
  3  undoblks, txncount, maxquerylen as maxqy
  4  from v$undostat
  5  where rownum<=3;
BEGIN_TIME          END_TIME                UNDOBLKS        TXNCOUNT          MAXQY
------------------- ------------------- --------------- -------------- -------
10/07/2011 21:32:17 10/07/2011 21:42:11       3               77             998
10/07/2011 21:22:17 10/07/2011 21:32:17       0                8             391
10/07/2011 21:12:17 10/07/2011 21:22:17       0                7             988
```

8.5　恢复管理器（RMAN）

8.5.1　RMAN 概述

为了更好地实现数据库的备份和恢复工作，Oracle 提供了恢复管理器（Recovery Manager，RMAN）。RMAN 是一种用于备份、还原和恢复数据库的应用程序，随 Oracle 服务器软件一同安装，通过执行相应的 RMAN 命令可以实现备份和恢复操作。RMAN 能够备份整个数据库或数据库部件，如表空间、数据文件、控制文件、归档重做日志文件以及服务器参数文件，也能够进行数据块级别的增量备份。RMAN 备份文件自动保存在系统指定目录下，当执行恢复操作时 RMAN 自动寻找备份文件实现数据恢复，恢复指令简洁，减少了数据库管理员在对数据库进行备份和恢复时产生的错误，提高了备份和恢复的效率。

相比其他备份和恢复技术，RMAN 的优势体现在：

1）RMAN 自动管理备份文件，在恢复时自动选择最有效的备份进行恢复。

2）RMAN 备份时只备份有数据的数据块，跳过从未使用过的数据块。

3）RMAN 可以执行数据块级别的增量备份，备份上次备份以来变化的数据块，这样可以节省大量的磁盘空间和备份时间。

4）RMAN 能使用一种 Oracle 特有的二进制压缩模式来压缩备份文件，压缩的备份文件以二进制文件格式存在，减少了备份文件的存储空间。

5）RMAN 支持数据块级别的恢复，只需要恢复损坏的数据块，并且在 RMAN 恢复损坏的数据块时，表空间中其他部分以及表空间中对象仍可联机。

RMAN 是一个以客户端方式运行的备份和恢复工具。RMAN 的运行环境可以只由 RMAN 可执行程序和目标数据库组成，不过实际运行环境往往更加复杂，常用的组件还有 RMAN 恢复目录、RMAN 资料档案库等。

● RMAN 可执行程序（RMAN Executable）：一个客户端应用程序，建立与数据库服务器的连接，从而实现各种备份和恢复操作。

- 目标数据库（Target Database）：RMAN 用 Target 关键字连接的数据库，即用 RMAN 进行备份和恢复操作的数据库。
- RMAN 资料档案库（RMAN Repository）：记录 RMAN 的一些信息，如备份集、备份镜像、归档文件、备份和恢复脚本、RMAN 配置信息等。默认使用服务器端目标数据库的控制文件记录这些信息。
- RMAN 恢复目录（RMAN Recover Catalog）：用来记录 RMAN 的资料档案库。配置恢复目录后，RMAN 的相关信息既可以存储在目标数据库的控制文件中，也可以存储在恢复目录下。

使用 RMAN 进行备份和恢复操作时，用户首先需要启动 RMAN 可执行程序，然后建立客户端和服务器的会话连接，用户通过 RMAN 客户端进行 RMAN 操作，执行备份和恢复指令，这些指令在服务器端的服务器进程中执行，由服务器进程完成实际的磁盘读写操作。备份信息记录在 RMAN 资料档案库中，RMAN 资料档案库可以保存在服务器端目标数据库的控制文件中。如果配置了恢复目录，RMAN 资料档案库还能保存在恢复目录中。

8.5.2 创建恢复目录

RMAN 恢复目录保存了 RMAN 资料档案库中的信息。在没有恢复目录时，RMAN 相关的备份信息和配置信息均记录在服务器目标数据库的控制文件中，但是控制文件中用于存储 RMAN 信息的空间有限，而且控制文件也不能无限增长，因此 Oracle 建议创建单独的恢复目录。当要备份的数据库注册到恢复目录后，RMAN 相关信息除了保存在控制文件外，还保存在恢复目录中。

创建恢复目录的命令是 CREATE CATALOG，创建恢复目录前先要为该恢复目录创建一个独立的表空间和用户，尽量不要把恢复目录创建在目标数据库中。

【例 8-26】创建 RMAN 恢复目录。

（1）创建表空间 RMANTBS，用于存储恢复目录

```
SQL> create tablespace rmantbs
  2  datafile 'c:\rman\rmantbs01.dbf' size 50m;
表空间已创建。
```

（2）创建恢复目录用户 rmanuser

```
SQL> create user rmanuser
  2  identified by Rmanuser123
  3  default tablespace rmantbs;
用户已创建。
```

（3）授予 rmanuser 用户相关权限

```
SQL> grant connect,resource to rmanuser;
授权成功。
SQL> grant recovery_catalog_owner to rmanuser;
授权成功。
```

（4）连接到恢复目录数据库和目标数据库

```
C:\Documents and Settings\hdu>rman catalog rmanuser/Rmanuser123@dsms_hz
恢复管理器：Release 11.2.0.1.0 - Production on 星期六 10 月 8 21:50:36 2011
Copyright (c) 1982, 2009, Oracle and/or its affiliates.  All rights reserved.
```

连接到恢复目录数据库

由于目前把恢复目录创建在目标数据库中，所以上述连接命令也连接到了目标数据库。

（5）创建恢复目录

```
RMAN> create catalog;
恢复目录已创建
```

至此，恢复目录创建完成。恢复目录保存在 rmanuser 用户默认的表空间 RMANTBS 中，如果想使用其他表空间（如 USERTBS）创建恢复目录，可以使用 CREATE CATALOG TABLESPACE USERTBS 命令。如果不需要恢复目录，可以使用 DROP CATALOG 命令删除。

在创建恢复目录之后要注册数据库，使恢复目录知道目标数据库的名字，并自动与目标数据库进行连接以获得相关信息。

【例 8-27】在恢复目录中注册目标数据库，再注销数据库。

（1）连接到恢复目录数据库和目标数据库

```
C:\Documents and Settings\hdu>rman target sys/Sys123@dsms_hz  catalog
rmanuser/Rmanuser123@dsms_hz
恢复管理器 : Release 11.2.0.1.0 - Production on 星期六 10 月 8 21:54:08 2011
Copyright (c) 1982, 2009, Oracle and/or its affiliates.  All rights reserved.
连接到目标数据库 : DSMS (DBID=1750000913)
连接到恢复目录数据库
```

（2）注册数据库

```
RMAN> register database;
注册在恢复目录中的数据库
正在启动全部恢复目录的 resync
完成全部 resync
```

数据库注册时，RMAN 通过同步方式获取目标数据库控制文件中相关信息。可以通过 RESYNC CATALOG 命令手动实现同步。

（3）注销数据库

```
RMAN> unregister database;
数据库名为 "DSMS" 且 DBID 为 1750000913
是否确实要注销数据库（输入 YES 或 NO)? yes
已从恢复目录中注销数据库
```

8.5.3　连接目标数据库

连接到目标数据库是指建立 RMAN 和目标数据库之间的连接。RMAN 可以在无恢复目录和有恢复目录两种情况下连接到目标数据库。

1. 无恢复目录

- 使用 RMAN TARGET 语句。
- 使用 RMAN NOCATALOG 语句。
- 使用 RMAN TARGET…NOCATALOG 语句。

2. 有恢复目录

使用 RMAN TARGET…CATALOG 语句。

【例 8-28】使用无恢复目录形式连接本地数据库。

- 连接本地的目标数据库。

```
C:\Documents and Settings\hdu>set oracle_sid=dsms
C:\Documents and Settings\hdu>rman target /
恢复管理器 : Release 11.2.0.1.0 - Production on 星期六 10 月 8 21:56:56 2011
Copyright (c) 1982, 2009, Oracle and/or its affiliates.  All rights reserved.
连接到目标数据库 : DSMS (DBID=1750000913)
```

当连接本地的目标数据库时，首先需要设置操作系统环境变量 ORACLE_SID 为目标数据库实例名。本地连接允许使用操作系统认证，因此上述命令没有输入用户名和密码。如果本地没有启用操作系统认证，就必须指定用户名和密码，如 rman target sys/Sys123。

也可以使用 RMAN NOCATALOG 和 RMAN TARGET / NOCATALOG 等命令进行连接。

- 退出 RMAN。

```
RMAN> exit
恢复管理器完成。
```

【例 8-29】使用恢复目录形式连接远程数据库。

```
C:\Documents and Settings\hdu>rman target sys/Sys123@dsms_hz  catalog
rmanuser/Rmanuser123@dsms_hz
恢复管理器 : Release 11.2.0.1.0 - Production on 星期六 10 月 8 21:58:36 2011
Copyright (c) 1982, 2009, Oracle and/or its affiliates.  All rights reserved.
连接到目标数据库 : DSMS (DBID=1750000913)
连接到恢复目录数据库
```

如果要连接的目标数据库是一个远程数据库，必须在连接时指定一个网络服务名。

8.5.4　RMAN 配置参数和常用命令

1．RMAN 通道管理

RMAN 在执行数据库备份和恢复操作时，需要使用操作系统的相关进程，RMAN 对操作系统进程的调用通过通道来实现。一个通道与一个设备相联系。RMAN 使用的通道包括磁盘（DISK）和磁带（SBT）。RMAN 中执行的 BACKUP、COPY、RESTORE、RECOVER 等命令都需要至少一个通道。通道的个数将影响 RMAN 的并行度。

在 RMAN 中可以通过手动方式或自动方式分配通道。

- 手动分配通道。手动分配通道使用 ALLOCATE CHANNEL 命令，该命令只能在 RUN 块中出现。在执行 BACKUP、RESTORE 等需要磁盘 I/O 操作的命令时，可以将它们与 ALLOCATE CHANNEL 命令放在一个 RUN 块中，以为它们分配通道。

定义手动通道的语法为：

```
RUN{
ALLOCATE CHANNEL channel_name DEVICE TYPE DISK | SBT ;
BACKUP …
}
```

其中 channel_name 指通道名；DISK 表示磁盘，SBT 表示磁带，两者选一。

- 自动分配通道。如果没有手动分配通道，那 RMAN 在执行 BACKUP 等操作 I/O 的命令时将使用预定义配置参数中的设置来自动分配通道。对于简单的备份任务，自动分配通道即可满足要求。

【例 8-30】查询 RMAN 配置参数，修改部分与通道相关的参数。

- 查询 RMAN 配置参数。

```
RMAN> show all;
db_unique_name 为 DSMS 的数据库的 RMAN 配置参数为：
CONFIGURE RETENTION POLICY TO REDUNDANCY 1; # default
CONFIGURE BACKUP OPTIMIZATION OFF; # default
CONFIGURE DEFAULT DEVICE TYPE TO DISK; # default
CONFIGURE CONTROLFILE AUTOBACKUP OFF; # default
CONFIGURE CONTROLFILE AUTOBACKUP FORMAT FOR DEVICE TYPE DISK TO '%F'; # default
CONFIGURE DEVICE TYPE DISK PARALLELISM 1 BACKUP TYPE TO BACKUPSET; # default
CONFIGURE DATAFILE BACKUP COPIES FOR DEVICE TYPE DISK TO 1; # default
CONFIGURE ARCHIVELOG BACKUP COPIES FOR DEVICE TYPE DISK TO 1; # default
CONFIGURE MAXSETSIZE TO UNLIMITED; # default
CONFIGURE ENCRYPTION FOR DATABASE OFF; # default
CONFIGURE ENCRYPTION ALGORITHM 'AES128'; # default
CONFIGURE COMPRESSION ALGORITHM 'BASIC' AS OF RELEASE 'DEFAULT' OPTIMIZE FOR LOA
D TRUE ; # default
CONFIGURE ARCHIVELOG DELETION POLICY TO NONE; # default
CONFIGURE SNAPSHOT CONTROLFILE NAME TO
'C:\APP\HDU\PRODUCT\11.2.0\DBHOME_1\DATABASE\SNCFDSMS.ORA'; # default
```

配置参数后面的 # default 表示该参数值是初始值，未被修改过。

- 通道个数默认值是 1，设置通道个数为 2，并验证。

```
RMAN> configure device type disk parallelism 2 ;
新的 RMAN 配置参数：
CONFIGURE DEVICE TYPE DISK PARALLELISM 2 BACKUP TYPE TO BACKUPSET;
已成功存储新的 RMAN 配置参数
正在启动全部恢复目录的 resync
完成全部 resync
RMAN> show device type;
db_unique_name 为 DSMS 的数据库的 RMAN 配置参数为：
CONFIGURE DEVICE TYPE DISK PARALLELISM 2 BACKUP TYPE TO BACKUPSET;
```

- 设备类型默认是磁盘，设置设备类型为磁带。

```
RMAN> configure default device type to sbt;
新的 RMAN 配置参数：
CONFIGURE DEFAULT DEVICE TYPE TO 'SBT_TAPE';
已成功存储新的 RMAN 配置参数
正在启动全部恢复目录的 resync
完成全部 resync
```

- 使用 clear 选项恢复设备类型默认设置。

```
RMAN> configure default device type clear;
旧的 RMAN 配置参数：
CONFIGURE DEFAULT DEVICE TYPE TO 'SBT_TAPE';
RMAN 配置参数已成功重置为默认值
正在启动全部恢复目录的 resync
完成全部 resync
```

2. RMAN 常用配置参数

RMAN 中具有一系列的默认配置参数，这些配置决定了备份和恢复时的一些默认选项。通过 SHOW 命令可以查询配置参数，通过 CONFIGURE 命令可以修改配置参数。在例 8-30 中已经通过 SHOW ALL 命令查询了默认参数配置，并修改了几个与通道相关的参数，接下来继续介绍和修改一些常用的配置参数。

- 备份保留策略。默认是 CONFIGURE RETENTION POLICY TO REDUNDANCY 1，表示保留备份的副本数量，如每天都备份一个数据文件，上述参数 1 表示只保留一个该数据文件的副本。

- 备份优化。默认是 CONFIGURE BACKUP OPTIMIZATION OFF，表示不使用备份优化。当使用备份优化时，如果已备份了某个文件的相同版本，则不会再备份该文件。
- 控制文件自动备份。默认是 CONFIGURE CONTROLFILE AUTOBACKUP OFF，表示不自动备份控制文件。

通过 CONFIGURE CONTROLFILE AUTOBACKUP FORMAT FOR DEVICE TYPE DISK TO '%F' 指定自动配置控制文件的格式和路径。%F 表示根据数据库标识 DBID、日、月、年及序列，自动产生一个唯一的字符串作为文件名。

备份时将产生一个控制文件的快照，用于控制文件的读一致性。快照默认设置为 CONFIGURE SNAPSHOT CONTROLFILE NAME TO C:\APP\HDU\PRODUCT\11.2.0\DBHOME_1\DATABASE\SNCFDSMS.ORA'。

【例 8-31】修改 RMAN 常用配置参数。

- 采用基于时间的备份保留策略。

```
RMAN> configure retention policy to recovery window of 3 days;
新的 RMAN 配置参数 :
CONFIGURE RETENTION POLICY TO RECOVERY WINDOW OF 3 DAYS;
已成功存储新的 RMAN 配置参数
正在启动全部恢复目录的 resync
完成全部 resync
```

以上设置表示 RMAN 将维护足够多的备份副本、增量备份和归档日志，使数据库能恢复到 3 天前的任何时刻。

- 使用备份优化。

```
RMAN> configure backup optimization on;
新的 RMAN 配置参数 :
CONFIGURE BACKUP OPTIMIZATION ON;
已成功存储新的 RMAN 配置参数
正在启动全部恢复目录的 resync
完成全部 resync
```

- 自动备份控制文件，并设置自动备份控制文件的格式和路径。

```
RMAN> configure controlfile autobackup on;
新的 RMAN 配置参数 :
CONFIGURE CONTROLFILE AUTOBACKUP ON;
已成功存储新的 RMAN 配置参数
正在启动全部恢复目录的 resync
完成全部 resync
RMAN> configure controlfile autobackup format for device type disk to 'c:\
backup\%F';
新的 RMAN 配置参数 :
CONFIGURE CONTROLFILE AUTOBACKUP FORMAT FOR DEVICE TYPE DISK TO 'c:\backup\%F';
已成功存储新的 RMAN 配置参数
正在启动全部恢复目录的 resync
完成全部 resync
```

- 退出 RMAN，进入 SQL*Plus 环境，使用数据字典查询 RMAN 配置过的参数。

```
SQL> select name,value from v$rman_configuration;
NAME                              VALUE
------------------------    ---------------------------------------------
```

```
DEVICE TYPE                  DISK PARALLELISM 2 BACKUP TYPE TO BACKUPSET
RETENTION POLICY             TO RECOVERY WINDOW OF 3 DAYS
BACKUP OPTIMIZATION          ON
CONTROLFILE AUTOBA ON
CKUP
CONTROLFILE AUTOBA           DISK TO 'c:\backup\%F'
CKUP FORMAT FOR DEV
ICE TYPE
```

3. RMAN 常用命令

- SHOW 命令。RMAN 中有很多默认配置参数，这些配置参数决定了备份和恢复时的一些默认选项，数据库管理员通过 SHOW ALL 命令可以查询当前的配置参数。
- LIST 命令。列出通过 RMAN 生成的备份集、备份镜像、归档文件等。命令形式是 LIST 后面跟上相应的关键字。例如：
  - ❏ 列出数据库中所有的备份信息：LIST BACKUP。
  - ❏ 列出备份的所有控制文件信息：LIST BACKUP OF CONTROLFILE。
  - ❏ 列出指定数据文件的备份信息：LIST BACKUP OF DATAFILE 3，其中 3 表示了数据文件的序号，也可以用含路径的数据文件名来替代。
  - ❏ 列出所有备份的归档文件信息：LIST BACKUP OF ARCHIVELOG ALL。
  - ❏ 列出指定表空间的备份信息：LIST BACKUP OF TABLESPACE ' SYSTEM '，其中 SYSTEM 是表空间名。
- DELETE 命令。删除 RMAN 备份记录和物理文件。命令形式是 DELETE 后面加上相应的关键字。例如：
  - ❏ 删除所有备份集：DELETE BACKUP。
  - ❏ 删除无效备份（无效备份集被标记为 EXPIRED）：DELETE EXPIRED BACKUP。
  - ❏ 删除无效备份的副本：DELETE EXPIRED COPY。
- CROSSCHECK 命令。用于验证备份文件是否存在。在执行 CROSSCHECK 命令时，如果备份的物理文件存在，并且控制文件或恢复目录中有匹配记录，则文件标记为 AVAILABLE ；如果文件不存在或者破损，则标记为 EXPIRED。CROSSCHECK 命令不会主动删除标记为 EXPIRED 的文件，可以使用 DELETE EXPIRED 命令删除。其命令形式是 CROSSCHECK 后面跟上相应的关键字。例如：
  - ❏ 检查所有备份集：CROSSCHECK BACKUP。
  - ❏ 检查所有归档文件：CROSSCHECK ARCHIVELOG ALL。
- CHANGE 命令。修改备份文件在控制文件或恢复目录中对应记录的状态。状态有 AVAILABLE（可用）和 UNAVAILABLE（不可用）两种。命令形式是 CHANGE 后面跟上相应的关键字。CHANGE 命令后加上关键字 DELETE，可以在修改记录状态的同时直接删除文件。例如：
  - ❏ 修改指定表空间备份集的状态为 UNAVAILABLE，CHANGE BACKUP OF TABLESPACE USERTBS UNAVAILABLE，其中 USERTBS 是表空间名。
  - ❏ 修改指定归档文件状态为 UNAVAILABLE，并删除文件：CHANGE ARCHIVELOG LOGSEQ=3 DELETE，其中 LOGSEQ=3 指的是序号为 3 的归档文件，也可以用含路径的文件名来替代序号。

8.5.5 RMAN 备份数据库

通过 RMAN 进行备份时，可以使用 COPY 命令和 BACKUP 命令。COPY 命令创建镜像复制，BACKUP 命令创建备份集。

- 镜像复制（Image Copy）。镜像复制实际上就是创建数据文件、控制文件或者归档重做日志文件的备份文件，与用户使用操作系统命令创建的备份一样，都使用 COPY 命令。只不过 RMAN 是通过目标数据库的服务器进程来完成文件复制，而用户使用操作系统命令完成文件复制。镜像复制的方式体现不出 RMAN 的优势。
- 备份集（Backup Set）。备份集是 RMAN 创建的具有特定格式的逻辑备份对象。备份集在逻辑上由一个或多个备份片组成，每个备份片对应一个操作系统中的物理文件，一个备份片可以包含多个数据文件、控制文件或归档重做日志文件。使用备份集的优势在于备份时只读取数据库中已使用的数据块，节省了备份空间，提高了备份效率。

1. COPY 镜像复制

通过 COPY 命令可以复制数据文件、控制文件和归档重做日志文件。COPY 命令的语法如下：

```
COPY [ FULL | INCREMENTAL LEVEL [ = ] 0 ] input_file TO location_name;
```

其中各项参数说明如下：

- FULL 表示镜像复制文件可以作为一个完全备份，是默认值。
- INCREMENTAL LEVEL [=] 0 表示镜像复制文件是增量备份策略中的 0 级增量备份。
- *location_name* 表示复制后的文件。
- input_file 表示被备份的文件，要使用关键字指定文件类型。如：datafile 关键字表示备份的是数据文件；current controlfile 表示备份的是控制文件；archivelog 关键字表示备份的是归档重做日志文件。

【例 8-32】使用 COPY 命令备份表空间 USERTBS 对应的数据文件。

- 查询表空间 USERTBS 对应的数据文件。

```
SQL> select file_id,file_name
  2  from dba_data_files
  3  where tablespace_name='USERTBS';
   FILE_ID FILE_NAME
---------- -----------------------------------------------
         3 C:\DISK5\DSMS\USER03.ORA
         4 C:\DISK5\DSMS\USER01.ORA
         5 C:\DISK5\DSMS\USER02.ORA
```

- 使用 RMAN 备份数据文件。

```
RMAN> copy datafile 3 to 'c:\backup\user03_ic.dbf',
2> datafile 4 to 'c:\backup\user01_ic.dbf',
3> datafile 5 to 'c:\backup\user02_ic.dbf';
启动 backup 于 09-10 月 -11
分配的通道 : ORA_DISK_1
通道 ORA_DISK_1: SID=50 设备类型 =DISK
分配的通道 : ORA_DISK_2
通道 ORA_DISK_2: SID=47 设备类型 =DISK
通道 ORA_DISK_1: 启动数据文件副本
输入数据文件 : 文件号 =00003 名称 =C:\DISK5\DSMS\USER03.ORA
通道 ORA_DISK_2: 启动数据文件副本
```

输入数据文件： 文件号 =00004 名称 =C:\DISK5\DSMS\USER01.ORA
输出文件名 =C:\BACKUP\USER03_IC.DBF 标记 =TAG20111009T113520 RECID=3 STAMP=764076942
通道 ORA_DISK_1： 数据文件复制完毕，经过时间： 00:00:25
通道 ORA_DISK_1： 启动数据文件副本
输入数据文件： 文件号 =00005 名称 =C:\DISK5\DSMS\USER02.ORA
输出文件名 =C:\BACKUP\USER01_IC.DBF 标记 =TAG20111009T113520 RECID=2 STAMP=764076938
通道 ORA_DISK_2： 数据文件复制完毕，经过时间： 00:00:26
输出文件名 =C:\BACKUP\USER02_IC.DBF 标记 =TAG20111009T113520 RECID=4 STAMP=764076953
通道 ORA_DISK_1： 数据文件复制完毕，经过时间： 00:00:07
完成 backup 于 09-10 月 -11
启动 Control File and SPFILE Autobackup 于 09-10 月 -11
段 handle=C:\BACKUP\C-1750000913-20111009-00 comment=NONE
完成 Control File and SPFILE Autobackup 于 09-10 月 -11

2. BACKUP 备份

BACKUP 命令的语法如下：

```
BACKUP [ FULL | INCREMENTAL LEVEL [ = ] n ] ( backup_type option);
```

其中各项参数说明如下：

- FULL 表示完全备份，把数据库中使用过的所有数据块备份到备份集中。RMAN 中对控制文件和归档重做日志文件只能进行完全备份。
- INCREMENTAL 表示增量备份，LEVEL 表示增量备份的级别，n 取值为 0 ～ 4（表示 0、1、2、3、4 级增量）。0 级增量备份相当于完全备份。
- backup_type 表示备份对象，可包括以下几种：
  ❏ DATABASE：备份整个数据库。
  ❏ TABLESPACE：备份表空间，可以备份一个或多个指定的表空间。
  ❏ DATAFILE：备份数据文件。
  ❏ ARCHIVELOG [ALL]：备份归档重做日志文件，ALL 指备份当前可以访问到的所有归档重做日志文件。还可用使用 UNTIL、SCN、TIME、SEQUENCE 等参数灵活指定要备份的归档日志的范围。
  ❏ CURRENT CONTROLFILE：备份控制文件。
  ❏ DATAFILECOPY [TAG]：备份使用 COPY 命令备份的数据文件。
  ❏ CONTROLFILECOPY：备份使用 COPY 命令备份的控制文件。
  ❏ BACKUPSET [ALL]：备份使用 BACKUP 命令备份的所有文件。
- option 可选，主要参数包括：
  ❏ TAG：指定一个标记。
  ❏ FORMAT：指定文件的存储格式。
  ❏ INCLUDE CURRENT CONTROLFILE：备份控制文件。
  ❏ FILESPERSET：表示每个备份集所包含的文件。
  ❏ CHANNEL：指定备份通道。
  ❏ DELETE [ALL] INPUT：备份结束后删除归档日志。
  ❏ MAXSETSIZE：指定备份集的最大尺寸。
  ❏ SKIP [OFFLINE | READONLY | INACCESSIBLE]：可选的备份条件。

【例 8-33】在归档模式下，完全备份整个 dsms 数据库。

- 查询数据库运行模式。

```
SQL> select name,log_mode from v$database;
NAME        LOG_MODE
----------  ------------------------
DSMS        ARCHIVELOG
```

- 连接目标数据库。

```
C:\Documents and Settings\hdu>rman target sys/Sys123@dsms_hz  catalog rmanuser/R
manuser123@dsms_hz
恢复管理器 : Release 11.2.0.1.0 - Production on 星期日 10 月 9 13:19:52 2011
Copyright (c) 1982, 2009, Oracle and/or its affiliates.  All rights reserved.
连接到目标数据库: DSMS (DBID=1750000913)
连接到恢复目录数据库
```

- 整库备份。

```
RMAN> backup full database format 'c:\dsms\rman_bak\bak_%U';
启动 backup 于 09-10 月 -11
分配的通道 : ORA_DISK_1
通道 ORA_DISK_1: SID=35 设备类型 =DISK
分配的通道 : ORA_DISK_2
通道 ORA_DISK_2: SID=45 设备类型 =DISK
通道 ORA_DISK_1: 正在启动全部数据文件备份集
通道 ORA_DISK_1: 正在指定备份集内的数据文件
输入数据文件 : 文件号 =00002 名称 =C:\APP\HDU\ORADATA\DSMS\SYSTEMAUX_01.DBF
输入数据文件 : 文件号 =00003 名称 =C:\DISK5\DSMS\USER03.ORA
输入数据文件 : 文件号 =00005 名称 =C:\DISK5\DSMS\USER02.ORA
输入数据文件 : 文件号 =00006 名称 =C:\DISK4\DSMS\UNDO01.ORA
通道 ORA_DISK_1: 正在启动段 1 于 09-10 月 -11
通道 ORA_DISK_2: 正在启动全部数据文件备份集
通道 ORA_DISK_2: 正在指定备份集内的数据文件
输入数据文件 : 文件号 =00001 名称 =C:\APP\HDU\ORADATA\DSMS\SYSTEM_01.DBF
输入数据文件 : 文件号 =00004 名称 =C:\DISK5\DSMS\USER01.ORA
输入数据文件 : 文件号 =00007 名称 =C:\RMAN\RMANTBS01.DBF
通道 ORA_DISK_2: 正在启动段 1 于 09-10 月 -11
通道 ORA_DISK_1: 已完成段 1 于 09-10 月 -11
段句柄=C:\DSMS\RMAN_BAK\BAK_05MOLV4M_1_1 标记 =TAG20111009T132230 注释 =NONE
通道 ORA_DISK_1: 备份集已完成，经过时间 :00:00:47
通道 ORA_DISK_2: 已完成段 1 于 09-10 月 -11
段句柄=C:\DSMS\RMAN_BAK\BAK_06MOLV4M_1_1 标记 =TAG20111009T132230 注释 =NONE
通道 ORA_DISK_2: 备份集已完成，经过时间 :00:00:55
完成 backup 于 09-10 月 -11

启动 Control File and SPFILE Autobackup 于 09-10 月 -11
段 handle=C:\BACKUP\C-1750000913-20111009-01 comment=NONE
完成 Control File and SPFILE Autobackup 于 09-10 月 -11
```

%U 是 RMAN 使用的一种文件命名格式，用来确保备份文件名称不会重复。

- 查看建立的备份集信息。

```
RMAN> list backup of database;
备份集列表
====================
```

BS 关键字	类型	LV	大小	设备类型	经过时间	完成时间
542	Full		105.04M	DISK	00:00:38	09-10 月 -11

```
    BP 关键字 : 546   状态 : AVAILABLE  已压缩 : NO  标记 : TAG20111009T132230
段名 :C:\DSMS\RMAN_BAK\BAK_05MOLV4M_1_1
  备份集 542 中的数据文件列表
```

```
文件 LV 类型 Ckp SCN  Ckp 时间 名称
------ --- -------------- ------------ -------------------
2       Full   928971             09-10 月 -11
C:\APP\HDU\ORADATA\DSMS\SYSTEMAUX_01.DBF
3       Full   928971  09-10 月 -11 C:\DISK5\DSMS\USER03.ORA
5       Full   928971  09-10 月 -11 C:\DISK5\DSMS\USER02.ORA
6       Full   928971  09-10 月 -11 C:\DISK4\DSMS\UNDO01.ORA


BS 关键字 类型  LV  大小      设备类型 经过时间   完成时间
-------- --- --  --------- ------ --------- --------------
543     Full   182.73M  DISK   00:00:50 09-10 月 -11
   BP 关键字：547    状态：AVAILABLE  已压缩：NO  标记：TAG20111009T132230
段名：C:\DSMS\RMAN_BAK\BAK_06MOLV4M_1_1
   备份集 543 中的数据文件列表
   文件 LV 类型    Ckp SCN  Ckp 时间     名称
   --- -- ----   ------- -------     ---------------------
1       Full   928972  09-10 月 -11
C:\APP\HDU\ORADATA\DSMS\SYSTEM_01.DBF
4       Full   928972  09-10 月 -11 C:\DISK5\DSMS\USER01.ORA
7       Full   928972  09-10 月 -11 C:\RMAN\RMANTBS01.DBF
```

3. 增量备份

增量备份就是将那些与前一次备份相比发生变化的数据块复制到备份集中。RMAN 中建立的增量备份可以具有不同的级别，用整数 0～n 表示级别（n 最大为 4），在 BACKUP 命令中用 LEVEL 关键字指定级别，如 LEVEL = 1 表示 1 级备份。

增量备份从 0 级开始，所有的增量备份都必须先创建 0 级备份。0 级备份相当于数据库的全库备份，但这种全库备份和 BACKUP DATABASE 命令创建的全库备份不同，BACKUP DATABASE 创建的全库备份中不包含增量备份策略，不支持在其基础上创建增量备份集。

RMAN 提供的增量备份有两种类型：差异（DIFFERENTIAL）备份和累积（CUMULATIVE）备份。默认情况下，RMAN 创建的增量备份是差异备份。

- 差异备份：备份上次进行的同级或低级备份以来所有变化的数据块。
- 累积备份：备份上次进行的低级备份以来所有变化的数据块。

RMAN 能够为单独的数据文件、表空间或整个数据库进行增量备份。例如：

建立增量级别为 0 的全库备份：

```
BACKUP INCREMENTAL LEVEL=0 DATABASE;
```

此时创建的是差异备份。

为表空间 USERTBS 建立增量级别为 1 的累积备份：

```
BACKUP INCREMENTAL LEVEL=1 CUMULATIVE TABLESPACE USERTBS;
```

采用差异备份还是累积备份，在一定程度上取决于 CPU 周期的时间、磁盘的可用空间、执行备份操作的数据库活动数量。使用累积备份，备份文件会变得日益庞大，备份时将花费更长时间，但是恢复操作比较简单。使用差异备份只记录了上次备份以来的变化数据块，执行恢复时需要花费更长时间。对于数据修改操作比较频繁的数据库，累积备份更容易管理；对于数据变动较少的数据库来说，更适合采用差异备份。

8.5.6 RMAN 恢复数据库

使用 RMAN 备份的数据库只能使用 RMAN 进行恢复。使用 RMAN 恢复数据库，一般需要执行修复（RESTORE）和恢复（RECOVER）两个命令。

- 修复数据库。利用备份集中的文件来替换已经损坏或者丢失的文件。RMAN 执行修复操作时，利用目标数据库的控制文件或恢复目录来获取备份信息，从中选择最合适的备份进行修复操作。修复数据库的命令是 RESTORE。
- 恢复数据库。应用重做日志或归档日志，将数据库恢复到崩溃前的状态或指定时间点。恢复数据库的命令是 RECOVER。

RMAN 提供了多种不同级别的恢复方式，可以恢复整个数据库，只恢复某个表空间或数据文件，只恢复控制文件、归档重做日志文件等。

通过 RMAN 执行数据库恢复可以分为三步：

第 1 步：将数据库启动到 MOUNT 状态，如果进行表空间或数据文件级的恢复也可以在 OPEN 状态下操作。

第 2 步：执行完全恢复或不完全恢复。

第 3 步：打开数据库，如果是不完全恢复，打开数据库要指定 RESETLOGS。

【例 8-34】在归档模式下，进行丢失数据文件的恢复。

- 关闭数据库后，删除数据文件 C:\DISK5\DSMS\USER01.ORA。
- 启动数据库。

```
SQL> startup
ORACLE 例程已经启动。
Total System Global Area  644468736 bytes
Fixed Size                  1376520 bytes
Variable Size             264244984 bytes
Database Buffers          373293056 bytes
Redo Buffers                5554176 bytes
数据库装载完毕。
ORA-01157: 无法标识/锁定数据文件 4 - 请参阅 DBWR 跟踪文件
ORA-01110: 数据文件 4: 'C:\DISK5\DSMS\USER01.ORA'
```

报错了，由于数据文件的丢失，数据库只启动到 MOUNT 状态。4 是数据文件的序号。

- 使用 RMAN 连接目标数据库。

```
C:\Documents and Settings\hdu>set oracle_sid=dsms
C:\Documents and Settings\hdu>rman target sys/Sys123
恢复管理器: Release 11.2.0.1.0 - Production on 星期日 10 月 9 15:06:50 2011
Copyright (c) 1982, 2009, Oracle and/or its affiliates.  All rights reserved.
已连接到目标数据库: DSMS (DBID=1750000913, 未打开)
```

- 修复数据文件。

```
RMAN> restore datafile 4;
启动 restore 于 09-10 月 -11
使用目标数据库控制文件替代恢复目录
分配的通道: ORA_DISK_1
通道 ORA_DISK_1: SID=19 设备类型 =DISK
分配的通道: ORA_DISK_2
通道 ORA_DISK_2: SID=24 设备类型 =DISK
通道 ORA_DISK_1: 正在开始还原数据文件备份集
通道 ORA_DISK_1: 正在指定从备份集还原的数据文件
通道 ORA_DISK_1: 将数据文件 00004 还原到 C:\DISK5\DSMS\USER01.ORA
通道 ORA_DISK_1: 正在读取备份片段 C:\DSMS\RMAN_BAK\BAK_06MOLV4M_1_1
通道 ORA_DISK_1: 段句柄 = C:\DSMS\RMAN_BAK\BAK_06MOLV4M_1_1 标记 =TAG20111009T132230
```

```
通道 ORA_DISK_1: 已还原备份片段 1
通道 ORA_DISK_1: 还原完成，用时：00:00:07
完成 restore 于 09-10 月 -11
```

指定数据文件时，可以使用文件的详细路径 C:\DISK5\DSMS\USER01.ORA，也可以指定文件序号 4。

- 恢复数据文件。

```
RMAN> recover datafile 4;
启动 recover 于 09-10 月 -11
使用通道 ORA_DISK_1
使用通道 ORA_DISK_2
正在开始介质的恢复
介质恢复完成，用时：00:00:01
完成 recover 于 09-10 月 -11
```

- 打开数据库。

```
RMAN> alter database open;
数据库已打开
```

在 RMAN 中执行关闭和启动数据库的命令与 SQL*Plus 环境下相同。

【例 8-35】在归档模式下，进行丢失控制文件的恢复。

- 关闭数据库，删除控制文件 C:\APP\HDU\ORADATA\DSMS\CTL1DSMS.CTL。
- 启动数据库。

```
SQL> startup
ORACLE 例程已经启动。
Total System Global Area  644468736 bytes
Fixed Size                  1376520 bytes
Variable Size             264244984 bytes
Database Buffers          373293056 bytes
Redo Buffers                5554176 bytes
ORA-00205: ?????????, ??????, ???????
```

由于控制文件的丢失，数据库只启动到 NOMOUNT 状态。

- 使用 RMAN 连接目标数据库。

```
C:\Documents and Settings\hdu>set oracle_sid=dsms
C:\Documents and Settings\hdu>rman target sys/Sys123
恢复管理器：Release 11.2.0.1.0 - Production on 星期日 10 月 9 15:47:35 2011
Copyright (c) 1982, 2009, Oracle and/or its affiliates.  All rights reserved.
连接到目标数据库：DSMS（未装载）
```

- 设置数据库的 DBID。

```
RMAN> set dbid=1750000913
正在执行命令：SET DBID
```

执行控制文件的恢复操作之前，必须设置数据库的 DBID。正常登录 RMAN 后将显示数据库的 DBID，可以从前面例子中查询到 dsms 数据库的 DBID 为 1750000913。

- 使用例 8-31 中自动备份的控制文件备份集，修复控制文件。

```
RMAN> restore controlfile from 'c:\backup\C-1750000913-20111009-01';
启动 restore 于 09-10 月 -11
使用通道 ORA_DISK_1
通道 ORA_DISK_1: 正在还原控制文件
```

```
通道 ORA_DISK_1: 还原完成，用时 : 00:00:08
输出文件名 =C:\APP\HDU\ORADATA\DSMS\CTL1DSMS.CTL
输出文件名 =C:\DISK2\DSMS\CTL2DSMS.CTL
输出文件名 =C:\DISK3\DSMS\CTL3DSMS.CTL
完成 restore 于 09-10 月 -11
```

根据例 8-31 中对自动备份控制文件的格式和路径设置，找到 c:\backup 路径下较新的文件 C-1750000913-20111009-01 来修复控制文件。

- 加载数据库。

```
RMAN> alter database mount;
数据库已装载
释放的通道 : ORA_DISK_1
```

- 恢复数据库。

```
RMAN> recover database;
启动 recover 于 09-10 月 -11
启动 implicit crosscheck backup 于 09-10 月 -11
分配的通道 : ORA_DISK_1
通道 ORA_DISK_1: SID=22 设备类型 =DISK
分配的通道 : ORA_DISK_2
通道 ORA_DISK_2: SID=23 设备类型 =DISK
已交叉检验的 3 对象
完成 implicit crosscheck backup 于 09-10 月 -11
启动 implicit crosscheck copy 于 09-10 月 -11
使用通道 ORA_DISK_1
使用通道 ORA_DISK_2
已交叉检验的 5 对象
完成 implicit crosscheck copy 于 09-10 月 -11
搜索恢复区中的所有文件
正在编制文件目录 ...
没有为文件编制目录
使用通道 ORA_DISK_1
使用通道 ORA_DISK_2
正在开始介质的恢复
线程 1 序列 10 的归档日志已作为文件 C:\APP\HDU\ORADATA\DSMS\LOG_2_01.RDO 存在于磁盘上
线程 1 序列 11 的归档日志已作为文件 C:\APP\HDU\ORADATA\DSMS\LOG_1_01.RDO 存在于磁盘上
归档日志文件名 =C:\APP\HDU\ORADATA\DSMS\LOG_2_01.RDO 线程 =1 序列 =10
归档日志文件名 =C:\APP\HDU\ORADATA\DSMS\LOG_1_01.RDO 线程 =1 序列 =11
介质恢复完成，用时 : 00:00:02
完成 recover 于 09-10 月 -11
```

- 打开数据库

```
RMAN> alter database open resetlogs;
数据库已打开
```

第三部分

Oracle 数据库设计

第9章　案例分析和设计

本章将从数据库设计方面来分析城市公交行车安全管理系统的事故信息管理系统。通过分析和设计来获得本案例的数据库模型，从数据库概念结构设计过渡到数据库逻辑结构设计，最后实现数据库物理结构设计。

本章学习要点：了解数据库设计模式；掌握数据库的概念结构设计方法；掌握数据库的逻辑结构设计方法。

9.1　数据库设计模式

在浩瀚的数据中，需要我们理清楚数据与数据之间的关系，将数据按部就班地存放，这样才能提高检索效率、适度减少冗余、辅助代码设计，而且结构易于维护。那么如何才能做到数据按部就班地存放呢？我们可以借鉴程序设计中的设计模式来总结一些数据库的设计模式，以便为通用的数据的保存和提取提供参照。以下介绍两种数据库设计模式，为之后的事故信息管理系统的数据库设计做些必要的铺垫。

9.1.1　数据字典通用模式设计

在一个管理信息系统（MIS）中，需要保存一些通用的参考信息，这些信息在一段时间内是恒定不变的。例如，事故信息管理系统中的事故责任（无责，次责，同等，主责，全责，待析，不考核）、准驾车型（A1 驾照，A2 驾照，A3 驾照，N 驾照，A1 和 N 驾照，A3 和 N 驾照，C1 驾照，B1 驾照）、道路情况（急弯，陡坡，交叉路口，平直，普通公交站点，快速公交站点，其他）。还有一些稍复杂的表达，如线路类型（<空调线 K>，<快速公交线 B>，<学校线 X>，<假日线 JR>，<假夜线 JY>，<游线 Y>）。

如果能把以上的信息存放在一张数据表中，使用相同的存储语句，那么就可以收到事半功倍的效果。关键是如何设计这张表结构，其实 Oracle 数据库系统中的数据字典表提供了类似的思路。我们可以将以上信息抽取共性，然后罗列出来，如表 9-1 所示。

表 9-1　通用信息的共性罗列表

类别	属性编号	属性值	扩展属性 1	扩展属性 2	扩展属性 3
事故责任	1	无责			
	2	次责			
	3	同等			
	4	主责			
	5	全责			
	6	待析			
	7	不考核			
线路类型	1	空调线	K		
	2	快速公交线	B		
	3	学校线	X		

（续）

类别	属性编号	属性值	扩展属性 1	扩展属性 2	扩展属性 3
线路类型	4	假日线	JR		
	5	假夜线	JY		
	6	游线	Y		
……					

通过以上的归并同类的方法，不难看出，所有这类信息均可以存放在同一张表结构内，而且我们可以根据类别获得所有的属性值，这样就很容易实现通过下拉框选择内容，还可以根据类别和编号获得属性值，或者相反的过程。

综上所述，我们可以设计表结构如图 9-1 所示的数据字典表。字典编号是为字典名称取的别名，以便于在代码中书写，如字典名称为事故责任，字典编号就是 ACCRESP。条目编号就是表 9-1 中的属性编号；条目名称就是表 9-1 中的属性值；条目内容、条目值和字典类型分别是表 9-1 中的扩展属性 1、扩展属性 2 和扩展属性 3。

字典表		
字典编号	VARCHAR2(50)	\<pk\>
字典名称	VARCHAR2(60)	
条目编号	VARCHAR2(10)	\<pk\>
条目名称	VARCHAR2(100)	
条目内容	VARCHAR2(200)	
条目值	VARCHAR2(250)	
字典类型	VARCHAR2(1)	

图 9-1　数据字典的表结构

9.1.2　树形结构通用模式设计

在公交企业的公共信息管理中，经常会遇见一些组织结构的数据，这些数据一般有单纯的相关性，例如，一个集团公司内的子公司组织结构、上下级部门的隶属关系等。如图 9-2 所示，树顶节点是集团公司——公交总公司，叶子节点是营运公司的最小单位——线路。那么如何在数据库中保存这样的树形结构呢？如何才能迅速获得一个节点以下的从属节点呢？如何能获得一个节点的上级节点呢？这些都需要我们设计一种良好的数据结构模式。以下将提出两种方案来解决这个问题。

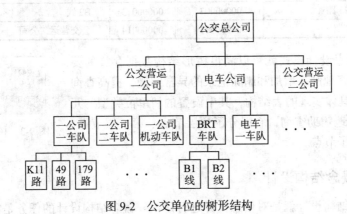

图 9-2　公交单位的树形结构

1. 特殊编码方案

从图 9-2 中的树形结构可以发现，节点都有层次关系，是否可以从节点编号来区分这种层次关系呢？

我们来看一下编号方案，如表 9-2 所示，顶层编码 1 位，第二层 2 位，第三层 4 位，第四层 6 位。虽然这样的方式可以解决树形结构中存放数据的问题，但是带来了查询效率的降低及删除和增加记录的异常。因为每次查询都需要使用 Oracle 的 substr 函数来获得前两位才能获得上一级部门的信息，这样显然会降低查询效率，增加查询复杂度。而且删除和增加记录时，都需要使用算法来获取一个没用过的编码，编码方式也不自由，直接增加了系统的复杂性。

表 9-2　特殊编码方案的实现

编码	名称	编码	名称
0	公交总公司	010103	179 路
01	公交营运一公司	02	电车公司
0101	一公司一车队	0201	BRT 车队
0102	一公司二车队	0202	电车一车队
0103	一公司机动车队	020101	B1 线
010101	K11 路	020102	B2 线
010102	49 路	03	公交营运二公司

2. 父节点关联方案

从图 9-2 中我们发现，除了叶子节点外，其他节点和下级节点都是"一对多"的关系，那么就可以在每个节点上再增加一个属性，该属性专门用于记录其上层节点的编号（父节点编号），这样就可以实现结构与编码无关，即编码可以随意递增序列，不会重复，记录节点关系的是父节点，如表 9-3 所示。

表 9-3　父节点关联方案的实现

编码	名称	父节点编号	编码	名称	父节点编号
00000001	公交总公司		00000008	179 路	00000003
00000002	公交营运一公司	00000001	00000009	电车公司	00000001
00000003	一公司一车队	00000002	00000010	BRT 车队	00000009
00000004	一公司二车队	00000002	00000011	电车一车队	00000009
00000005	一公司机动车队	00000002	00000012	B1 线	00000010
00000006	K11 路	00000003	00000013	B2 线	00000010
00000007	49 路	00000003	00000014	公交营运二公司	00000001

这样的数据库设计模式就可以满足树形结构数据存放的要求，并且可以很好地解决增加和删除记录的异常问题，提高查询效率。图 9-3 是具体实现的表结构，其中设置的"单位类型"冗余字段可以更好地辅助查询，它区分了顶层节点、第一层节点、第二层节点和叶子节点。

图 9-3　树形结构的表结构

9.2　数据库概念结构设计

数据库概念结构设计就是对信息世界进行建模。概念结构设计的任务是在需求分析阶段产生的需求说明书的基础上，按照特定的方法把它们抽象为一个不依赖于任何具体机器的数据模型，即概念模型。概念模型能够使设计者的注意力从复杂的实现细节中解脱出来，而只集中在最重要的信息的组织结构和处理模式上。

概念模型具有以下特点：

- 概念模型是对现实世界的抽象和概括，它真实、充分地反映了现实世界中事物和事物之间的联系，能满足用户对数据的处理要求。
- 由于概念模型简洁、明晰，独立于计算机，很容易理解，因此可以使用概念模型与不熟悉计算机的用户交换意见，使用户能积极参与数据库的设计工作，保证设计工作顺利进行。

- 概念模型易于更新，当应用环境和应用要求改变时，容易对概念模型进行修改和扩充。
- 概念模型很容易向关系、网状、层次等各种数据模型转换。

描述概念模型的有力工具是 E-R 图。E-R 模型是一个面向问题的概念模型，即用简单的图形方式（E-R 图）描述现实世界中的数据。这种描述不涉及数据在数据库中的表示和存取方法，非常接近人的思维方式。在 E-R 模型中，信息由实体、实体属性和实体间的联系三种概念单元来表示。

实体（Entity）对应现实世界中可区别于其他对象的"事件"或"事物"。例如，公交公司中的每个司机、每起事故。每个实体都有用来描述实体特征的一组性质，称为属性，一个实体由若干个属性来描述。如司机实体可由工号、初领证时间、住址、联系电话、准驾车型、驾驶证编号等属性组成。

实体类型（Entity Type）是实体集中每个实体所具有的共同性质的集合，如"路口"实体类型为：路口{区域编号，区域名称，路口类型，限速，有无斑马线等}。实体是实体类型的一个实例，在含义明确的情况下，实体、实体类型通常互换使用。实体类型中的每个实体包含唯一标识它的一个或一组属性，这些属性称为实体类型的标识符（Identifier），如"工号"是司机实体类型的标识符，"区域编号"是"路口"实体类型的标识符。有些实体类型可以有几组属性充当标识符，选定其中一组属性作为实体类型的主标识符，其他的作为次标识符。

联系（Relationship）是指实体集之间或实体集内部实例之间的连接。实体之间可以通过联系来相互关联。与实体和实体集对应，联系对应联系集，联系集是实体集之间的联系，联系是实体之间的联系，联系是具有方向性的。联系和联系集在含义明确的情况之下均可称为联系。

按照实体类型中实体之间的数量对应关系，通常可将联系分为 4 类，即一对一联系、一对多联系、多对一联系和多对多联系。

9.2.1 公共信息管理部分数据库概念结构设计

我们将公共信息管理模块 E-R 图分为权限管理部分 E-R 图和基础信息部分 E-R 图。基础信息部分的 E-R 图包含了员工、单位、日志、线路、车辆和字典的实体，如图 9-4 所示，线路和单位、车辆和单位、员工和单位都是多对一的联系。日志和员工的联系是一个员工可以操作多条日志记录，即多对一的联系。

注意：本章中的 E-R 图都是使用 Sybase Power Designer 制作的，其中实体中属性前的图标"#"代表实体标识符，"*"代表非空属性，"o"代表一般可以为空的属性。

权限管理部分 E-R 图包含了员工、角色、系统和功能的实体，如图 9-5 所示，一个员工可以分配多个角色，一个角色可以有多个员工，那么员工和角色就是多对多联系。同样，角色和功能也是多对多联系。功能都属于系统，一个功能只能属于一个系统，一个系统可以包含多个功能，功能和系统就是多对一的联系。功能中包含功能和子功能的层次关系，它们的关系可以表达为一棵树，因此可以使用树形结构通用模式设计。

提示：树形结构通用模式设计请参看 9.1.2 节内容。

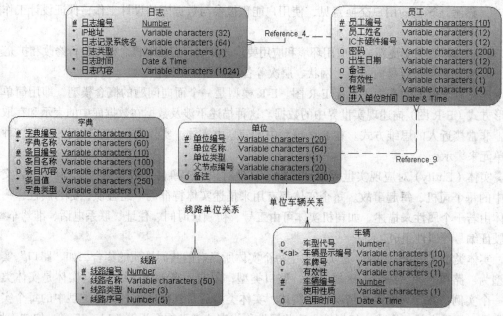

图 9-4   公共信息管理的 E-R 图

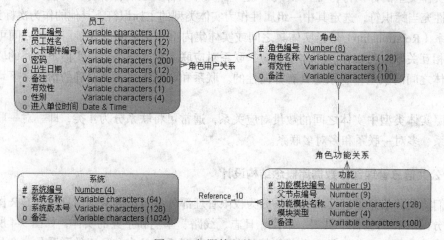

图 9-5   权限管理的 E-R 图

9.2.2   事故处理管理部分数据库概念结构设计

事故处理管理部分 E-R 图将事故信息管理 E-R 图和事故处理管理 E-R 图整合，如图 9-6 所示，该部分由司机、事故信息、路口信息、事故伤情信息、事故借款信息、事故工作流和第三者事故信息的实体组成。

事故信息和事故借款信息共用事故工作流表，那么一条事故记录对应多条事故工作流记录，一条事故借款记录也对应多条事故借款工作流记录。事故工作流是登记事故或事故借款的审核过程，一起事故或者一条事故借款申请每经过一次审核，事故工作流就会登记一条记录，该记录包含该起事故编号或者事故借款单编号、操作（审核）时间、操作（审核）人、操作（审核）内容、操作（审核）类型等信息。

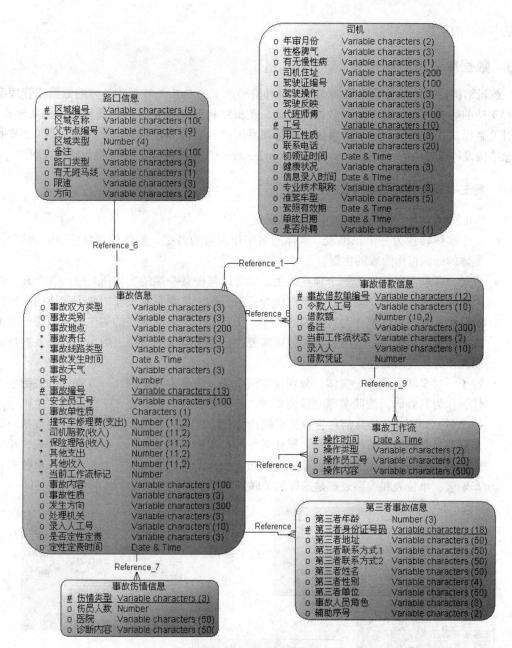

图 9-6 事故处理管理的 E-R 图

操作（审核）类型记录就是业务分析中提到的审核状态，包括录入、申请、安全主管审核不通过、客运科长审核不通过、计财部门审核不通过、分管经理审核不通过、总经理审核不通过、安全主管审核通过、客运科长审核通过、计财部门审核通过、分管经理审核通过、总经理审核通过这 12 种状态。

在事故工作流中，根据操作内容来区分究竟是走事故工作流还是事故借款工作流。操作内容是 "ACCI" 的表示这条记录是关于事故工作流的，操作内容是 "ACCILOAN" 的表示这条记录是关于事故借款工作流的。

第三者事故信息及事故伤情信息与事故信息是一对多的联系，路口信息及司机与事故信息是多对一的联系。

9.3 数据库逻辑结构设计

逻辑结构设计的任务就是将概念结构设计阶段产生的 E-R 图转换为具体的数据库管理系统所支持的数据模型。对于关系数据库而言，逻辑结构设计就是将 E-R 图转换成关系模式，并对关系模式进行优化。本节的事故处理管理系统中的数据库逻辑结构设计是根据 9.2 节的概念结构设计而产生的，使用了 Sybase Power Designer 工具将概念视图转换为物理视图。

9.3.1 将 E-R 图转换成关系模式

将 E-R 图转换为关系模式的基本原则如下：

- 一个实体转换为一个二维表。实体的名字作为表的名字，实体的属性作为表的属性，实体的标识符作为表的主键。
- 一对一联系可以转换为一个独立的表，也可以与任意一端的实体所对应的表合并。如果单独作为一张表，则联系的名称作为表的名称，与联系相关联的两个实体的标识符及联系本身的属性都作为这张表的属性，任选一个与之相关联的实体的标识符作为主键。如果与实体所对应的表合并，则需要在该表中添加另一张表的主键和联系本身的属性作为该表的属性。
- 对于一对多联系的两个实体，分别建立两个表，在多方表中增加一方表中的关键字属性，作为其外码，按照参照完整性要求，外码要么为空值，要么必须是一方主码中的一个值。如图 9-7 公共信息管理逻辑结构设计中所示，日志表和员工表之间就是一对多联系，它们之间通过日志表 < 操作者 > 和员工表 < 员工编号 > 进行外键关联，单位表和员工通过单位表 < 单位编号 > 和员工表 < 所属单位 > 进行外键关联，单位表和车辆表、单位表和线路表都是这样的关联方式。

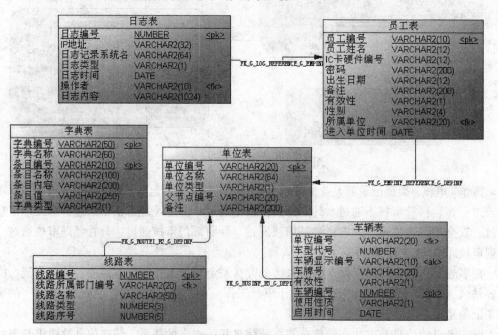

图 9-7 公共信息管理逻辑结构设计

- 多对多联系必须转换为一张表，联系的名称作为表的名称，相关联的两个实体的标识符及联系本身的属性都作为该表的属性，两个实体的标识符联合起来作为该表的主键。如图 9-8 权限管理逻辑结构设计中所示，员工表和角色表、角色表和功能表都是多对多的联系，因此需要增加两张关系表，分别是角色用户表和角色功能表。角色用户表内的字段分别是角色编号和员工编号，它将角色表和员工表的主键作为表的属性；角色功能表内的字段分别是角色编号和功能模块编号，它将角色表和功能表的主键作为表的属性。

- 三个或三个以上实体间的多元联系可以转换为一张表，各个实体的标识符及联系本身的属性作为该表的属性，各个实体的标识符联合起来作为该表的主键。

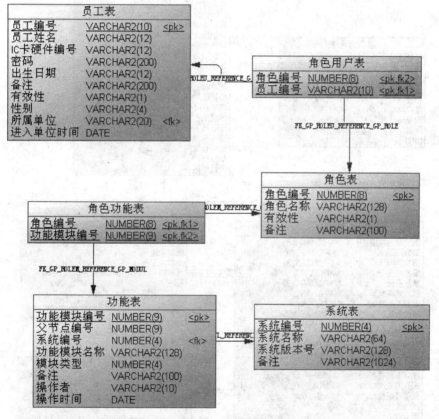

图 9-8 权限管理逻辑结构设计

9.3.2 关系模式优化

数据库逻辑结构设计的结果并不是唯一的。为了进一步提高数据库应用系统的性能，通常以规范化理论为指导，适当地修改、调整数据模型的结构，即关系模式优化。

关系模式优化的步骤如下：

1）确定数据依赖。分析出每个关系模式的各属性之间的依赖关系及不同关系模式各属性之间的数据依赖关系。

2）对各个关系模式之间的数据依赖进行极小化处理，消除冗余的关系。

3）按照数据依赖的理论对关系模式逐一进行分析，考察是否存在部分函数依赖、传递函数依赖、多值依赖等，确定各关系模式分别属于第几范式。根据应用需求，分析模式是否合适，是否需要进行合并或分解。

关系模式优化实例一：

如图 9-9 所示的事故处理管理逻辑结构设计中，事故表和事故借款信息表都需要工作流表来协助审核，并且两者工作流功能类似，因此可以采用消除冗余的思想，设计一张公共的工作流表同时为事故表和事故借款信息表服务，在表中只需要通过编号来区分记录是事故单还是事故借款单就可以了。

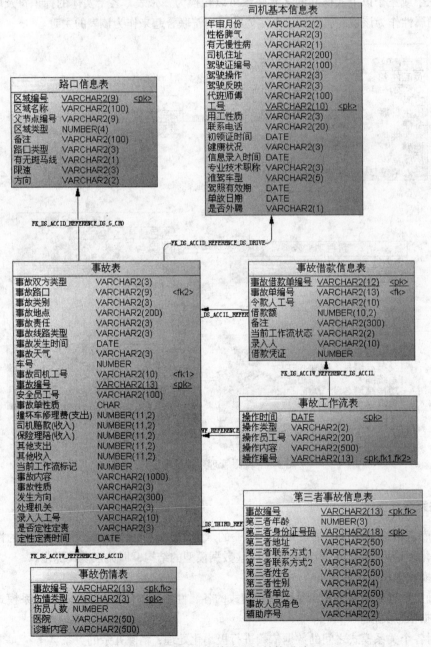

图 9-9　事故处理管理逻辑结构设计

关系模式优化实例二:

司机基础信息表和员工表是一一对应的关系,司机的部分基础信息,如司机姓名、性别等信息可以从员工表中获取,司机基础信息表描述了司机特有的信息,这样设计的冗余可以有效减轻员工表多次查询的负担,员工表主要负责权限管理。

关系模式优化实例三:

事故表与事故工作流表之间通过事故编号进行关联,但是只通过事故编号进行关联无法知晓当前事故审核工作流究竟走到哪一步,因此在事故表中设置"当前工作流标记"字段以记录当前事故审核工作流到了哪一步。"事故单性质"字段表明当前事故是走"一般未结案"流程还是"借款未结案"流程。

完成以上的数据库逻辑结构设计后,就可以使用 Sybase Power Designer 工具连接上 Oracle 数据库,生成具体的物理表了。

第 10 章 表的创建及数据管理

上一章中已经确定了事故管理系统中的表结构，那么如何将表结构存储到我们之前建立的 Oracle 数据库中呢？本章将详细讨论表的管理。表是 Oracle 用于组织和管理数据的对象，创建表是 Oracle 数据库设计中最基本的工作。本章涉及创建表，对表数据进行插入、更新、删除和合并等操作；并通过创建索引提高数据更新和检索的性能。

本章学习要点：了解 Oracle 数据库常用数据类型；掌握表的创建和修改命令；掌握表数据的插入、更新、删除和合并命令；理解索引的作用，掌握索引的创建、更改和删除命令。

10.1 SQL 概述

SQL 是 Structured Query Language（结构化查询语言）的首字母缩写，是所有关系型数据库的标准语言，Oracle 使用该语言建立或删除数据库对象，插入、更新和删除数据库中数据，并可以对数据库执行日常管理。

Oracle 数据库中的 SQL 语言包含以下部分：

（1）数据定义语言（Data Definition Language，DDL）

DDL 用于定义和管理对象，如数据库、数据表以及视图。DDL 语句通常包括每个对象的 CREATE、ALTER 以及 DROP 语句。举例来说，CREATE TABLE、ALTER TABLE 以及 DROP TABLE 这些语句可以用来建立数据表、修改表（如新增或删除列）、删除表。

（2）数据操作语言（Data Manipulation Language，DML）

DML 利用 INSERT、SELECT、UPDATE、DELETE 及 MERGE 等语句来操作数据库对象所包含的数据，是数据库中使用最频繁的语句。

（3）事务控制语句（Transaction Control Statement）

该语句用于把一组 DML 语句组合起来形成一个事务并进行事务控制。包括事务提交 COMMIT 语句、事务回滚 ROLLBACK 语句、保存点 SAVEPOINT 语句、事务属性设置 SET TRANSACTION 语句等。

（4）会话控制语句（Session Control Statement）

该语句用于控制一个会话的属性。包括控制会话 ALTER SESSION 语句和切换角色 SET ROLE 语句。

（5）系统控制语句（System Control Statement）

该语句用于管理数据库的属性，使用 ALTER SYSTEM 语句。

（6）嵌入式 SQL 语句（Embedded SQL Statement）

该语句用于整合 DDL、DML 和事务控制语句进行 PL/SQL 程序的编写。包括：

- 用于游标定义、分配和释放的 DECLARE CURSOR 语句、OPEN 语句、CLOSE 语句。
- 用于声明和连接数据库的 DECLARE DATABASE 语句和 CONNECT 语句。
- 用于分配变量名称的 DECLARE STATEMENT 语句。
- 用于描述对象结构的 DESCRIBE 语句。
- 用于描述如何处理错误和警告条件的 WHENEVER 语句。

- 用于解析和运行 SQL 语句的 PREPARE 语句、EXECUTE 语句和 EXECUTE IMMEDIATE 语句。
- 用于提取数据行的 FETCH 语句。

10.2　数据类型

表是数据库中存储数据的基本单元，是 Oracle 数据库中最主要的对象。它描述了现实世界中的实体和联系。在数据库设计时，通常先构造 E-R 图（实体 – 联系图），然后再将 E-R 图转变为数据库中的表。

表通过行和列来组织数据，通常称表中的一行为一条记录，描述一个实体；表中的每一列用于描述实体的一个属性。由于现实世界中数据的多样性，因此需要不同的数据类型对其进行描述。例如使用字符型描述人的姓名，使用数值型描述数字。

Oracle 数据库中提供了很多数据类型，这些数据类型可以分为用户定义的数据类型和内置数据类型两类。用户定义的数据类型由用户编写，可以用在应用程序中。内置数据类型是 Oracle 已定义好的，可以直接使用。Oracle 内置数据类型分为字符型、数值型、日期时间型、二进制型、大对象型和行数据类型。本章主要介绍常用的内置数据类型。

1.　字符型

字符型用于存储字母、数字构成的数据。

- CHAR [(size [BYTE | CHAR])]。存储固定长度的字符串，size 指定了固定长度。存储在 CHAR 列中的数据长度如果比 size 短，那么将以空格的形式在数据右边补空格到固定长度 size。如果长度大于 size 将会触发错误信息。size 的值在 1 ~ 2000 字节之间，默认值是 1。可选关键字 BYTE 或 CHAR 表示字符串长度单位是字节还是字符，BYTE 是默认选项。
- VARCHAR2(size [BYTE | CHAR])。存储可变长度的字符串，size 指定了字符串的最大长度。size 的值在 1 ~ 4000 字节之间。与 CHAR 不同，VARCHAR2 必须指定长度 size，如果存储在 VARCHAR2 列中的数据长度比 size 短，那么不会在其后面补空格。可选关键字 BYTE 或 CHAR 表示字符串长度单位是字节还是字符，BYTE 是默认选项。
- NCHAR[(size)]。与 CHAR 类似，不过用于存储 Unicode 字符集数据。
- NVARCHAR2(size)。与 VARCHAR2 类似，不过用于存储 Unicode 字符集数据。

2.　数值型

- NUMBER [(precision [, scale])]。存储零、负数和正整数。precision 指总位数，取值 1 ~ 38。scale 指小数点右边的位数，取值从 –84 ~ 127，scale 默认值为 0，scale 为负数表示把数据往小数点左边舍入。

如 NUMBER(3) 存储 3 位整数，NUMBER(4,1) 存储的数字小数点前 3 位和小数点后 1 位。

3.　日期时间型

- DATE。日期时间数据类型存储日期和时间格式的数据。可以存储的日期范围是从公元前 4712 年 1 月 1 日到公元 9999 年 12 月 31 日。该数据类型存储了年、月、日、时、分、秒信息，可以使用参数 NLS_DATE_FORMAT 来指定采用不同格式显示日期。Oracle 默认的日期格式是 DD_MON_RR。通常使用 TO_CHAR 和 TO_DATE 函数进行日期和日期型字符串之间的转换。

提示：使用 TO_CHAR 和 TO_DATE 函数进行日期和日期型字符串之间的转换请参看

12.2.4 节内容。

- TIMESTAMP[(<(precision >)]。用亚秒的粒度存储一个日期和时间。可以存储的日期范围是从公元前 4712 年 1 月 1 日到公元 9999 年 12 月 31 日。precision 是亚秒粒度的位数，默认为 6，范围是 0 ~ 9。

4. 二进制型

二进制数据类型用于存储二进制数据。此类数据占用存储空间小，操作效率也高，在通过一个数据库链接或者输入 / 输出实用程序，从一个数据库传递到另一个数据库时，或者在客户机与服务器之间传递时，不进行字符转换。

- LONG 和 LONG RAW。现在 Oracle 并不推荐使用，提供这两种数据类型主要用于保持数据库的向后兼容性。
- RAW (size)。存储二进制数据，size 指定了最大长度，以字符为单位，最大长度是 2000。

5. 大对象型

大对象数据类型用于存储大对象（Large Object，LOB），即大型的非结构化数据，如二进制文件、图形文件或其他外部文件。当创建一个包含 LOB 列的表时，数据可以存储到数据库中也可以存储到外部文件中。LOB 数据的控制通过 DBMS_LOB 包实现。

- BLOB、NCLOB 和 CLOB。BLOB、NCLOB 和 CLOB 型数据可以存储到不同的表空间中，最多可以存储 4GB 个数据块的数据。BLOB 存储可变长度的二进制数据，如图像、音频、视频文件。CLOB 存储可变长度的字符数据。NLOB 存储可变长度的 Unicode 字符数据。
- BFILE。BFILE 型存储的是可变长度的二进制数据，存储在服务器上的外部文件中，文件大小不能超过操作系统对文件大小的限制，最多存储 4GB 数据。BFILE 数据类型的列中仅仅存储只读的定位数据，通过该数据可以找到外部文件。

6. 行数据类型

ROWID 数据类型是 Oracle 数据库表中的一个伪列，记录了表中某一行的存储地址，通过该地址可以快速地定位表中的一行。当使用 INSERT 语句插入数据时，Oracle 自动生成 ROWID，并将其与表数据一起存放到表行中，以便唯一标识表中的各条记录。ROWID 是数据表中每行数据内在的唯一的标识，因此 Oracle 不必在建表时指定主键。

可以从表中查询伪列 ROWID，但不能插入、更新和删除它们的值。由于 ROWID 是隐含的，除非在查询时显式指明，否则在 SELECT 查询结果中看不到 ROWID 列。

【例 10-1】在查询中显式指定 ROWID。

```
SQL> select rowid, districtid, districtname from ds_g_crossing;
ROWID              DISTRICTID  DISTRICTNAME
------------------ ----------- -------------------------------
AAADMBAAFAAAAK4AAA 003001004   文一路学院路口
AAADMBAAFAAAAK4AAB 005000007   莫干山路密渡桥路口
AAADMBAAFAAAAK4AAC 003012002   古墩路余杭塘路口
...
```

ROWID 由 18 个字符组成，从左到右包含 6 位对象 ID、3 位相对文件号、6 位数据块号和 3 位块内行号。

以上述查询结果第一行记录的 ROWID " AAADMBAAFAAAAK4AAA " 为例，其中

"AAADMB"是对象 ID，一个数据库中对象的 ID 是唯一的；"AAF"是相对文件号，对同一个表空间中的每个文件，相对文件号是唯一的；"AAAAK4"是数据块号，是相对文件中包含数据行的块的位置；"AAA"是行号，标识了块中的行数据。

10.3　表的管理

10.3.1　表类型

为了适应各种类型的数据存储、数据访问和性能的要求，Oracle 11g 提供了多种类型的表。

1. 关系表（relational table）

使用 Oracle 提供的数据类型，可以创建存储行数据的表，表中包含列的定义。可以根据用户需求增加、修改和删除列，维护行数据。

这类表是数据库中最基础、最常用的表类型，也是默认情况下创建的表。如无特别说明，本书中涉及的表均指关系表。

2. 对象关系表（object-relational table）

对象关系表能充分利用 Oracle 的对象关系和继承功能。这类表中可以自定义数据类型，并在列定义、对象表、嵌套表、可变数组中使用这些数据类型。

3. 索引组织表（index-organized table）

索引组织表是 Oracle 提供的用于提高查询效率的新型表。表中数据存储在一个索引结构中，使得表中数据根据索引的值排列。

4. 外部表（external table）

数据存储在数据库之外的操作系统文件中，并且表中数据只能读不能写。使用外部表，在不需要把大量数据导入数据库的情况下就可以对这些数据进行访问。

5. 分区表（partitioned table）

当表中的数据量不断增大，查询数据的速度就会变慢，应用程序的性能就会下降，这时就应该考虑对表进行分区。表进行分区后，在逻辑上表仍然是一张完整的表，只是将表中的数据在物理上存放到多个表空间(物理文件上)。在实际应用中，对分区表的操作即在独立的分区上，但是对用户而言，分区表仍像一个完整的表一样工作。

6. 临时表（temporary table）

临时表是一种特殊的表。当需要对表中的一批数据进行反复操作时，通过为这批数据创建一个临时表可能会简化操作并提高效率。

临时表可用来保存一个会话的数据，或者保存一个事务中需要的数据。当会话退出或者事务结束的时候，临时表的数据自动清空，但是临时表的结构以及元数据还存储在用户的数据字典中。

7. 簇表（clustered table）

簇是一种用于存储表中数据的方法。簇由共享相同数据块的一组表组成。由于这些表有公共的列，并且经常一起被使用，所以将这些表组合在一起，可以节省存储空间并提高处理效率。

10.3.2　创建表

创建表的常用语法如下：

```
CREATE TABLE [ schema. ]table_name
( column1   datatype1 [ DEFAULT exp1 ][ column1_constraint],
  column2   datatype2 [ DEFAULT exp2 ][ column2_constraint],
  ...
[ table_constraint ] )
[ TABLESPACE tablespace_name];
```

其中：

- *schema* 是表所属的方案名，*table_name* 是表名。
- *column1* 是列名，*datatype1* 是该列的数据类型，*exp1* 是该列的默认值，*column1_constraint* 指定该列的列级约束。
- *table_constraint* 指定该表的表级约束。
- *tablespace_name* 指定该表存储在哪个表空间。如果不指定，该表存储在方案用户的默认表空间下。

如果一个用户在自己的方案下建表，必须具有 CREATE TABLE 系统权限；如果要在其他方案中建表，必须具有 CREATE ANY TABLE 系统权限。创建表时，还要求表的创建者必须在指定的表空间上有空间配额或者具有 UNLIMITED TABLESPACE 系统权限。

【例 10-2】在 dsuser 方案下创建字典表 DS_G_DIC，如图 10-1 所示。

```
SQL> create table dsuser.ds_g_dic(
  2   dicid        varchar2(50) not null,
  3   dicname      varchar2(60),
  4   itemid       varchar2(10) not null,
  5   itemname     varchar2(100),
  6   itemnote     varchar2(200),
  7   itemvalue    varchar2(250),
  8   dictype      varchar2(1) default 1,
  9   constraint pk_ds_g_dic primary key(dicid,itemid) )
 10   tablespace usertbs;
表已创建。
```

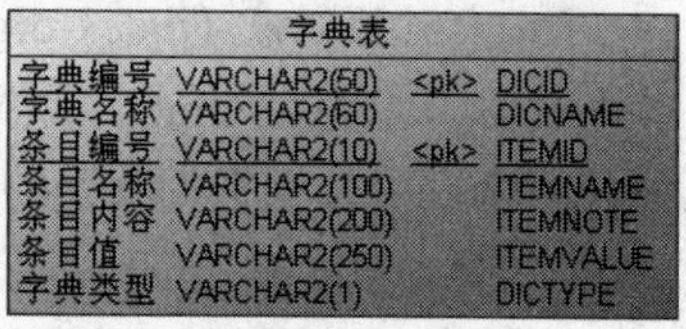

字典表			
字典编号	VARCHAR2(50)	\<pk\>	DICID
字典名称	VARCHAR2(60)		DICNAME
条目编号	VARCHAR2(10)	\<pk\>	ITEMID
条目名称	VARCHAR2(100)		ITEMNAME
条目内容	VARCHAR2(200)		ITEMNOTE
条目值	VARCHAR2(250)		ITEMVALUE
字典类型	VARCHAR2(1)		DICTYPE

图 10-1　字典表 DS_G_DIC

创建表后，可以使用"DESCRIBE 表名"的形式来查看表结构。Oracle 还支持利用现有的表来创建一张新表。

【例 10-3】在 dsuser 方案下创建字典表 DS_G_DIC 的备份表 DS_G_DIC_BAK。

```
SQL> create table dsuser.ds_g_dic_bak as select * from dsuser.ds_g_dic;
表已创建。
```

上例中表 DS_G_DIC_BAK 和 DS_G_DIC 的表结构完全相同，表中数据也完全相同。不同的是 DS_G_DIC 表中的索引和约束条件在 DS_G_DIC_BAK 表中并未建立。

10.3.3　更改表

表在创建之后可以对其进行更改，如添加、修改或删除表中的列，添加或删除约束条件等。更改表的常用语法如下：

```
ALTER TABLE [ schema. ]table_name
[ ADD column_definition1, column_definition2...] |          /* 添加列 */
[ MODIFY column_name1 new_attributes1,
        column_name2 new_attributes2...] |                  /* 修改列 */
[ DROP (column_name1, column_name2...)
      [ CASCADE CONSTRAINTS ]   ] |                         /* 删除列 */
[ ADD [ CONSTRAINT constraint_name ]
```

```
           constraint_type(column1,column2…)[ condition ] ] |      /* 添加约束 */
[ DROP CONSTRAINT constraint_name];                                 /* 删除约束 */
```

其中：

- *schema* 是表所属的方案名，*table_name* 是表名。
- 添加列时，*column_definition1* 部分包含列名、列的数据类型、默认值和是否为空。
- 修改列定义时，*column_name1* 是列名，*new_attributes1* 是要修改的列属性，可以修改列的数据类型、长度、默认值等。
- 删除列时，可以在括号中使用多个列名，它们之间用逗号分隔。删除列时，该列相关的索引和约束也一起删除。如果删除的列是一个多列约束的组成部分，那么必须指定 CASCADE CONSTRAINTS 选项进行删除。
- 添加约束时，*constraint_name* 指定了约束名，如果没有为约束提供名字，Oracle 字典生成一个唯一的名字，通常以 "SYS_C" 开头。*constraint_type* 指定约束类型，*column1* 等指定约束对应的列，*condition* 指定约束条件。

【例 10-4】修改备份表 DS_G_DIC_BAK 的表结构。

（1）在 DS_G_DIC_BAK 表中增加列 NOTE（备注）

```
SQL> alter table ds_g_dic_bak add note varchar2(100) default '无' not null;
表已更改。
```

（2）修改列 NOTE 的默认值

```
SQL> alter table ds_g_dic_bak modify note default '没有';
表已更改。
```

（3）修改列 DICTYPE 的默认值为 1

```
SQL> alter table ds_g_dic_bak modify dictype default 1;
表已更改。
```

（4）删除列 NOTE

```
SQL> alter table ds_g_dic_bak drop column note;
表已更改。
```

（5）为表 DS_G_DIC_BAK 建立主键

```
SQL> alter table ds_g_dic_bak
  2  add constraint pk_ds_g_dic_bak primary key(dicid,itemid);
表已更改。
```

10.3.4　删除表

当不再需要某表时，可以将表删除。删除表的语法如下：

```
DROP TABLE [ schema. ]table_name
[ CASCADE CONSTRAINTS ]
[ PURGE ] ;
```

其中：

- *schema* 是方案名，*table_name* 是表名。如果不写方案名，表示删除当前用户方案下的表。如果要删除其他用户方案的表，必须写上方案名，而且执行操作的用户还要具有 DROP ANY TABLE 系统权限。

- 如果要删除的表中包含了被其他表外键引用的主键，并且希望在删除表的同时一起删除其他表上的外键约束，需要指定 CASCADE CONSTRAINTS 选项。
- PURGE 表示将表直接删除，不放入回收站。该表删除后将不能使用闪回删除命令进行恢复。

【例 10-5】删除备份表 DS_G_DIC_BAK。

```
SQL> drop table ds_g_dic_bak purge;
表已删除。
```

10.4   表数据维护

10.4.1   插入数据

使用 INSERT 语句向表中插入数据行，其语法如下：

```
INSERT INTO TABLE [ schema.]table_name [ (column_list ) ]
VALUES(value1, value2, ...);
```

其中：

- schema 是方案名，table_name 是表名。
- column_list 指定要插入数据的列，如果有多个列，中间用逗号分隔。如果 column_list 不写，表示要插入一条完整的记录，且列的顺序和表结构定义中的顺序一致。
- VALUES(value1, value2, …) 用于提供数据，数据必须与 column_list 中的列对应；当没有指定 column_list 时与表结构定义中列的顺序对应。

使用 INSERT 语句向表中插入数据时要注意：

1）若表中有些字段在插入语句中没出现，则这些字段上取空值 NULL。

2）在表定义中说明了 NOT NULL 的列在插入时不能取 NULL，否则插入语句会执行失败。

3）如果插入数据为数字，可以直接提供数字值；如果插入数据为字符或者日期，必须使用单引号。

4）日期格式要符合默认的日期格式 'DD-MON-YYYY'，比如 '20-5 月 -2011' 指 2011 年 5 月 20 日；否则使用 TO_DATE 函数进行格式转化，如 TO_DATE（'2011-05-20 12:18:12','yyyy-mm-dd hh24:mi:ss'）。

【例 10-6】向表 DS_G_DIC 中插入事故类别字典信息。

```
SQL> insert into ds_g_dic values('ACCLEVEL','事故类别','0',null,null,'轻微','1');
已创建 1 行。
SQL> insert into ds_g_dic values('ACCLEVEL','事故类别','1',null,null,'一般','1');
已创建 1 行。
SQL> insert into ds_g_dic(dicid,dicname,itemid,itemvalue)
  2  values('ACCLEVEL','事故类别','2','重大');
已创建 1 行。
SQL> insert into ds_g_dic(dicid,dicname,itemid,itemvalue)
  2  values('ACCLEVEL','事故类别','3','特大');
已创建 1 行。
SQL> commit;
提交完成。
```

Oracle 还支持把现有的查询结果数据插入到一个表中，但查询结果集中每行数据的列数量和数据类型要与被插入数据的表一致。

【例 10-7】向表 DS_G_DIC_BAK 中插入数据。

```
SQL> insert into ds_g_dic_bak
  2  select * from ds_g_dic where dicid='ACCLEVEL';
已创建 4 行。
SQL> commit;
提交完成。
```

10.4.2　更新数据

如果表中数据错误或已经过时了，则需要更新数据。使用 UPDATE 更新表中已存在的数据，语法如下：

```
UPDATE   [ schema.]table_name
SET column_name1=value1 [, column_name2=value2 , ... ]
[WHERE condition ];
```

其中：

- *schema* 是方案名，*table_name* 是表名。
- *column_name1*、*column_name2* 等指定要更新数据的列，如果有多个列，中间用逗号分隔。*value1*、*value2* 等指定更新后的数据，可以是常量数据、表达式或 select 子查询。
- *condition* 用于构建 WHERE 条件语句，用于指定要更新的数据行。

【例 10-8】更新表 DS_G_DIC_BAK 中数据，把事故类别为"轻微"的数据字典信息设置为无效。

```
SQL> update ds_g_dic_bak
  2  set dictype='0'
  3  where dicid='ACCLEVEL' and itemvalue=' 轻微 ';
已更新 1 行。
SQL> commit;
提交完成。
```

10.4.3　删除数据

表中数据不再需要时，应进行删除，以便释放这些数据所占的空间，留出空间给新插入的数据使用。删除表中数据有以下两种方法：

1. DELETE

使用 DELETE 删除表中已存在的数据，语法如下：

```
DELETE [ FROM ] [ schema.]table_name
[WHERE condition];
```

其中：

- *schema* 是方案名，*table_name* 是表名。
- *condition* 用于构建 WHERE 条件语句，用于指定要删除的数据行。如果不写 WHERE 条件语句，则删除整个表的数据行。

如果要删除一个大表中的全部数据行，使用 DELETE 语句删除将会占用较多的系统资源，如 CPU 时间、重做日志存储空间、回滚段存储空间。同时，由于 DELETE 语句是逐行删除数据的，还有可能触发表中所定义的行级触发器。删除数据后，Oracle 并不会回收已为该表分配的存储空间，也无法手动回收。因此，通常使用 DELETE 语句删除表中指定的数据行，如果删除整个表中所有数据行，建议使用 TRUNCATE 语句。

2. TRUNCATE

使用 TRUNCATE 语句可删除表中所有数据行。TRUNCATE 语句是一种 DDL 语句，是自动提交的，不可撤销。使用 TRUNCATE 语句时不会触发表中定义的触发器，并且数据删除后可以释放已为该表分配的存储空间。

TRUNCATE 语句的语法如下：

```
TRUNCATE TABLE [ schema.]table_name;
```

【例 10-9】删除表 DS_G_DIC_BAK 中数据。

1）把无效的违章类别数据字典信息删除。

```
SQL> delete from ds_g_dic_bak
  2  where dicid='ACCLEVEL' and dictype='0';
已删除 1 行。
SQL> commit;
提交完成。
```

2）快速删除表 DS_G_DIC_BAK 中所有数据。

```
SQL> truncate table ds_g_dic_bak;
表被截断。
```

10.4.4 合并数据

在进行表数据维护时，我们经常会遇到大量同时进行的 INSERT/UPDATE 语句，也就是说当存在数据时就更新 (UPDATE)，不存在数据时就插入 (INSERT)。使用 MERGE 命令可以实现只使用一条 SQL 语句就完成对表的更新或数据插入操作。

MERGE 命令中，根据设置条件，Oracle 将接收源数据（可以是表、子查询或视图），如果条件满足则更新已有的值；如果条件不满足，则将插入此行数据。语法如下：

```
MERGE INTO  [ schema.]table_name1 [ alias1 ]
USING [ schema.]table_name2 | (sql_query) | view_name [alias2]
ON  ( join_condition )
WHEN MATCHED THEN
  UPDATE SET column1=value1 [, column2 =value2...]
  [ DELETE WHERE (condition)]
WHEN NOT MATCHED THEN
  INSERT ( column_list ) VALUES ( column_value );
```

其中：

- *schema* 是方案名，*table_name1* 是执行 MERGE 操作的表，即目标表，*alias1* 是其别名。
- *table_name2* | *(sql_query)* | *view_name* 指定源数据，可以是表、子查询或视图，*alias2* 是源数据的别名。
- ON (*join_condition*) 指定目标表和源数据的匹配条件。*join_condition* 可以是一个常量，此时就不需要连接源数据和目标表。
- 若匹配，用 UPDATE SET *column1=value1*…更新已有的列，*column1* 值为 *value1*；也可以用 DELETE WHERE (*condition*) 删除目标表中被 MERGE 更新的行，*condition* 设置删除的条件。
- 若不匹配，则使用 INSERT (*column_list*) VALUES (*column_value*) 往目标表中插入数据。

- INSERT 或 UPDATE 是可选的。

【例 10-10】检查 DS_G_DIC_BAK 表中数据是否与 DS_G_DIC 表数据相匹配，如果不匹配则使用 INSERT 语句插入数据行；如果匹配则更新 DS_G_DIC 表数据。

1）往表 DS_G_DIC_BAK 中插入一行数据。

```
SQL> insert into ds_g_dic_bak(dicid,dicname,itemid,itemvalue,dictype)
  2  values('ACCLEVEL','事故类别','4','待析','1');
已创建 1 行。
SQL> commit;
提交完成。
```

2）修改 DS_G_DIC_BAK 中已有数据。

```
SQL> update ds_g_dic_bak set itemvalue=itemvalue||'事故' where dicname='事故类别';
已更新 5 行。
SQL> commit;
提交完成。
```

3）查询 DS_G_DIC_BAK 表中数据。

```
SQL> select dicid,dicname,itemid,itemvalue from ds_g_dic_bak;
DICID        DICNAME     ITEMID    ITEMVALUE
-----------  ----------  --------  ------------
ACCLEVEL     事故类别     0        轻微事故
ACCLEVEL     事故类别     1        一般事故
ACCLEVEL     事故类别     2        重大事故
ACCLEVEL     事故类别     3        特大事故
ACCLEVEL     事故类别     4        待析事故
```

4）查询 DS_G_DIC 表中有关事故类别的数据字典信息。

```
SQL> select dicid,dicname,itemid,itemvalue from ds_g_dic where dicid='ACCLEVEL';
DICID        DICNAME     ITEMID    ITEMVALUE
-----------  ----------  --------  ------------
ACCLEVEL     事故类别     0        轻微
ACCLEVEL     事故类别     1        一般
ACCLEVEL     事故类别     2        重大
ACCLEVEL     事故类别     3        特大
```

5）使用 MERGE 语句将 DS_G_DIC_BAK 中新增的数据插入表 DS_G_DIC 中，修改的数据更新到表 DS_G_DIC 中。

```
SQL> merge into ds_g_dic t1 using ds_g_dic_bak t2
  2  on (t1.dicid=t2.dicid and t1.itemid=t2.itemid)
  3  when matched then
  4     update set itemvalue=t2.itemvalue
  5  when not matched then
  6     insert(t1.dicid,t1.dicname,t1.itemid,t1.itemvalue)
  7     values(t2.dicid,t2.dicname,t2.itemid,t2.itemvalue);
5 行已合并。
SQL> commit;
提交完成。
```

6）查询 MERGE 执行后 DS_G_DIC 表中有关事故类别的数据字典信息。

```
SQL> select dicid,dicname,itemid,itemvalue from ds_g_dic where dicid='ACCLEVEL';
DICID       DICNAME     ITEMID    ITEMVALUE
----------  ----------  --------  ---------------
ACCLEVEL    事故类别     0        轻微事故
```

ACCLEVEL	事故类别	1	一般事故
ACCLEVEL	事故类别	2	重大事故
ACCLEVEL	事故类别	3	特大事故
ACCLEVEL	事故类别	4	待析事故

10.5　索引管理

10.5.1　索引概述

索引是数据库中一个非常重要的方案对象。数据库中的索引类似于书的目录。当读者想从一本书中找到某方面内容时，通过目录中的页码，不必翻阅整本书就能迅速找到需要的内容。当一个表中包含很多条记录，用户想从表中查询某些数据时，通过索引查找到符合查询条件的索引值，再通过保存在索引值中的 ROWID 就能迅速找到表中的数据，而不必扫描整张表。书的目录中包含了内容和页码，数据库中的索引则包含了数据及其存储位置（ROWID）。对包含大数据量的表来说，如果没有索引，那么对表中数据的查询速度可能非常慢。

在 Oracle 数据库中，索引是建立在表上的可选的方案对象。索引是一种独立的物理结构，与数据库其他对象一样，需要占有实际的存储空间。可以对表的一个或多个列创建索引。创建索引后，Oracle 服务器会自动维护和使用索引。表数据的更新（如添加新行、更新行或删除行）会自动传播到所有相关的索引。

数据库中建立索引可以提高查询速度，但是也不能机械地为表上的所有查询列都建立索引。因为除了数据表占用存储空间之外，每一个索引还要占用一定的存储空间；而且当对表中的数据进行增加、删除和修改时，索引也要动态地维护，这样就降低了表数据的维护速度。通常建议在以下列上创建索引。

1）在经常需要查询的列上创建索引，可以加快查询的速度。

2）在作为主键的列上创建索引，强制该列的唯一性和组织表中数据的排列结构。

3）在经常用于连接的列上创建索引，这些列主要是一些外键，可以加快连接的速度。

对于在查询中很少使用的列不建议创建索引。另外，当表数据的修改性能远远大于检索性能时，不建议创建索引。这是因为，修改性能和检索性能是互相矛盾的。当增加索引时，会提高检索性能，但是会降低修改性能。当减少索引时，会提高修改性能，同时降低检索性能。

10.5.2　索引的分类

Oracle 数据库中可以创建多种类型的索引，以适应各种表和查询条件的特点。可以从列的多少、索引列值是否唯一、索引数据的组织形式等对索引进行分类。

1. 单列索引和复合索引

单列索引是基于单列创建的索引，复合索引是基于两列或多列创建的索引。

2. 唯一索引和非唯一索引

唯一索引要求索引列的值不能重复，非唯一索引是索引列值可以重复的索引。这两类索引都允许索引列为 NULL 值。

3. B 树索引

B 树索引是 Oracle 数据库中最常用的一种索引。创建索引时它是默认的索引类型。B 树索引中的 B 指 balanced（平衡），B 树索引的组织结构类似于一棵二叉树。这棵树由根、分支和叶子节点组成，数据都集中在叶子节点上，叶子节点包含了索引值、ROWID，以及指向前一个和后一个叶子节点的指针。

图 10-2 所示为 B 树索引的逻辑结构图。

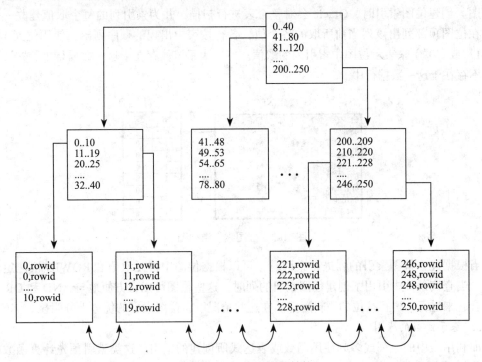

图 10-2　B 树索引逻辑结构

图 10-2 中这个索引的二元高度为 3；在搜索时，Oracle 会穿过根节点和分支节点，到达包含有 ROWID 的叶子节点。例如，使用图 10-2 所示的 B 树索引搜索编号为"248"的节点时，首先访问根节点，从根节点发现下一步的搜索应搜索右边的分支（因为 248 大于 200）。因此必须第 2 次读取数据，读取右边的分支。从右边的分支节点发现，下一步应该搜索最右边的叶子节点（因为 248 大于 246），这样就找到了编号为"248"的节点。最后根据叶子节点中的 ROWID 找到所要查询的数据行。这样，当建立 B 树索引后，只需读 4 次数据（前 3 次分别读根节点、分支节点、叶子节点，最后从表中读取数据行）就可以查询到数据了，比不使用索引的全表搜索要快得多。

B 树索引的所有叶子节点都在同一层上，并且叶子节点实际上都是双向链表，这样在进行索引区间扫描的时候，只需通过叶子节点的向前或者向后就可以了，无需再从根节点开始搜索。所以无论查询条件怎么写，基本上都有相同的查询速度。同时其增、删、改的效率也较高。

提示： B 树索引可以是一个单列索引，也可以是复合索引。B 树索引最多可以包括 32 列。

4. 位图索引

在 B 树索引中通过保存排序过的索引列值及对应 ROWID 来实现快速查询，但对于某些基数（基数指某列中不重复值的数量）较小的列，创建 B 树索引并不能显著提高查询效率。Oracle 建议，当一个列的基数与表的总行数的比例小于 1% 时，那么该列上就应该创建位图索引。

位图索引建立在基数较小的列上，如性别、职称等。位图索引占有的存储空间相对于 B 树索引来说小了很多。位图索引建立在只读操作较多而更新操作较少的表上较好。

图 10-3 是在 dsms 数据库员工表（G_EMPINFO）性别（EMPSEX）列上创建位图索引的结构图。创建位图索引时，Oracle 会对整个表进行扫描，并为索引列的每个取值建立一个位图。在位图顶部列出该列当前所取的各个值，各行按表中出现的顺序列出，使用位元（取值为"1"或"0"）来表示位图中索引列的取值。"1"表示该值存在于这一数据行中，"0"表示该值不存在于这一数据行中。

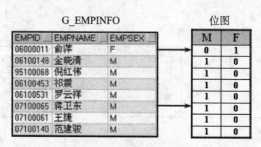

图 10-3　位图索引结构图

当根据建立位图索引的列进行查询时，可以根据位图中位元取值和 ROWID 快速定位数据行。当查询条件中引用了创建位图索引的列时，这些位图可以很方便地与 AND 和 OR 等操作结合起来进行，进行按位的逻辑运算。在这些情况下，位图索引的优势十分明显。

5. 基于函数的索引

即利用表中的一列或多列使用函数或表达式所创建的索引。这类索引预先计算函数或表达式的值并存在索引中。基于函数的索引既可以是 B 树索引，也可以是位图索引。

6. 反转键索引

如果在插入连续数据时牵涉到 I/O 操作，Oracle 会在存储数据之前动态地反转已经按照索引排好序的数据。

7. 分区索引

可以对索引分区，以支持分区表和简化索引管理。分区索引可以只作用于表分区，也可以作用于表中的所有行。

8. 应用域索引

应用域索引是针对某一应用领域创建和使用的索引。这种索引不必使用传统的索引结构，可以存储在数据库表中，也可以文件形式存储在数据库外。

10.5.3　创建索引

使用 CREATE INDEX 语句创建索引。如果用户在自己方案下创建索引，需要具有 CREATE INDEX 系统权限；如果要在其他用户模式下创建索引，需要具有 CREATE ANY INDEX 系统权限。创建索引的常用语法如下：

```
CREATE [ UNIQUE | BITMAP ] INDEX [ schema. ]index_name
ON [ schema. ]table_name ( [ column1 [ASC|DESC], column2 [ASC|DESC]...]|[express])
[ TABLESPACE          tablespace_name];
```

其中：

- *schema* 是方案名，*index_name* 是索引名。UNIQUE 表示创建唯一索引，BITMAP 表

示创建位图索引，默认创建的是非唯一的 B 树索引。

- *table_name* 指定索引所在的表。索引可以建在一列或多列上，由 *column1*、*column2* 设定列。创建索引时会对全表扫描，对索引列数据进行排序，ASC 和 DESC 指定升序或降序。*express* 用于指定基于函数的索引中的函数或表达式。
- *tablespace_name* 指定索引段所在的表空间。

【例 10-11】在查询司机的员工信息时经常按照所属车队查询，因此，在员工表（G_EMPINFO）的所属车队编号（DEPID）列上创建 B 树索引。

```
SQL> create index index_depid on g_empinfo(depid)
  2  tablespace usertbs;
索引已创建。
```

【例 10-12】在员工表（G_EMPINFO）的性别（EMPSEX）列上创建位图索引。

```
SQL> create bitmap index bit_index_empsex on g_empinfo(empsex)
  2  tablespace usertbs;
索引已创建。
```

提示：默认情况下，当用户为表定义一个主键或在表中建立一个 UNIQUE 约束时，系统将自动为该列创建一个 B 树索引。

10.5.4　查询索引信息

查询索引信息的常用视图有：

1）查询 DBA_INDEXES 视图可得到数据库中所有索引的信息。

2）查询 USER_INDEXES 视图可以得到当前用户方案下的索引信息。

3）查询 USER_IND_COLUMNS 视图可得到一个给定表中建立索引的列。

【例 10-13】查询 dsuser 用户方案下 G_EMPINFO 表上的索引信息。

```
SQL> connect dsuser/Dsuser123@dsms_hz
已连接。
SQL> select index_name,index_type,uniqueness,tablespace_name
  2  from user_indexes
  3  where table_name='G_EMPINFO';
INDEX_NAME          INDEX_TYPE   UNIQUENESS   TABLESPACE_NAME
------------------  -----------  -----------  ---------------
SYS_C003641         NORMAL       UNIQUE       USERTBS
BIT_INDEX_EMPSEX    BITMAP       NONUNIQUE    USERTBS
INDEX_DEPID         NORMAL       NONUNIQUE    USERTBS
```

以上查询结果中，index_name 列表示索引名；index_type 列表示索引类型，"NORMAL"表示 B 树索引，"BITMAP"表示位图索引；uniqueness 列表示索引的唯一性；tablespace_name 列表示存储索引的表空间。

【例 10-14】查询 G_EMPINFO 表上的每个索引及其索引列。

```
SQL> select index_name, column_name,column_length
  2  from user_ind_columns
  3  where table_name='G_EMPINFO';
INDEX_NAME          COLUMN_NAME      COLUMN_LENGTH
------------------  ---------------  --------------
INDEX_DEPID         DEPID                       10
BIT_INDEX_EMPSEX    EMPSEX                       4
SYS_C003641         EMPID                       10
```

以上查询结果中，index_name 列表示索引名；column_name 列表示索引列的名称；column_length 列表示索引列的长度。

10.5.5 更改索引

使用 ALTER INDEX 语句可更改索引。如果用户在自己方案下更改索引，需要具有 ALTER INDEX 系统权限；如果要在其他用户方案下更改索引，需要具有 ALTER ANY INDEX 系统权限。

1. 重命名索引

使用 ALTER INDEX…RENAME TO…命令进行索引的重命名。

【例 10-15】重命名索引 INDEX_DEPID 为 IND_DEPID。

```
SQL> alter index index_depid rename to ind_depid;
索引已更改。
```

2. 合并或重建索引

如果索引所在的表中索引列上的数据更改频繁，那么随着时间的推移，索引中将产生越来越多的存储碎片，索引的效率可能会越来越差。这时用户可以通过合并索引或重建索引的方法来清除碎片。

合并索引将 B 树叶子节点中的存储碎片进行合并，不改变索引的物理组织结构，如表空间和存储参数等。使用 ALTER INDEX…COALESCE 命令可进行索引的合并。

重建索引实际上是重新创建一个索引，然后再删除原来的索引。重建索引不仅可以消除碎片还可以使用创建索引时的各种选项，如使用 TABLESPACE 选项指定索引存储的表空间。

【例 10-16】合并索引 SYS_C003641。

```
SQL> alter index sys_c003641 coalesce;
索引已更改。
```

【例 10-17】重建索引 IND_DEPID。

```
SQL> alter index ind_depid rebuild;
索引已更改。
```

10.5.6 删除索引

当索引不再需要时，应该删除索引，以释放索引所占的存储空间。如果用户在自己方案下删除索引，需要具有 DROP INDEX 系统权限；如果要在其他用户方案下删除索引，需要具有 DROP ANY INDEX 系统权限。

【例 10-18】删除索引 BIT_INDEX_EMPSEX。

```
SQL> drop index bit_index_empsex;
索引已删除。
```

提示：删除表时，所有基于该表的索引将一起删除。如果索引是在建立主键约束或 UNIQUE 约束时 Oracle 自动建立的，那删除约束时索引也将一起删除。

第 11 章 数据完整性

大多数读者在学习数据库原理相关知识时，已经了解了数据的完整性基本概念。那么在 Oracle 数据库中该如何实现数据的完整性和一致性呢？本章将解决这个问题，通过介绍约束、触发器、应用程序（过程和函数）三种方法来实现，这三种方法中因为约束易于维护，并且具有最好的性能，所以是维护数据完整性的首选。在城市公交行车安全管理系统中，应当使用数据库中数据的完整性约束，实现业务规格的需求。

本章学习要点：了解数据完整性的概念；了解表级约束与列级约束的区别；掌握主键约束、外键约束、非空约束、检查约束、唯一约束和默认值的设置。

11.1 数据完整性简介

数据完整性 (Data Integrity) 是指数据的精确性 (Accuracy) 和可靠性 (Reliability)，是对数据库中数据的准确性和一致性的一种保证。

数据完整性可以分为以下四类：

- 实体完整性：规定表的每一行在表中是唯一的实体。
- 域完整性：是指表中的列必须满足某种特定的数据类型约束，其中约束又包括取值范围、精度等规定。
- 参照完整性：是指两个表的主键和外键的数据应一致，保证了表之间数据的一致性，防止了数据丢失或无意义的数据在数据库中扩散。
- 用户定义的完整性：不同的关系数据库系统根据其应用环境的不同，往往还需要一些特殊的约束条件。用户定义的完整性即是针对某个特定关系数据库的约束条件，它反映某一具体应用必须满足的语义要求。

11.2 约束

约束是用来确保数据的准确性和一致性的一种有效方法。约束可以分为列约束和表约束两种。其中，在列定义时定义的约束称为列约束，而在表定义时定义的约束称为表约束。常见的约束类型主要有主键 (PRIMARY KEY) 约束、外键 (FOREIGN KEY) 约束、非空 (NOT NULL) 约束、检查 (CHECK) 约束、唯一 (UNIQUE) 约束和默认值 (DEFAULT)。

在上述约束中，所有约束都可以定义为列级约束，而除了 NOT NULL 和 DEFAULT 不能在表级完整性约束处定义之外，其他约束均可在表级完整性约束处定义。

在定义约束时需要注意以下几点：①如果 CHECK 约束是定义多列之间的取值约束，则只能在表级完整性约束处定义；②如果表的主码（即主键）由多个列（超过 1 列）组成，则这样的主码也只能在表级完整性约束处定义，并注意将主码列用括号括起来，即 PRIMARY KEY (列 1{[, 列 2]...})；③如果在表级完整性约束处定义外码（即外键），则 FOREIGN KEY 和 < 列名 > 均不能省略。

11.2.1 主键约束

主键约束用于定义基本表的主键，起唯一标识作用，其值不能为 NULL，也不能重复，以此来保证实体的完整性。

一个数据库表中，最多只能有一个主键约束。在表上创建了主键后，Oracle 会自动为主键字段创建一个唯一约束和一个非空约束。

【例 11-1】在城市公交行车安全管理系统数据库上创建事故伤情表（DS_ACCIWOUNDINFO）。其列级主键约束和表级主键约束的脚本如下所示。

```
SQL> create table ds_acciwoundinfo (
  2    accid    varchar2(13) primary key,-- 列级主键约束
  3    diagnosis  varchar2(500),
  4    hospital  varchar2(2),
  5    numofpeople number,
  6    woundtype varchar2(2)
  7    );
SQL> create table ds_acciwoundinfo (
  2    accid    varchar2(13) primary key,
  3    diagnosis  varchar2(500),
  4    hospital  varchar2(2),
  5    numofpeople number,
  6    woundtype varchar2(2),
  7    constraint pk_ ds_acciwoundinfo  primary key (cno)-- 表级主键约束
  8    );
```

有时表的主键由表中多个字段共同构成，即联合主键，其定义必须使用表级的主键约束，因为一个表中只能有一个主键。

【例 11-2】在城市公交行车安全管理系统数据库上创建事故定性定责数据基础表（DS_ACCIQUALIDUTY）。其中在前三列上建立联合主键，即表级主键约束，脚本如下所示。

```
SQL> create table ds_acciqualiduty (
  2    accbothtype    varchar2(3),
  3    acclevel    varchar2(3),
  4    accresp  varchar2(3),
  5    point    number,
  6    safemile    number,
  7    constraint pk_sc_sno_cno  primary key (accbothtype, acclevel, accresp)-- 表级
联合主键约束
  8    );
```

11.2.2 外键约束

Oracle 的 CREATE TABLE 语句不仅可以定义关系的实体完整性规则，也可以定义参照完整性规则，即用户可以在建表时用 FOREIGN KEY 子句定义哪些列为外码列，用 REFERENCES 子句指明这些外码对应于哪个表的主码。

外键约束用于定义主表和从表之间的关系。外键约束要定义在从表上，并且引用的主表字段具有主键约束。当定义外键约束后，要求外键列数据必须在主表的主键列存在或是为 NULL，即外键约束限定了一个列的取值范围。

例如，在城市公交行车安全管理系统数据库上有两张数据库表 G_DEPINFO（单位表）和 G_ROUTEINFO（线路表）。其中单位表的主键是 DEPID；线路表的主键是 ROUTEID，外键是 DEPID。也就是要求添加到表中的线路对应的部门代码必须是单位表中的主键列 DEPID 的

值或者是空值。两张表的结构如图 11-1 所示。

图 11-1 外键关系结构图

【例 11-3】单位表（G_DEPINFO）创建脚本如下。

```
SQL> create table g_depinfo(
  2  depid varchar2(20)    primary key,
  3  depname varchar2(64),
  4  deptype varchar2(1),
  5  parentid varchar2(20),
  6  remark varchar2(100),
  7  );
```

【例 11-4】线路表（G_ROUTEINFO）创建脚本如下。

```
SQL> create table g_routeinfo (
  2   routeid number  primary key,
  3 depid varchar2(20) not null foreign key references g_depinfo(depid), -列级外键约束
  3  routename varchar2(50)
  4  routetype number(3,0)
  5  routeseq number(5,0),
  6  );
```

用 on delete cascade 子句指明在删除被参照关系的元组时，同时删除参照关系中外码值等于删除的被参照关系的元组中主码值中的元组。

【例 11-5】线路表（G_ROUTEINFO）创建脚本如下，要求在创建 depid 外键时，增加 on delete cascade 子句。

```
SQL> create table g_routeinfo (
  2  depid varchar2(2)       ,
  3  routeid number  primary key,
  4  routename varchar2(50)
  5  routeseq number(5,0),
  6  routetype number(3,0),
  7  teamid varchar2(4)
  8  constraint fk_sc_sno foreign key (depid) references g_depinfo(depid) on delete
cascade  -- 表级外键约束
  9  );
```

11.2.3 非空约束

在默认情况下，Oracle 允许在任意列中有 NULL 值（定义为主键列除外）。如果在列上定义了非空约束（NOT NULL），那么当插入数据时，必须为列提供数据，而不能是空值。

在一个表中可以定义多个非空约束，而非空约束只能定义为列级约束。

【例 11-6】单位表（G_DEPINFO）创建脚本如下。要求 depid 字段为主键，deptype 字段不能为空。在数据库表中被定义为主键组成部分的字段，默认不能为空。

```
SQL> create table g_depinfo(
  2  depid varchar2(2)    primary key,
```

```
   3  depname varchar2(64),
   4  deptype varchar2(1) not null,
   5  managerid varchar2(10),
   6  parentid varchar2(2),
   7  remark varchar2(100),
   8  statmark varchar2(2)
   9  );
```

11.2.4 检查约束

在列上定义了检查约束后，插入数据时数据库系统会自动检查所插入的数据是否满足定义的检查约束。如果满足约束定义或是 NULL，则插入成功，否则插入失败。

在约束表达式中必须引用表中的一个列或多个列，并且约束表达式的计算结果必须是一个布尔值。在约束表达式中不能包含子查询。

【例 11-7】路口信息表（DS_G_CROSSING）创建脚本如下。要求 DISTRICTID 为主键，DISTRICTTYPE 字段创建 CHECK 约束，以检查区域类型值为 1（区）、2（路）、3（路口）三种情况。如图 11-2 所示为路口信息表结构图。

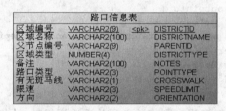

图 11-2　路口信息表（DS_G_CROSSING）结构图

```
SQL> create table ds_g_crossing(
   2  crosswalk varchar2(1),
   3  districtid varchar2(9)  primary key,
   4  districtname varchar2(100),
   5  districttype varchar2(1) check(districttype>0 and districttype<4),
   6  note varchar2(100),
   7  orientation varchar2(2),
   8  parentid varchar2(9),
   9  pointtype varchar2(3),
  10  speedlimit varchar2(3)
  11  );
```

11.2.5 唯一约束

当定义了唯一约束 (UNIQUE) 后，该列值是不能重复的，但是可以为 NULL。可以在一个列上定义 UNIQUE 约束，也可以为多个列的组合定义 UNIQUE 约束。所以 UNIQUE 约束既可以在列级定义，也可以在表级定义。

Oracle 会自动为具有 UNIQUE 约束的列建立一个唯一索引（UNIQUE index），如果这个列已经具有索引，Oracle 将使用已有的索引。对于同一列可以同时定义 UNIQUE 约束和 NOT NULL 约束，以保证该列所有的值都是非空并且唯一。

【例 11-8】创建员工表（G_EMPINFO），要求 empid 为主键，idcard 字段值唯一。

```
SQL> create table g_empinfo(
   2  birthday varchar2(12),
```

```
 3   depid varchar2(10),
 4   empid varchar2(10) primary key,
 5   empname varchar2(12),
 6   empsex varchar2(4),
 7   ichardware varchar2(12),
 8   icshownum varchar2(10),
 9   idcard varchar2(18) unique ,
10   password varchar2(200),
11   postid varchar2(10),
12   valid varchar2(1)
13   );
```

11.2.6　默认值

如果在数据库表的字段中设置了默认值（default），则向该表插入记录时没有指定该字段具体值时，数据库系统将用定义的默认值自动插入表中。

【例 11-9】创建员工表（G_EMPINFO），要求 empid 为主键，empsex 性别默认为"1"，表示男性。如图 11-3 所示为员工表结构图。

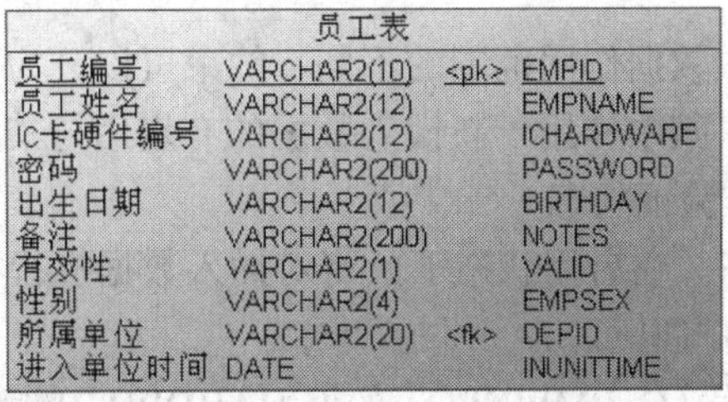

员工表			
员工编号	VARCHAR2(10)	\<pk\>	EMPID
员工姓名	VARCHAR2(12)		EMPNAME
IC卡硬件编号	VARCHAR2(12)		ICHARDWARE
密码	VARCHAR2(200)		PASSWORD
出生日期	VARCHAR2(12)		BIRTHDAY
备注	VARCHAR2(200)		NOTES
有效性	VARCHAR2(1)		VALID
性别	VARCHAR2(4)		EMPSEX
所属单位	VARCHAR2(20)	\<fk\>	DEPID
进入单位时间	DATE		INUNITTIME

图 11-3　员工表（G_EMPINFO）结构图

```
SQL> create table g_empinfo(
 2   birthday varchar2(12),
 3   depid varchar2(10),
 4   empid varchar2(10) primary key,
 5   empname varchar2(12),
 6   empsex varchar2(1) default( 1'),
 7   ichardware varchar2(12),
 8   password varchar2(200),
 9   postid varchar2(10),
10   valid varchar2(1)
11   );
```

11.3　添加约束

如果是在后期对表进行约束定义，则需要添加约束。添加约束的语法如下。

ALTER TABLE table_name **ADD** [**CONSTRAINT** constraint_name]
constraint_type(col1,col2,...) [condition]

其中：

- CONSTRAINT 可选择项用于指定约束名，如果没有为约束提供一个唯一的名字，Oracle 会自动为该约束生成一个唯一的以 sys_c 开头的名称。
- constraint_type 用于指定约束的类型。包括 PRIMARY KEY、FOREIGN KEY、NOT NULL、CHECK、UNIQUE、DEFAULT。

- col1、col2 等指定约束作用的列名。
- condition 用于指定约束条件。

【例 11-10】在员工表（G_EMPINFO）的 ICHARDWARE 字段上增加一个唯一约束，约束的名称为 UQ_DS_G_EMPINFO_ICHARD。

```
SQL> alter table g_empinfo  add constraint uq_ds_g_empinfo_ichard
  2  unique (ichardware);
```

11.4 删除约束

当不再需要某个约束时，可以将其删除。删除约束的语法为

ALTER TABLE table_name **DROP CONSTRAINT** constraint_name

【例 11-11】删除员工表（G_EMPINFO）的 ICHARDWARE 字段上的唯一约束。

```
SQL> alter table g_empinfo  drop  constraint uq_ds_g_empinfo_ichard;
```

11.5 约束状态

根据约束创建时对表中数据作用范围的不同，约束可以分为两种：作用于新插入数据和表中原有数据也要求满足。其中作用于新插入数据的有启用与禁用两种状态，对表中原有数据也要求满足的有验证与非验证状态。

1）启用（enable）状态。在启用状态下，将对插入数据进行检查，如果数据都满足对应的约束，则插入成功，否则将退回。

【例 11-12】启用员工表（G_EMPINFO）的 ICHARDWARE 字段上的唯一约束。

```
SQL> alter table g_empinfo  enable  constraint  uq_ ds_ g_empinfo _ ichardware;
```

2）禁用（disable）状态。在禁用状态下，对插入数据不进行检查，约束无效。

【例 11-13】禁用员工表（G_EMPINFO）的 ICHARDWARE 字段上的唯一约束。

```
SQL> alter table  g_empinfo  disable  constraint  uq_ ds_ g_empinfo _ ichardware;
```

一般情况下，为了保证数据库中数据的完整性，表中的约束应该处于启用状态。如果表中已经存在数据，添加约束时可以指定对表中原有数据是否进行约束条件检查。

3）验证（validate）状态。在验证状态下，定义或启用约束时，Oracle 将检查表中所有已有的记录是否满足约束条件。如果表中存在不满足条件的数据，则该约束无法添加成功。

【例 11-14】设置员工表（G_EMPINFO）的 ICHARDWARE 字段上的唯一约束为验证状态。

```
SQL> alter table g_empinfo enable validate constraint uq_ds_ g_empinfo_ ichardware;
```

4）非验证（novalidate）状态。在非验证状态下，定义或启用约束时 Oracle 将不检查表中原有数据是否满足约束条件。

【例 11-15】设置员工表（G_EMPINFO）的 ICHARDWARE 字段上的唯一约束为非验证状态。

```
SQL> alter table g_empinfo disable validate constraint uq_ ds_ g_empinfo _ ichardware;
```

第12章 查询构建

数据查询操作是事故管理数据库中使用最频繁的操作。使用数据查询，可以按照不同的准则和方式从多个表中提取数据，得到用户需要的信息，并对数据进行组合和分析。Oracle数据库提供了很多系统函数，用于简化数据库的 DML 操作。由于实际应用中数据查询语句通常比较复杂，因此事故管理数据库使用了较多的视图来简化用户的数据查询操作和处理，屏蔽数据库的复杂性，也简化用户权限的管理，便于数据共享。

本章学习要点：掌握常用的数据查询语句；熟悉 Oracle 提供的各种系统函数；掌握视图的创建、修改和删除命令。

12.1 数据查询

12.1.1 基本语法

查询是从一个或多个表或视图中检索数据的操作，不会改变表中现有数据，是 Oracle 数据库中用户使用最频繁的操作。查询语句的关键字是 SELECT，可用多种子句或表达式构建查询语句，以检索到用户需要的信息。SELECT 查询语句的基本语法如下：

```
SELECT [DISTINCT]  * | column_list1
FROM table_list
[WHERE condition_expression1]
[GROUP BY column_list2 [ HAVING condition_expression2]]
[ORDER BY column_list3 [ASC|DESC]];
```

其中：

- SELECT 子句指明要查询的列："*"表示查询所有列，或者用 *column_list1* 指出要查询的列名。指定 DISTINCT 表示删除查询结果中相同的行，在查询结果集中只出现不同的值。可以给某列指定别名，在列名后加上"[AS] *alias_name*"，AS 可以省略，*alias_name* 是列的别名。

- FROM 子句指明查询的对象：*table_list* 指表或视图的列表。如果要给表或视图取别名，在表名或视图名后加上" *table_alias*"，*table_alias* 是表或视图的别名，此处没有 AS 关键字。

- WHERE 子句指明查询条件 *condition_expression1*，筛选查询结果中的数据行：在单表查询（*table_list* 只有一张表或视图）中指定查询条件；在多表查询（*table_list* 有多张表或视图）中指定查询条件和表连接条件。

- GROUP BY 子句指定分组条件：对查询结果行按照 *column_list2* 指定的列分组，即列值相同的分为一组，然后可以对分组进行汇总和统计。

- HAVING 子句指定分组筛选的条件：必须跟在 GROUP BY 子句后，从分组汇总的结果集中筛选出满足 *condition_expression2* 的数据行。

- ORDER BY 子句对查询结果按照指定列排序：*column_list3* 指定排序的列，可以是多个列，中间用逗号分隔。在列名后指定 ASC 表示升序，是默认形式；DESC 表示降序。

12.1.2　基本查询

基本查询通常指基于单表的查询。使用 WHERE 子句指定查询条件时，可以使用各种运算符，如表 12-1 所示。

表 12-1　WHERE 条件表达式中的运算符

查询条件	运算符	含义
比较	=	等于
	>	大于
	<	小于
	!=, <>	不等于
	!<, >=	不小于，大于等于
	!>, <=	不大于，小于等于
	ANY , SOME	比较单一值
	ALL	比较所有值
确定范围	BETWEEN a AND b, NOT BETWEEN a AND b	判断值是否在 $[a,b]$ 范围内
确定集合	IN ( ) , NOT IN ( )	判断值是否为列表中的值
模糊查询	LIKE, NOT LIKE	判断值是否与指定的字符通配格式相符
空值	IS NULL, IS NOT NULL	判断值是否为空
逻辑比较	AND, OR, NOT	用于多重条件判断

在编写查询条件时有以下注意事项：

- 数据类型为字符型和日期型的数据必须用单引号。
- 字符数据区分大小写，如 'abc' 并不等于 'ABC'。
- 日期数据格式敏感，Oracle 数据库默认的日期格式为 'DD-MON-YYYY'，比如 '20-5 月 -2011' 指 2011 年 5 月 20 日。
- LIKE 查询条件中的字符串内，所有的字符都有效，包括开始和结尾的空格。
- LIKE 通配符 '%' 表示零个或多个字符，LIKE 通配符 '_' 表示任何单个字符。
- 用逻辑操作符 AND、OR 和 NOT 连接一系列表达式时，先求 NOT 表达式值，然后 AND，最后是 OR。当表达式中所有逻辑操作符优先级相同时，由左到右求值。

【例 12-1】从司机基本信息表（DS_DRIVERINFO）中查询 2012 年驾驶证到期的司机信息，包括司机员工号、司机初领证时间和驾驶证到期日，并按照驾驶证到期日排序。如图 12-1 为司机基本信息表结构。

```
SQL> select empid as 司机编号 , getlicensetime as 领证时间 , validdate as 验证时间
  2  from ds_driverinfo
  3  where to_char(validdate,'yyyy')='2012'
  4  order by validdate;
司机编号     领证时间        验证时间
----------  -------------  --------------
55096133    01-1 月 -00    01-1 月 -12
89100100    02-1 月 -00    02-1 月 -12
10100561    03-1 月 -96    03-1 月 -12
55094572    10-1 月 -97    10-1 月 -12
...
```

在例 12-1 中，使用 AS 对列取别名，此处 AS 也可以省略。列名"验证时间"指司机驾

驶证到期日。to_char(validdate,'yyyy') 函数求出司机验证的年份。"order by validdate"对查询结果按照 validdate 列升序排列，如果按照降序排列，需要指定关键字 DESC。

司机基本信息表		
年审月份	VARCHAR2(2)	ANNREVIEWMON
性格脾气	VARCHAR2(3)	CHATEMPER
有无慢性病	VARCHAR2(1)	CHRDISEASE
司机住址	VARCHAR2(200)	DRIADDRESS
驾驶证编号	VARCHAR2(100)	DRILICENSE
驾驶操作	VARCHAR2(3)	DRIOPERA
驾驶反映	VARCHAR2(3)	DRIREACTION
代班师傅	VARCHAR2(100)	DRITEACHER
工号	VARCHAR2(10) <pk>	EMPID
用工性质	VARCHAR2(3)	EMPTYPE
联系电话	VARCHAR2(20)	FPHONE
初领证时间	DATE	GETLICENSETIME
健康状况	VARCHAR2(3)	HEALSITUATION
信息录入时间	DATE	INPUTTIME
专业技术职称	VARCHAR2(3)	PROTITLE
准驾车型	VARCHAR2(5)	QUASIDRIVETYPE
驾照有效期	DATE	VALIDDATE
单放日期	DATE	INDEPENDDRIVDATE
是否外聘	VARCHAR2(1)	APPOINTOUT

图 12-1　司机基本信息表（DS_DRIVERINFO）结构

【例 12-2】从司机基本信息表（DS_DRIVERINFO）中查询最早拿到驾驶证的三个司机，并按照领证日期排序。

```
SQL> select empid as 司机编号, getlicensetime as 领证时间
  2  from( select * from ds_driverinfo order by getlicensetime asc)
  3  where rownum<=3;
司机编号    领证时间
---------- --------------
55092795   07-6 月 -72
73100933   20-11 月 -73
74100539   13-4 月 -77
```

在例 12-2 中，先将司机信息按照领证时间升序排列得到一个查询结果集，然后从该查询结果集中检索出前三条记录，也就是领证时间最早的三个司机信息。

ROWNUM 记录了查询结果集中行的序号，可以使用它来限制查询返回的行数。比如例 12-2 中的"where rownum<=3"就表示查询表中的前 3 条记录。ROWNUM 是 Oracle 数据库中的一个伪列，并没有存储在表中，用户不能插入、更新和删除它的值。

12.1.3　分组查询

在开发数据库应用程序时，往往需要将查询出的某些列值相同的数据行看作一个组，以便对各组数据进行汇总和统计，如计算某列数据的总数、最大值、最小值、平均值等。

使用 GROUP BY 子句和聚集函数，能够把表中的记录分组，并对组中数据进行汇总统计。在使用 GROUP BY 进行汇总时，有以下注意事项：

- 对于指定的一组只生成一条记录，不返回详细信息。
- 不要对可包含空值的字段使用 GROUP BY 子句，因为空值也将被当作一组。
- 对于 SELECT 后面每一列，除了出现在分组函数中的列以外，都必须包含在 GROUP BY 子句中。

在使用 GROUP BY 分组后，可以使用 HAVING 子句指定字段或表达式对分组结果集进行筛选。

【例 12-3】从司机基本信息表（DS_DRIVERINFO）中统计：从 2012 年开始验证人数大

于 200 人的年份和验证人数。

```
SQL> select to_char(validdate,'yyyy') 年份 , count(*) 人数
  2  from ds_driverinfo
  3  where validdate>='01-1 月 -2012'
  4  group by to_char(validdate,'yyyy')
  5  having count(*)>200;

年份          人数
-----  ----------
2015         334
2014         363
2013         362
2012         250
```

在例 12-3 中，先使用表达式" validdate>='01-1 月 -2012'"从 DS_DRIVERINFO 表中查询出 2012 年之后验证的司机信息；然后利用 to_char(validdate,'yyyy') 函数根据验证年份来分组表数据，相同年份的数据为一组；利用 count(*) 按组统计个数，即验证人数；最后对分组统计结果进行筛选，由 HAVING 子句" count(*)>200"指定筛选条件。

12.1.4 连接查询

若查询操作涉及两个以上的表，称为连接查询。这类查询实际上是通过各个表之间的共同列的关联性来查询数据的。连接查询是数据库中最主要、实际应用最广的查询形式。

连接查询时要对多个表进行表连接，即建立各表之间共同列的关联性。所有连接的表必须共同拥有某些列，这些列必须有相同或兼容的数据类型。如果连接的表有相同列，则引用这些列时必须指定表名。

Oracle 数据库支持给表取别名，形式是在 FROM 子句中的表名后写上表的别名。当指定表的别名后，在其他子句中用到表名的地方全部用别名替代。比如 select * from ds_driverinfo t，给表 ds_driverinfo 取别名为"t"。

【例 12-4】查询司机员工号、司机姓名、司机初领证时间、司机所属车队信息，涉及的表可参见图 12-2。

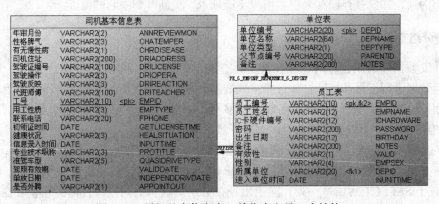

图 12-2 司机基本信息表、单位表和员工表结构

```
SQL> select t1.empid, t2.empname, t1.getlicensetime,t3.depname
  2  from ds_driverinfo t1, g_empinfo t2, g_depinfo t3
  3  where t1.empid=t2.empid and t2.depid=t3.depid
  4  order by t2.depid,t1.empid;
```

```
EMPID         EMPNAME      GETLICENSETIME      DEPNAME
----------    ----------   -----------------   --------------
00100835      边毅敏       29-4 月 -91         电车一车队
00100840      宋震         03-7 月 -96         电车一车队
00100851      徐竞颜       21-8 月 -00         电车一车队
00100860      饶杭水       31-12 月 -86        电车一车队
00100863      沈新华       08-10 月 -94        电车一车队
```

在例 12-4 中进行表连接使用逗号间隔表，在 WHERE 子句中设定表连接的条件。除了使用逗号分隔表外，还可以使用关键字 JOIN…ON…进行表连接，语法如下：

FROM *table_name1* [*join_type*] **JOIN** *table_name2*
[**ON** (*join_condition*)]

其中：

- *table_name1* 和 *table_name2* 是要接连的表名。
- *join_type* 指定连接类型，可以分为：交叉连接、内连接和外连接。
- *join_condition* 指定连接条件。

交叉连接（OUTER JOIN）返回表中所有数据行的笛卡儿积，其结果集中的数据行数等于第一个表中符合查询条件的数据行数乘以第二个表中符合查询条件的数据行数。

内连接（INNER JOIN 或 JOIN）返回表中满足连接条件的数据行，是最常用的表连接形式。

外连接分为左外连接（LEFT OUTER JOIN 或 LEFT JOIN）、右外连接（RIGHT OUTER JOIN 或 RIGHT JOIN）和全外连接（FULL OUTER JOIN 或 FULL JOIN）三种。与内连接不同，外连接除了列出与连接条件匹配的行，而且列出左表（左外连接时）、右表（右外连接时）或两个表（全外连接时）中所有符合搜索条件的数据行。

【例 12-5】使用 JOIN…ON…语句重写例 12-4。

```
SQL> select t1.empid, t2.empname, t1.getlicensetime,t3.depname
  2  from ds_driverinfo t1 join g_empinfo t2 on t1.empid=t2.empid join g_depinfo t3 on
t2.depid=t3.depid
  3  order by t2.depid,t1.empid;
EMPID         EMPNAME      GETLICENSETIME      DEPNAME
----------    ----------   -----------------   --------------
00100835      边毅敏       29-4 月 -91         电车一车队
00100840      宋震         03-7 月 -96         电车一车队
00100851      徐竞颜       21-8 月 -00         电车一车队
00100860      饶杭水       31-12 月 -86        电车一车队
00100863      沈新华       08-10 月 -94        电车一车队
...
```

Oracle 数据库还支持表的自连接查询，即在同一个表中进行连接。一个表在 FROM 语句中出现多次，分别使用不同的表名。

【例 12-6】从路口表（DS_G_CROSSING）中查询各路口的所属路段和所属城区名称。路口表见图 11-2。

```
SQL> select t1.districtname 路口名 ,t2.districtname 所属路段 ,t3.districtname 所属城区
  2  from ds_g_crossing  t1,ds_g_crossing  t2,ds_g_crossing t3
  3  where t1.parentid=t2.districtid and t2.parentid=t3.districtid;
路口名                 所属路段          所属城区
-----------------   ---------------   --------------
秋涛路东宝路口        秋涛路            上城区
```

环城东路清泰街路口	环城东路	上城区
西湖大道城头巷口	西湖大道	上城区
西湖大道佑圣观路路口	西湖大道	上城区
西湖大道延安路口	西湖大道	上城区

...

例 12-6 中，路口名、所属路段、所属城区数据均存储在路口表中，它们是通过区域编号（DISTRICTID 列）和父节点编号（PARENTID 列）表示所属关系的。所以对表 DS_G_CROSSING 使用自连接查询，用"区域编号 = 父节点编号"作为自连接条件。

12.1.5　子查询

子查询是指嵌入在其他 SQL 语句（如 SELECT、INSERT、UPDATE、DELETE ）中的一个查询。当我们完成一个查询需要多个步骤才能完成时，可以使用子查询。使用子查询，可以通过一系列简单的查询构造一个复杂的查询，从而增强 SQL 语句的功能。

（1）单行子查询

单行子查询不向外层查询返回记录或只返回一行记录。通常使用 =、>、>=、<、<= 等比较运算符。

【例 12-7】查询"电车一车队"的司机员工号。

```
SQL> select empid, empname, getlicensetime, depname
  2  from g_empinfo
  3  where depid=(select depid from g_depinfo where depname='电车一车队');
EMPID       EMPNAME     GETLICENSETIME    DEPNAME
----------  ----------  ----------------  ---------------
00100835    边毅敏      29-4 月 -91        电车一车队
00100840    宋震        03-7 月 -96        电车一车队
00100851    徐竞颜      21-8 月 -00        电车一车队
00100860    饶杭水      31-12 月 -86       电车一车队
00100863    沈新华      08-10 月 -94       电车一车队
...
```

例 12-7 子查询语句的执行按照从里层往外层的顺序，先执行"select depid from g_depinfo where depname='电车一车队'"语句得到查询结果，此时查询结果必须为单个值，否则比较运算将出错；然后利用内层查询的结果值构建外层查询语句，得出查询结果。

（2）多行子查询

多行子查询向外层查询返回多行记录。通常使用 IN、NOT IN、EXISTS、NOT EXISTS、ALL、ANY、SOME 等运算符，其中 ALL、ANY、SOME 必须与比较运算符结合使用。

【例 12-8】查询电车公司车队中的司机员工号和司机姓名。

```
SQL> select empid, empname
  2  from g_empinfo
  3  where depid in (select depid
  4                  from g_depinfo
  5                  where depname like '电车%车队');
EMPID       EMPNAME
----------  ----------
94100089    应泽敏
05000028    金亚青
...
```

例 12-8 中内层查询语句 " select depid from g_depinfo where depname like '电车 % 车队'"

得到电车公司所有车队的编号，所以查询结果有多个值。然后用 IN 关键字将 depid 列和这些内查询的结果值比较，以构建外层查询。

【例 12-9】使用 EXISTS 重写例 12-8。

```
SQL> select empid, empname
  2  from g_empinfo
  3  where exists (select *
  4                from g_depinfo
  5                where depname like '电车%车队' and depid=g_empinfo.depid);
EMPID       EMPNAME
----------  ----------------
94000121    狄雁
94100871    施剑杰
...
```

EXISTS 语句的执行过程和 IN 语句不同：

第 1 步：首先取外层查询中表 g_empinfo 第一条记录的 depid 列值，构建内层查询并执行；如果查询结果不为空，则将表 g_empinfo 第一条记录的 empid 列和 empname 列值放入查询结果集，如果查询结果为空，则不放入查询结果集。

第 2 步：然后取外层查询中表 g_empinfo 第二条记录的 depid 列值，重复上述的操作。

第 3 步：重复前两步操作，直到外层查询中表 g_empinfo 的最后一条记录为止。

例 12-8 和例 12-9 查询结果比较：由于分别使用 IN 和 EXISTS 语句编写子查询，并且未对查询结果排序，所以查询结果的数据行排列不同，但是数据相同。

12.1.6 集合查询

集合查询将多个查询产生的结果集合并成一个结果集。要求每一个查询结果集必须有类似的数据，如数据类型兼容、列数和列的顺序相同等。

集合查询的运算符有如下几种：

1）UNION 和 UNION ALL：UNION 在进行结果集合并后会删除掉重复的数据行。UNION ALL 只是简单地将两个结果集合并，不删除重复的数据行。

2）MINUS：取第一个结果集中有但在第二个结果集中无的数据行，即差集。

3）INTERSECT：返回同时出现在两个结果集中的数据行，即交集。

集合查询的常用语法如下：

```
SELECT clause1
[ UNION ALL | UNION | MINUS | INTERSECT]
SELECT clause2;
```

【例 12-10】查询公交公司每个单位的司机人数，没有司机则人数为 0。

```
SQL> select depid 单位编号,count(*) 人数
  2  from g_empinfo
  3  group by depid
  4  union
  5  select depid 单位编号,0 人数
  6  from g_depinfo
  7  where depid not in (select distinct depid from g_empinfo);
单位编号          人数
--------------  ------
00                0
```

```
06               0
0601            150
0602            318
0603            329
0604            311
...
```

例 12-10 中第一个查询是从员工表（G_EMPINFO）中根据单位编号（depid）分组统计每单位的司机人数；考虑到有些单位可能没有司机，人数要显示为 0，所以从单位表（G_DEPINFO）中利用 NOT IN 子查询检索出没有司机的单位编号，并在人数一列显示为 0；最后利用集合运算符 UNION 合并这两个查询结果集。

12.2   常用函数介绍

Oracle 数据库提供了一系列用于执行特定操作的函数，通过使用函数，可以大大增强数据库操作语句的功能。

12.2.1   数值处理函数

1．数值函数

数值函数接受数字输入并返回数值结果。常用数值函数如表 12-2 所示。

表 12-2   常用数值函数

函数语法形式	描述	举例
ABS (value)	返回 value 的绝对值	ABS (-4)=4
CEIL(value)	将 value 向上取整	CEIL(9.8)=10
FLOOR (value)	将 value 向下取整	FLOOR (9.8)=9
SQRT (value)	返回 value 的平方根	SQRT (64)=8
POWER(value1, value2)	返回 value1 的 value2 次方	POWER (2, 10)=1024
TRUNC(value1, value2)	截取 value1 的 value2 个小数位	TRUNC(1.567,2)=1.56
ROUND(value1, value2)	对 value1 进行 value2 位的四舍五入	ROUND(1.567,2)=1.57

2．聚集函数

聚集函数基于一组数据行来计算诸如最大值、最小值、总数和平均值等结果。如果要在 Oracle 数据库中进行数据统计计算，必须使用聚集函数。聚集函数也常常与 GROUP BY 子句一起使用，对表中的数据行分组，并对组中数据进行汇总统计。常用的聚集函数如表 12-3 所示。

表 12-3   聚集函数

函数语法形式	描述
COUNT(column) 或 **COUNT**(*)	对 column 列中的值计算个数，或计算数据总行数
SUM(column)	求 column 列值的总和
AVG(column)	求 column 列值的平均值
MAX(column)	求 column 列值中的最大值
MIN(column)	求 column 列值中的最小值

在表 12-3 中，如果 column 列的取值包含空值，对该列使用聚集函数时，将忽略空值计算出结果。而 COUNT(*) 将计算所有的行，即使每个字段都含有空值。

【例 12-11】按月统计各单位的事故扣点总数，使用的计分统计表如图 12-3 所示。

```
SQL> select refdate, depid,sum(recordpoint) as totalpoint
  2  from ds_s_statipoint
  3  group by refdate, depid
  4  order by refdate, depid;
REFDATE    DEPID      TOTALPOINT
---------- ---------- ----------
2010-10    0601              373
2010-10    0602             1120
2010-10    0603              887
2010-10    0604              963
...
```

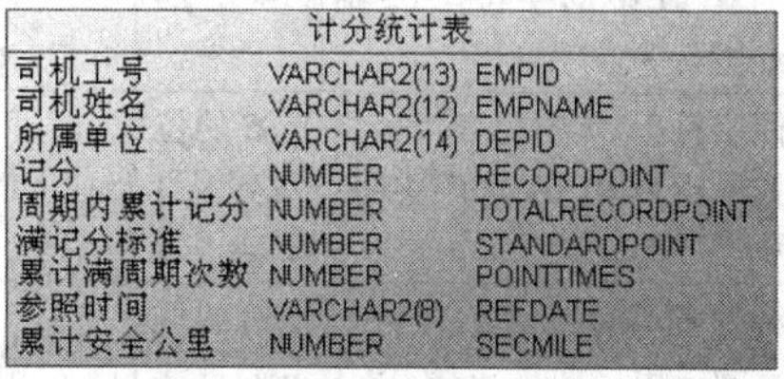

图 12-3　计分统计表结构

3. 空值转换函数 NVL

Oracle 数据库中的空值为 NULL，代表数据未知，它既不是空格，也不是 0，也不是空字符串。所以当进行 Oracle 数据库的应用开发时，如何在程序中处理 NULL 值，是一件非常棘手的事。Oracle 数据库中的 NVL 函数可以简化应用程序对 NULL 值的处理。

NVL 函数的语法形式为 NVL(*column, value*)。当 *column* 列值非空时，函数返回 *column* 列值；当 *column* 列值为空值 NULL 时，函数返回值 *value*。

【例 12-12】从员工基本情况表中查询员工姓名和员工的手机虚拟网号，若员工未加入虚拟网，查询结果集中显示"未入虚拟网"。

```
SQL> select empname 员工姓名 , nvl(vphone,'未入虚拟网 ') as 虚拟网号
  2  from g_empinfo;
员工姓名    虚拟网号
---------- ----------
应泽敏      664421
王玲明      683883
金亚青      683871
许寅峰      683864
应存教      未入虚拟网
戴美红      未入虚拟网
...
```

12.2.2　字符函数

字符函数接受字符输入并返回字符串或数字。常用字符函数如表 12-4 所示。

表 12-4　常用字符函数

函数语法形式	描述	举例
ASCII(*c*)	返回字符 *c* 的 ASCII 码值	ASCII('a') = 97
CHR(*n*)	返回 ASCII 码值 *n* 代表的字母	CHR(97)= 'a'
INITCAP(*c*)	把字符串 *c* 的首字母变为大写	INITCAP('abc')= 'Abc'

（续）

函数语法形式	描述	举例
LENGTH(c)	返回字符串 c 的长度	LENGTH('abc') = 3
LOWER(c)	把字符串 c 全部变为小写	LOWER('AbC')= 'abc'
UPPER(c)	把字符串 c 全部变为大写	UPPER('AbC')= 'ABC'
LTRIM(c1[, c2])	删除字符串 c1 左边出现的字符串 c2，字符串 c2 的默认值为空格	LTRIM('abcd', 'a')= 'bcd'
RTRIM(c1[, c2])	删除字符串 c1 右边出现的字符串 c2，字符串 c2 的默认值为空格	RTRIM('abcd', 'cd')= 'ab'
REPLACE(c1, c2 [,c3])	将字符串 c1 中的字符串 c2 用字符串 c3 取代，c3 默认为空值	REPLACE('abcd', 'bc')= 'ad' REPLACE('abcd', 'bc', 'x')= 'axd'
INSTR (c1, c2)	在目标字符串 c1 中找查找字符串 c2 的位置，没找到返回 0。字符串中字符位置从 1 开始编号	INSTR ('abcd','bc') =2
SUBSTR (c, m [,n])	从目标字符串 c 的起始位置 m 开始截取长度为 n 的子串。如果 m 为 0，从 c 的首字符开始截取，m 为负数，从 c 的结尾开始计算位置。n 未指定，截取到 c 的末尾	SUBSTR ('abcd',2,2)= 'bc' SUBSTR ('abcd',2)= 'bcd' SUBSTR ('abcd',-2)= 'cd'
LPAD(c1, n [, c2])	在字符串 c1 左侧填充字符串 c2，使字符串 c1 的总长度达到 n。c2 默认为空格	LPAD('abc',5,'0')= '00abc'
RPAD(c1, n [, c2])	在字符串 c1 右侧填充字符串 c2，使字符串 c1 的总长度达到 n。c2 默认为空格	RPAD('abc',5,'0')= 'abc00'

【例 12-13】 从路口表（DS_G_CROSSING）中查询各路口编号、各路口所属路段编号和各路口所属城区编号。

```
SQL> select  districtid 路口编号 , substr(districtid,1,6) 所属路段编号 , substr(districtid,1,3)
所属城区编号
  2  from ds_g_crossing
  3  where DISTRICTTYPE='3' ;
路口编号     所属路段编号    所属城区编号
--------- ------------ -----------
005000008 005000       005
005001000 005001       005
005000001 005000       005
...
```

例 12-13 中，路口表中每个路口的区域编号列（DISTRICTID），由 9 位字符组成，这 9 位字符包含该路口的所属路段和所属城区的编号。比如路口编号 '005000008'，前三位 '005' 表示所属城区编号，前 6 位 '005000' 表示所属路段编号，可以通过 SUBSTR 函数截取前三位和前六位字符串，就可以得出题目要求的查询结果。

12.2.3 日期函数

日期是 Oracle 数据库使用较频繁的一种数据。在 Oracle 数据库中，按照数字格式来存储日期数据。日期函数可以对日期值进行运算，返回日期数据类型或数值类型的结果。常用日期函数如表 12-5 所示。

表 12-5　常用日期函数

函数语法形式	描述
ADD_MONTHS (*date,n*)	在日期 *date* 上增加 *n* 个月
LAST_DAY(*date*)	返回日期 *date* 所在月份最后一天
NEXT_DAY(*date*, '*day*')	返回日期 *date* 之后满足条件 *day* 的第一天的日期，day 为星期几
MONTHS_BETWEEN(*date1*, *date2*)	返回 (*date2*– *date1*) 的月份数
SYSDATE	当前的日期和时间
SYSTIMESTAMP	TIMESTAMP 数据类型的系统时间，能存储小数部分的秒

【例 12-14】日期函数举例。

● 查询当前时间。

```
SQL> select sysdate from dual;
SYSDATE
----------
19-4 月 -12
SQL> select systimestamp from dual;
SYSTIMESTAMP
---------------------------------------------
19-4 月 -12 11.13.27.749000 上午 +08:00
```

● 查询两个月后的今天的日期。

```
SQL> select add_months (sysdate,2) 两月后 from dual;
两月后
----------
19-6 月 -12
```

● 查询本月的最后一天。

```
SQL> select last_day(sysdate) 本月最后一天 from dual;
本月最后一天
----------
30-4 月 -12
```

● 查询下一个星期二的日期。

```
SQL> select next_day(sysdate,' 星期二 ') 下周二 from dual;
下周二
----------
24-4 月 -12
```

● 查询本月的最后一天。

```
SQL> select last_day(sysdate) 本月最后一天 from dual;
本月最后一天
----------
30-4 月 -12
```

提示：dual 表是为了测试函数或进行快速计算而创建的一个小型但很有用的 Oracle 表。

12.2.4　转换函数

在 Oracle 数据库中执行一些运算时，经常需要把一种数据类型转换成另一种数据类型，这种转换可以是显式转换，也可以是隐式转换。隐式转换是在运算过程中由系统自动完成，显式转换则需要调用相应的转换函数。

隐式转换通常遵循以下原则：

- 任何 NUMBER 和 DATE 都能转换为字符串。
- 在仅包含 NUMBER、小数点或数左边的负号的情况下，CHAR 或 VARCHAR2 值可以转换为 NUMBER 类型的数据。
- CHAR 或 VARCHAR2 的值能转换为 DATE 类型的数据，只要它的格式是默认格式。

转换函数可以将值从一种数据类型转换为另一种数据类型。常用的转换函数如表 12-6 所示。

表 12-6　常用转换函数

函数语法形式	描述
TO_CHAR(date, 'format')	将日期 date 按照格式 format 转换为字符串
TO_DATE(c, 'format')	将字符串 c 按照格式 format 转换为日期格式
TO_NUMBER(n)	将数字字符 n 转换为数值
EXTRACT(关键字 FROM date)	从日期 date 中抽取年、月、日、时、分、秒数据。date 可以是 DATE 或 TIMESTAMP 类型的数据。EXTRACT 关键字可以是 year、month、day、hour、minute、second 等

表 12-6 中格式 format 包含以下格式参数，如表 12-7 所示。

表 12-7　常用日期格式参数

日期格式参数	含义说明	日期格式参数	含义说明
D	一周中的星期几	HH	小时，按 12 小时计
DAY	天的名字，使用空格填充到 9 个字符	HH24	小时，按 24 小时计
DD	月中的第几天	MI	分
DDD	年中的第几天	SS	秒
DY	天的简写名	MM	月
IW	ISO 标准年中的第几周	Mon	月份的简写
IYYY	ISO 标准的四位年份	Month	月份的全名
YYYY	四位年份	W	该月的第几个星期
YYY,YY,Y	年份的最后三位，两位，一位	WW	年中的第几个星期

【例 12-15】查询今天的年、月、日信息。

```
SQL>select to_char(sysdate,'yyyy') 年,to_char(sysdate,'mm') 月,to_char(sysdate,'dd') 日
from dual;
年   月 日
---- -- ---
2012 04 19
SQL>select extract(year from sysdate) 年,extract(month from sysdate) 月,extract(day from
sysdate) 日 from dual;
    年       月      日
------ ------- ------
  2012       4      19
```

【例 12-16】从员工表（G_EMPINFO）中查询 2006 年 10 月 1 日后进入公司的员工姓名和进入公司时间。

```
SQL> select empname,inunittime from g_empinfo
  2  where inunittime<to_date('2006-10-01','yyyy-mm-dd')
  3  order by inunittime asc;
```

```
EMPNAME         INUNITTIME
-------------   ----------------
周明            01-12 月-69
沈志潮          01-3 月 -70
厉柏军          01-10 月-70
陈健康          01-1 月 -71
...
```

12.2.5 使用 CASE

在 Oracle 数据库的程序设计中，常会遇到结构为 " IF-THEN-ELSE " 这样的模式。例如，IF（如果）编号为 1，THEN（则）显示性别为男，ELSE（否则）显示性别为女。Oracle 数据库中的 CASE 语句能够实现这种逻辑。

Oracle 数据库支持两种 CASE 表示方式，一种称为 SIMPLE CASE（简单形式），另一种为 SEARCHED CASE（查询形式）。

SIMPLE CASE 的表示形式为：

```
CASE expr WHEN comparison_expr1  THEN return_expr1
[, WHEN comparison_expr2  THEN return_expr2 ]... [ELSE else_expr] END
```

SIMPLE CASE 语句的执行方式为：Oracle 检查表达式 expr 是否与表达式 *comparison_expr1* 相等，如果相等则执行 *return_expr1*；否则检查表达式 expr 是否与表达式 *comparison_expr2* 相等，如果相等则执行 *return_expr2*；依此类推，都不相等则执行 else_expr 的内容。

SEARCHED CASE 的表示形式为：

```
CASE WHEN condition1 THEN return_expr1 [, WHEN condition2 THEN return_expr2]
... ELSE else_expr] END
```

SEARCHED CASE 语句的执行方式与 SIMPLE CASE 类似。

用户可以使用任何一种方式。这两种表示方式都最多支持 255 个参数，其中每对 WHEN...THEN 算作两个参数。

【例 12-17】从员工表（G_EMPINFO）中统计男员工和女员工的人数。

```
SQL> select
  2  case when empsex='1' then '男' when empsex='0' then '女' end as 性别,
  3  count(*) as 人数
  4  from g_empinfo
  5  group by empsex;
性别        人数
-----  ----------
男          1835
女           402
```

例 12-17 中，由于员工表（G_EMPINFO）中存储员工性别的 EMPSEX 列值为 '0' 和 '1'，'0' 表示女，'1' 表示男，为了在查询结果中明确指明性别，所以在 SELECT 子句中使用 CASE 语句来进行处理。

12.3 视图管理

12.3.1 视图的概念

视图是从一个或多个基本表（或视图）导出的表，是一个虚表，即视图所对应的数据不实际存储在数据库中，数据库中只存储视图的定义（存储在数据字典中）。通过使用视图可以简化用户的数据查询操作和处理，屏蔽数据库的复杂性，也可简化用户权限的管理，便于数据共享。

公交事故管理数据库 dsms 在开发过程中，为了屏蔽各类数据的复杂性，简化查询操作，也创建了一系列视图来简化复杂的业务逻辑查询操作。

12.3.2 创建和修改视图

创建视图的常用语法如下：

```
CREATE [ OR REPLACE ] [FORCE ] VIEW [ schema. ]view_name
[ (column1, column2,...)]
AS subquery
[ WITH CHECK OPTION] [CONSTRAINT constraint_name]
[ WITH READ ONLY];
```

其中：

- 使用 CREATE VIEW 创建视图。如果存在同名的视图，使用 CREATE OR REPLACE VIEW 语句，使用新视图替代已有的视图，修改视图就使用该语句。
- FORCE 指强制创建视图，不考虑基本表是否存在，也不考虑是否具有操作基本表的权限。
- *schema* 是方案名，*view_name* 是视图名。
- *subquery* 是定义视图的查询语句。该查询语句可以基于单张表或视图，也可以基于多张表或视图。该语句中不能包含 FOR UPDATE 子句，并且相关列不能引用序列的 CURRVAL 或 NEXTVAL 伪列值。
- *column1*、*column2* 是视图中的列名。如果不指定，则视图中的列名和 *subquery* 查询语句中的列名一致。
- WITH CHECK OPTION 指定在使用视图更新基本表时，要检查涉及的数据能否满足视图定义中 SELECT 查询的 WHERE 条件，不满足则不允许更新。CONSTRAINT *constraint_name* 指定该视图约束的名称为 *constraint_name*。
- WITH READ ONLY 表示创建的视图只能用于查询，而不能利用视图更新基本表数据。

如果一个用户在自己的方案下创建视图，必须具有 CREATE VIEW 系统权限；如果要在其他方案中创建视图，必须具有 CREATE ANY TABLE 系统权限。

【例 12-18】创建司机驾驶证年检信息视图 V_YEARCHECK_ALL。

```
SQL> create or replace view v_yearcheck_all as
  2  select t1.empid, t2.empname, t1.getlicensetime, t1.validdate,t3.depname,t1.
annreviewmon
  3  from ds_driverinfo t1, g_empinfo t2, g_depinfo t3
  4  where t1.empid=t2.empid and t2.depid=t3.depid
  5  order by t2.depid;
视图已创建。
```

该视图从司机基本信息表（DS_DRIVERINFO）、员工表（G_EMPINFO）和单位表（G_DEPINFO）中查询出有关司机驾驶证年检信息，包括司机员工号（EMPID）、司机姓名（EMPNAME）、司机领证时间（GETLICENSETIME）、司机驾驶证的有效期（VALIDDATE）、司机所属车队（DEPNAME）、司机年检月份（ANNREVIEWMON），以简化年检信息的查询。

使用数据字典 DBA_VIEWS、ALL_VIEWS 和 USER_VIEWS 可以分别查看数据库中所有视图信息、当前用户可访问视图信息和当前用户拥有的视图信息。

【例 12-19】查询视图 V_YEARCHECK_ALL 的基本信息。

```
SQL> select owner,view_name,text
  2  from dba_views
  3  where view_name=upper('v_yearcheck_all');
OWNER   VIEW_NAME        TEXT
------  ---------------  -------------------------------------------------
DCUSER  V_YEARCHECK_ALL  select t1.empid, t2.empname, t1.getlicensetime,
                                t1.validdate,t3.depname,t1.annreviewmon
                         from ds_driverinfo t1, g_empinfo t2, g_depinfo t3
                         where t1.empid=t2.empid and t2.depid=t3.depid
                         order by t2.depid;
```

例 12-19 数据字典查询结果中的 TEXT 列值就是视图定义中的 SELECT 语句。

12.3.3 查询和更新视图

视图看上去非常像数据库中的表，创建视图后，用户可以如同基本表那样对视图执行 SELECT、INSERT、UPDATE 和 DELETE 操作。对视图执行这些 DML 操作时，视图的拥有者必须被明确授予访问和修改视图定义中所有基本表或其他视图的权限。因为通过视图查询数据实际上查询的是基本表中的数据。同样，通过视图修改数据时，实际上修改的是视图定义中基本表的数据。同样如果基本表中数据做了修改，也会体现在视图中。

使用视图更新基本表数据的操作有一定限制，需要注意以下几点：

- 不能对只读 WITH READ ONLY 的视图执行更新操作。
- 对基于多个基本表的视图执行 DML 操作时，每次都只能更新一个基本表。
- 创建视图的 SELECT 语句中有聚集函数、GROUP BY、DISTINCT、计算列的，不能执行更新操作。
- 如果在创建视图时指定了 WITH CHECK OPTION，那么修改时必须保证修改后的数据满足视图定义的范围。

【例 12-20】查询本月年检司机的驾驶证年检信息，包括司机员工号、司机姓名、所属车队和司机初领证时间。

```
SQL> select empid,empname,depname,getlicensetime
  2  from v_yearcheck_all
  3  where lpad(annreviewmon,2,'0')=to_char(sysdate,'mm');
EMPID       EMPNAME     DEPNAME         GETLICENSETIME
----------  ----------  --------------  ---------------
03100261    高志清       电车一车队       17-4 月 -03
03100274    隋鲁永       电车一车队       17-4 月 -03
98100859    楼坚伟       电车一车队       26-4 月 -99
...
```

例 12-20 中 WHERE 条件对 V_YEARCHECK_ALL 视图进一步检索，得到本月的司机年检信息。其中 to_char(sysdate,'mm') 函数可以得到当前月份，以两位数字字符表示；lpad(annreviewmon,2,'0') 函数将司机年检月份数值前面添 '0' 以补足两位。

12.3.4   删除视图

删除视图的语法如下：

```
DROP VIEW [ schema. ] view_name;
```

其中：*schema* 是方案名，*view_name* 是视图名。视图的删除不影响创建视图时基于的基本表。

【例 12-21】删除视图 V_YEARCHECK_ALL。

```
SQL> drop view v_yearcheck_all;
视图已删除。
```

第13章 PL/SQL 编程基础

在事故信息管理系统开发中，需要为事故单或者事故借款单提供一个唯一的序号，公交企业对单号的构成提出了需求，单号构成方法如下：

分段名称	区别码	日期	递增序号
位数	1 位	8 位	4 位
明细	A 代表事故；L 代表事故借款	格式为：YYYYMMDD	从 0001 开始递增，每次增加 1，最大 9999，第二天又从 0001 开始递增

用例描述：2013 年 8 月 15 日 8 点产生了该日第一张事故单，该事故单编号根据以上规则为 A201308150001，之后的事故单以此递增 A201308150002、A201308150003……直至 2013 年 8 月 16 日 9 点产生该日第一张事故单，那么该单号为 A201308160001。

鉴于此，我们需要编写一个程序以实现以上需求。

本章学习要点：掌握序列的建立及使用；了解 PL/SQL 编程特点；掌握 PL/SQL 编程的基本结构和变量定义；掌握 PL/SQL 编程的基本语句编写；掌握 PL/SQL 编程中子程序和包的创建与使用。

13.1 序列简介

13.1.1 序列的定义

我们通常希望在每次向表中插入新记录时自动地创建主键字段的值。在一些数据库管理系统中，提供了一种"自动增长字段"，如 Microsoft SQL Server 的 IDENTITY、Microsoft Access 的 AUTOINCREMENT、MySQL 的 AUTO_INCREMENT 等，它们共同的特点是在表中增加一个字段，该字段通过设置可以自动增加。Oracle 数据库管理系统采用了更灵活的序列（Sequence），它是 Oracle 提供的用于生成一系列唯一数字的数据库对象，可以自动生成顺序递增的序列号，以实现自动提供唯一的主键值。序列可以在多个用户并发环境中使用，并且可以为所有用户生成不重复的顺序数字，而不需要任何额外的 I/O 开销。

相对于其他数据库而言，Oracle 序列有如下特点：

1）能按照预先设置自动产生唯一的序号。

2）是一种共享的对象，可以被其他对象使用。

3）可以按照用户设定，自动增长并循环往复。

4）必须拥有相应权限才能创建序列。

5）将序列值装入内存可以提高访问效率。

Oracle 序列的定义语法如下：

```
CREATE SEQUENCE [ schema. ] sequence
    [ { INCREMENT BY | START WITH } integer
    | { MAXVALUE integer | NOMAXVALUE }
    | { MINVALUE integer | NOMINVALUE }
    | { CYCLE | NOCYCLE }
```

```
    | { CACHE integer | NOCACHE }
    | { ORDER | NOORDER }
    ]...
;
```

具体参数的解释如表 13-1 所示。

表 13-1   序列参数表

参数名	说明
INCREMENT BY	指定序列号之间的间隔，该值可为正或负的整数，但不可为 0。序列为升序。忽略该子句时，默认值为 1
START WITH	指定生成的第一个序列号。在升序时，序列可从比最小值大的值开始，默认值为序列的最小值。对于降序，序列可由比最大值小的值开始，默认值为序列的最大值
MAXVALUE	指定序列可生成的最大值
NOMAXVALUE	为升序指定最大值为 1027，为降序指定最大值为 −1
MINVALUE	指定序列的最小值
NOMINVALUE	为升序指定最小值为 1。为降序指定最小值为 −1026
CYCLE	一直累加，当达到最大值或者最小值时，再从最小值或者最大值开始，循环往复
NOCYCLE	一直累加，不循环，直到达到最大值或者最小值为止
CACHE	指定系统为序列预先分配的内存，目的是为了提高存取效率，最小值为 2
NOCACHE	不指定系统为序列分配内存
ORDER	在 Oracle 并行模式下，序号按照请求顺序产生并赋予请求者
NOORDER	不按照请求顺序，这是系统默认的参数

引入案例的事故单号组成中需要有一个递增的序列号，该序列号从 1 开始，每次增加 1，最大为 9999，由此我们可以创建一个名为 SEQ_DS_ACCIDENT 的序列以满足以上要求。创建过程见例 13-1。

【例 13-1】用户 dsuser 授予创建序列的权限，并创建事故单序列。

```
SQL>connect / as sysdba
已连接。
SQL> grant create sequence,create any sequence to dsuser;
授权成功。
SQL>connect dsuser/Dsuser123
已连接。
SQL> create sequence SEQ_DS_ACCIDENT
  2  minvalue 1
  3  maxvalue 9999
  4  start with 10000
  5  increment by 1
  6  cache 20
  7  cycle;
序列已创建。
```

对创建完成的序列还可以适当修改，使用 ALTER 关键字进行修改，用户必须具备 ALTER ANY SEQUENCE 的权限。修改序列的语法如下：

```
ALTER SEQUENCE [ schema. ] sequence
  { INCREMENT BY integer
  | { MAXVALUE integer | NOMAXVALUE }
  | { MINVALUE integer | NOMINVALUE }
  | { CYCLE | NOCYCLE }
  | { CACHE integer | NOCACHE }
```

```
    | { ORDER | NOORDER }
    } ...
;
```

修改一个已经生成的序列需要注意以下几点：

1）不能使用 ALTER SEQUENCE 直接修改序列的初始值，如果要修改它，那么最快的方法是删除该序列，然后重建它。

2）修改最大值的时候必须注意，最大值不能小于当前值。

当需要重新启动序列时，就可以使用删除并重建这个序列的方法。例如，有一个序列，当前值是 150，需要重启序列并设定当前值为 27，那么只要删除这个序列，然后以相同的名字重建它并把初始值设置为 27。删除序列的语法如下：

```
DROP SEQUENCE [ schema. ] sequence_name ;
```

13.1.2 序列的使用

要使用一个创建好的序列，用户必须拥有对该序列的 SELECT 对象的权限。一个序列还可以被多个用户共享访问，只要这些用户都拥有该序列的 SELECT 对象的权限。在 SQL 语句中使用序列需要掌握 NEXTVAL 和 CURRVAL 两个伪列，NEXTVAL 用于获得序列的下一个值，CURRVAL 用于获得序列的当前值。NEXTVAL 和 CURRVAL 都是 SQL 保留字。

1. 使用 NEXTVAL 产生序列的下一个值

可以使用"序列名.NEXTVAL"来产生序列的下一个值。例如，要产生并查询事故单序列 SEQ_DS_ACCIDENT 的下一个值，可执行例 13-2 中语句。

【例 13-2】查询事故单的下一个单号。

```
SQL> select seq_ds_accidentinfo.nextval from dual;

    NEXTVAL
    ------
          1
```

以上语句每执行一次，获得的值都会递增。它也可以在 INSERT 语句中使用。

【例 13-3】插入一条事故记录。

```
SQL> insert into DS_ACCIDENTINFO
  2    (ACCRESP,ACCSTATUS,ACCTIME,ACCWEATHER,BUSID,EMPID,ACCID)
  3  values
  4    ('0', '-1', sysdate, '1', '4489', '55096951', SEQ_DS_ACCIDENTINFO.nextval);

已创建 1 行。
```

2. 使用 CURRVAL

还可以使用"序列名.CURRVAL"来获得序列的当前值，CURRVAL 被引用多次也不会改变序列的当前值，它每次返回的结果都是一样的。这是与 NEXTVAL 最大的区别之处。

【例 13-4】查询事故单当前单号。

```
SQL> select SEQ_DS_ACCIDENTINFO.currval from dual;

    CURRVAL
    ------
          3
```

注意： 新创建的序列必须先执行 NEXTVAL，然后执行 CURRVAL。

3. 序列使用的注意事项

1）CURRVAL 和 NEXTVAL 能使用在以下场合：

- INSERT 表达式的 VALUES 语句内。
- SELECT 表达式中。
- UPDATE 表达式的 SET 语句内。

2）CURRVAL 和 NEXTVAL 不能在以下场合使用：

- 子查询中。
- 物化视图的查询或者视图的查询中。
- 包含 DISTINCT 关键字的 SELECT 表达式中。
- 包含 GROUP BY 或者 ORDER BY 的 SELECT 表达式中。
- 使用 UNION、INTERSECT 或者 MINUS 连接的 SELECT 表达式中。
- SELECT 表达式的 WHERE 语句内。
- CREATE TABLE 或者 ALTER TABLE 表达式的 DEFAULT 语句内。
- 用户自定义的 CHECK 约束内。

13.2 PL/SQL 编程体系结构

13.2.1 PL/SQL 简介

PL/SQL（Procedure Language & Structured Query Language）是一种高级数据库程序设计语言，该语言专门用于在各种环境下对 Oracle 数据库进行访问。由于该语言集成于数据库服务器中，所以 PL/SQL 代码可以对数据进行快速高效的处理。Oracle 的 SQL 是支持 ANSI(American National Standards Institute) 和 ISO92 标准的产品。PL/SQL 是对 SQL 语言的扩展。从 Oracle 6 以后，Oracle 的 RDBMS 附带了 PL/SQL。它现在已经成为一种过程处理语言，简称 PL/SQL。目前的 PL/SQL 包括两部分：一部分是数据库引擎部分；另一部分是可嵌入到许多产品（如 C 语言、Java 语言等）工具中的独立引擎。可以将这两部分称为数据库 PL/SQL 和工具 PL/SQL。本章主要介绍数据库 PL/SQL 的内容。

1. 使用 PL/SQL 的优势

（1）有利于客户端 / 服务器环境应用的运行

对于客户端 / 服务器环境来说，真正的瓶颈是网络。无论网络多快，只要客户端与服务器进行大量的数据交换，应用运行的效率自然就会受到影响。如果使用 PL/SQL 进行编程，将这种具有大量数据处理的应用放在服务器端来执行，就省去了数据在网上的传输时间，大大提高了执行效率。

（2）有利于代码的重用性

PL/SQL 块可以被命名和存储在 Oracle 服务器中，同时也能被其他 PL/SQL 程序或 SQL 命令调用，任何客户端 / 服务器工具都能访问 PL/SQL 程序，具有很好的可重用性。

（3）不影响客户端代码的编译

PL/SQL 代码块的编译和运行可以独立于客户端使用的编程语言，只要运用得当，开发人员只需要修改服务器端的 PL/SQL 代码块就可以完成用户需求，而不需要等待客户端的代码一起编译和连接。

（4）有较高的安全性

可以借助 Oracle 数据库管理工具管理存储在服务器中的 PL/SQL 程序的安全性，可以授权或撤销数据库其他用户访问 PL/SQL 块的能力。

2. PL/SQL 执行过程

PL/SQL 有本地执行和解释执行两种方式。解释执行是指 PL/SQL 源代码被编译成字节码，由 Oracle 数据库系统的一种便捷虚拟机来执行字节码。本地执行是指 PL/SQL 程序块的源代码直接编译成指定平台的对象代码，该对象代码连接 Oracle 数据库。本地执行的方式可以提高计算密集型程序单元的性能。

PL/SQL 引擎是用来定义、编译和执行 PL/SQL 程序单元的工具。

PL/SQL 的具体执行过程为：程序单元被存储在数据库中；当一个应用程序调用存储过程时，数据库将这个编译好的程序单元加载到全局数据区 (SGA) 的共享池中；PL/SQL 引擎和 SQL 内容执行器一起处理并执行存储过程中的程序段，如图 13-1 所示。

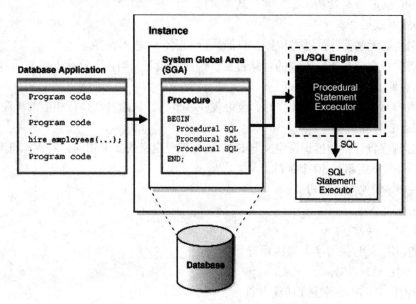

图 13-1 PL/SQL 引擎和 Oracle 数据库

13.2.2 PL/SQL 体系结构

1. 体系结构

PL/SQL 是一种块结构的语言。组成 PL/SQL 程序的单元是逻辑块，一个 PL/SQL 程序包含了一个或多个逻辑块，每个块都可以划分为三个部分。与其他语言相同，变量在使用之前必须声明，PL/SQL 提供了独立的专门用于处理异常的部分，下面描述 PL/SQL 块的不同部分。

（1）声明部分 (Declaration section)

声明部分包含了变量和常量的数据类型和初始值。这个部分是由关键字 DECLARE 开始，如果不需要声明变量或常量，那么可以忽略这一部分；游标的声明也在这一部分。

（2）执行部分 (Executable section)

执行部分是 PL/SQL 块中的指令部分，由关键字 BEGIN 开始，所有的可执行语句都放在这一部分，其他的 PL/SQL 块也可以放在这一部分。

（3）异常处理部分 (Exception section)

这一部分是可选的，在该部分中处理异常或错误，对异常处理的详细讨论我们在第 14 章进行。

PL/SQL 块的结构如下：

```
[DECLARE]
---declaration statements
/* 声明部分：在此声明 PL/SQL 用到的变量、类型及游标、局部的存储过程和函数 */
BEGIN
---executable statements
/* 执行部分：过程及 SQL 语句，即程序的主要部分 */
[EXCEPTION]
---exception statements
/* 异常处理部分：错误处理 */
END
```

注意：PL/SQL 块的结构中执行部分是必需的。

2．PL/SQL 块的分类

1）无名块：无名无分，动态构造，只能执行一次，一般不保存。

2）子程序：存储在数据库中的存储过程、函数及包等。当在数据库上建立后可以在其他程序中调用它们。

3）触发器：当数据库发生操作时，会触发一些事件，从而自动执行相应的程序。

3．PL/SQL 的标识符

PL/SQL 程序设计中的标识符定义与 SQL 的标识符定义的要求相同。对标识符有限制：

- 标识符名不能超过 30 个字符。
- 第一个字符必须为字母。
- 不区分大小写。
- 不能用 "–"（减号）。
- 不能使用 SQL 保留字来做标识符。

4．PL/SQL 的注释符

在 PL/SQL 里，有两种主要的注释符。

- 使用双 "–"（减号）来加注释。PL/SQL 允许用 "––" 来写注释，它的作用范围是在一行有效。

【例 13-5】定义事故单编号变量，并加上注释。

```
v_accid  varchar2(13); -- 事故单编号
```

- 使用 "/* */" 来加一行或多行注释。

【例 13-6】定义获取事故编号的存储过程的头部注释。

```
/*******************************************************/
/* 文件名：GetAccid                    */
/* 获得事故单编号的程序块                   */
/* 事故单编号格式："A" +8 位日期 +4 位增长序号 */
/*******************************************************/
```

5．输出

类似于高级语言 Java 的 System.out.println()、C++ 的 cout，PL/SQL 也有输出语句。它需要先设定输出显示模式，执行 SET SERVEROUTPUT ON 语句后打开服务器端输出，然后执行 dbms_output.put_line() 就可以输出需要的内容。

【例 13-7】简单输出。

```
SQL> set serveroutput on;
SQL> begin
  2   dbms_output.put_line('hello world!');
  3   end;
  4   /                              -- "/" 代表执行该 PL/SQL 块
hello world!

PL/SQL 过程已成功完成。
```

13.2.3 PL/SQL 中的变量和常量

1. 变量的命名规则

变量命名在 PL/SQL 中有一定的规范，建议在系统设计阶段就要求所有编程人员共同遵守一定的要求，使得整个系统的文档在规范上达到一致。表 13-2 是建议的变量命名方法。

表 13-2 PL/SQL 中变量命名参考规范

变量名	意义
V_variablename	程序变量
E_exceptionName	自定义的异常标识
T_TypeName	自定义的类型
P_parameterName	存储过程、函数的参数变量
C_ContantName	用 CONSTANT 限制的变量

2. 变量的使用

同其他高级语言一样，PL/SQL 允许在程序中定义变量和常量，并在表达式中使用。PL/SQL 中变量操作划分为以下几部分：

1）在声明部分声明并初始化变量。

2）在执行部分为变量指派新值。

3）通过参数把值传递给 PL/SQL 子程序。

4）通过输出变量从 PL/SQL 块中显示结果。

PL/SQL 变量声明格式如下：

```
identifier[CONSTANT] datatype [NOT NULL]
            [:= | DEFAULT expr];
```

其中：

- *identifier*：变量的名称。
- CONSTANT：常量标识，必须指定初始值。
- *datatype*：可以是标量型、复合型、引用型或 LOB 型（本书仅用到标量型和复合型），具体标量类型请见 10.2 节数据类型。
- NOT NULL：非空标识，该项表明值不能为空，必须指定初始值。
- *expr*：任意 PL/SQL 表达式。

【例 13-8】变量及常量定义。

```
SQL> DECLARE
  2       v_GETLICENSETIME DATE;
```

```
3       v_EMPID      VARCHAR2 (10) ;
4       v_CHRDISEASE VARCHAR2 (1) NOT NULL := '0';
5       c_comm       CONSTANT NUMBER := 1400;  // 常量定义
```

3. 复合类型

复合数据类型（又称为集合）包括记录、索引表、嵌套表和数组四种类型。记录型是由一组相关但又不同的数据类型组成的逻辑单元。表是数据的集合，可将表中的数据作为一个整体进行引用和处理。本书主要讨论记录。

（1）记录

记录是存储在多个字段中的一组相关的数据项，每个字段都有自己的名字和数据类型。定义记录类型语法如下：

```
TYPE record_type IS RECORD(
    Field1 type1  [NOT NULL]  [:= exp1 ],
    Field2 type2  [NOT NULL]  [:= exp2 ],
    ...
    Fieldn typen  [NOT NULL]  [:= expn ] ) ;
```

【例 13-9】 记录型的定义及简单使用。

```
SQL> DECLARE
2     TYPE route_rec IS RECORD(
3       depid      VARCHAR2(2),
4       routeid    NUMBER,
5       routename  VARCHAR2(50),
6       routeseq   NUMBER(5),
7       routetype  NUMBER(3));
8     v_route route_rec;
9   BEGIN
10    v_route.routename := 'K155';
11    DBMS_OUTPUT.PUT_LINE(' 线路名称：' || v_route.routename);
12  END;
13  /

线路名称：K155

PL/SQL procedure successfully completed
```

（2）%TYPE 和 %ROWTYPE

为了使用户定义的变量类型和表中字段类型一致，Oracle 提供了 %TYPE 和 %ROWTYPE 两种特殊类型。

1）%TYPE 的使用。定义一个变量，其数据类型与已经定义的某个数据变量的类型相同，或者与数据库表的某个列的数据类型相同，这时可以使用 %TYPE。

使用 %TYPE 特性的优点在于：

- 所引用的数据库列的数据类型可以不必知道。
- 改变所引用的数据库列的数据类型后不必关心定义的变量类型。

【例 13-10】 将例 13-9 使用 %TYPE 修改，需要使用到线路表（G_ROUTEINFO），表结构可见图 13-2。

线路表		
线路编号	NUMBER	<pk> ROUTEID
线路所属部门编号	VARCHAR2(20)	<fk> DEPID
线路名称	VARCHAR2(50)	ROUTENAME
线路类型	NUMBER(3)	ROUTETYPE
线路序号	NUMBER(5)	ROUTESEQ

图 13-2   线路表

```
SQL> set serveroutput on;
SQL> DECLARE
```

```
 2    TYPE route_rec IS RECORD(
 3      v_depid      dsuser.g_routeinfo.depid%TYPE,
 4      v_routeid    dsuser.g_routeinfo.routeid%TYPE,
 5      v_routename  dsuser.g_routeinfo.routename%TYPE,
 6      v_routeseq   dsuser.g_routeinfo.routeseq%TYPE,
 7      v_routetype  dsuser.g_routeinfo.routetype%TYPE);
 8    v_route route_rec;
 9  BEGIN
10    v_route.v_routename := 'K155';
11    DBMS_OUTPUT.PUT_LINE(' 线路名称：' || v_route.v_routename);
12  END;
13  /
```

```
线路名称: K155
PL/SQL procedure successfully completed
```

2）%ROWTYPE 的使用。PL/SQL 提供 %ROWTYPE 操作符，返回一个记录类型，其数据类型和数据库表的数据结构相一致。%ROWTYPE 拥有 %TYPE 的所有优点，区别在于 %TYPE 针对一个列而 %ROWTYPE 针对表中所有列。

【例 13-11】再将例 13-9 使用 %ROWTYPE 进行修改。

```
SQL> set serveroutput on;
SQL> DECLARE
 2    v_route dsuser.g_routeinfo%ROWTYPE;
 3  BEGIN
 4    v_route.routename := 'K155';
 5    DBMS_OUTPUT.PUT_LINE(' 线路名称：' || v_route.routename);
 6  END;
 7  /
```

```
线路名称: K155
PL/SQL procedure successfully completed
```

4. 变量赋值

1）在 PL/SQL 编程中，一般变量赋值的语法如下：

variable := expression ;
```
/* variable 是一个 PL/SQL 变量，expression 是一个 PL/SQL 表达式。在例 13-9 中已有变量赋值的例
子: v_route.routename :='K155' 代表将 K155 赋给 v_route 记录型的 routename 分量 */
```

2）利用数据库中查询的结果为变量赋值：数据库赋值是通过 SELECT INTO 语句来完成的，每次执行 SELECT INTO 语句就赋值一次，一般要求被赋值的变量与 SELECT 中的列名类型、大小要一一对应。

【例 13-12】使用 SELECT INTO 赋值。

```
SQL> set serveroutput on;
SQL> DECLARE
         v_route dsuser.g_routeinfo%ROWTYPE;
BEGIN
    select * into v_route from dsuser.g_routeinfo t where t. routeid='2'
    DBMS_OUTPUT.PUT_LINE(' 线路名称：'||v_route.v_routename);
END;
```

5. 变量的作用域

一个变量的作用域是指涉及该变量的程序的区域，可以在可执行部分引用已声明的变量。在 PL/SQL 编程中，变量的作用域与其他高级语言类似，其特点是：

- 变量的作用范围在你所引用的程序单元（块、子程序、包）内。即从声明变量开始到该程序单元的结束。
- 一个变量（标识）只能在你所引用的程序单元内是可见的。
- 当一个变量超出了作用范围，PL/SQL 引擎就释放用来存放该变量的空间。
- 在子块中重新定义该变量后，它的作用仅在该块内。
- 所有已声明的变量都有活动范围，包括游标、用户自定义的类型和参量。

【例 13-13】在以下代码中明确变量作用域。

```
...
v1_busno number;
begin
...
  declare
    v2_busno number;
  begin
  ......
  end;
...
end;
```

v2_busno 的作用域

v1_busno 的作用域

【例 13-14】在如图 13-3 所示的字典表（DS_G_DIC）结构及数据中，查询事故性质为"运营行车服务事故"和事故类别为"特大"的 itemid 的值为例来考察变量的作用域。

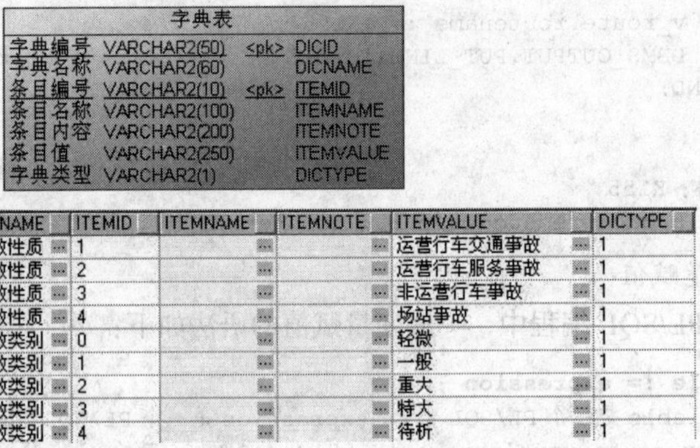

图 13-3　字典表结构及部分数据

执行代码如下：

```
SQL> set serveroutput on;
SQL>
SQL> DECLARE
  2    v_errmsg varchar2(100);
  3  BEGIN
  4    DECLARE
  5      v_itemid ds_g_dic.itemid%type;
  6    BEGIN
  7      SELECT t.itemid INTO v_itemid FROM ds_g_dic t
  8        WHERE t.itemvalue = '运营行车服务事故';
  9      DBMS_OUTPUT.PUT_LINE(v_itemid);
 10    EXCEPTION
 11      When TOO_MANY_ROWS THEN
 12        DBMS_OUTPUT.PUT_LINE('事故性质: 多于一个变量');
 13    END;
```

```
14    DECLARE
15      v_itemid ds_g_dic.itemid%type;
16    BEGIN
17      SELECT t.itemid INTO v_itemid FROM ds_g_dic t WHERE t.itemvalue = '特大';
18    EXCEPTION
19      When TOO_MANY_ROWS THEN
20        DBMS_OUTPUT.PUT_LINE('事故类别：多于一个变量');
21    END;
22  EXCEPTION
23    when others THEN
24      v_errmsg := SQLERRM;
25      DBMS_OUTPUT.PUT_LINE(v_errmsg);
26  END;
27  /
2

PL/SQL procedure successfully completed
```

以上代码中，行号为"5"和行号为"15"两处定义的 v_itemid 具有不同的作用域，前一个 v_itemid 的作用范围是从行号"4"至"13"；后一个 v_itemid 的作用范围是从行号"14"至"22"。

13.2.4　PL/SQL 中的运算符和表达式

与其他语言一样，为了完成所要求的各种处理，PL/SQL 需要各种运算符和表达式。运算符从大类上可分为单目运算符、双目运算符和连接符。单目运算符只需要一个操作数，如取反操作符 NOT；双目运算符需要两个操作数，如加法运算符；连接符可以将多个字符通过"||"进行连接。运算符之间还需要按照先后顺序进行运算，我们称其为"优先级"。操作符的优先级可见表 13-3，优先级从高到低排列。

表 13-3　操作符优先级表

优先级顺序	操作符类型
*, /, +, –	算术运算符
||	连接运算符
=, !=, <, >, <=, >=	逻辑比较操作符
IS [NOT] NULL, LIKE, [NOT] BETWEEN, [NOT] IN, EXISTS, IS OF *type*	条件比较操作符
NOT	逻辑非
AND	逻辑与
OR	逻辑或

13.3　PL/SQL 的控制结构

13.3.1　条件控制

在 Oracle PL/SQL 中，共有两种主要的条件控制语句，分别是 IF 语句和 CASE 语句。IF 语句从一个条件判断是否应该执行条件内的语句；CASE 语句是从一系列的条件中匹配合适的，然后执行相关的语句。

1. IF 语句
IF 语句共有三种表现形式。

1）IF...THEN，具体语法如下：

```
IF condition THEN
  statements
END IF;
```

2）IF...THEN...ELSE，具体语法如下：

```
IF condition THEN
  Statements
ELSE
  else_statements
END IF;
```

3）IF...THEN...ELSIF，具体语法如下：

```
IF condition_1 THEN
  statements_1
ELSIF condition_2 THEN
  statements_2
[ ELSIF condition_3 THEN
    statements_3
]...
[ ELSE
    else_statements
]
END IF;
```

【例 13-15】条件语句使用方法。

需求描述：查询工号为"55092681"的司机在 2011 年 1 月累计行驶的里程数对应的安全档位级别（安全档位级别是司机绩效考核的依据）。安全档位级别分为 3 档，其中一级安全档位累计应达到的里程数为 30000 公里内，二级安全档位累计应达到的里程数为 100000 公里至 500000 公里内，三级安全档位累计应达到的里程数为大于 500000 公里。DS_DRIMONTHSECMILE 表为司机月安全公里累计表，如图 13-4 所示为表结构。

司机月安全公里累计			
司机工号	VARCHAR2(10)	<pk>	DRINO
累计时间	VARCHAR2(8)	<pk>	DATEMONTH
本次累计安全公里	NUMBER		CURRSECMILE
本次安全档位	VARCHAR2(2)		CURRSECLEVEL
扣除的安全公里	NUMBER		PUNISHMILE
司机所属车队	VARCHAR2(20)		DEPID

图 13-4　司机月安全公里累计表

```
SQL> set serveroutput on;
SQL> DECLARE
  2    v_secmile dsuser.DS_DRIMONTHSECMILE.currsecmile%type;
  3  BEGIN
  4    select t.currsecmile into v_secmile from DS_DRIMONTHSECMILE t
  5     where t.drino = '55092681' and t.datemonth = '2011-01';
  6    if v_secmile <= 100000 then
  7      DBMS_OUTPUT.PUT_LINE('该司机的安全档位是：一级安全档位');
  8    elsif (v_secmile > 100000 and v_secmile <= 500000) then
  9      DBMS_OUTPUT.PUT_LINE('该司机的安全档位是：二级安全档位');
 10    else
 11      DBMS_OUTPUT.PUT_LINE('该司机的安全档位是：三级安全档位');
 12    end if;
 13  END;
 14  /
```

该司机的安全档位是：一级安全档位

PL/SQL procedure successfully completed

2. CASE 语句

CASE 语句包含两种类型：一种是简单形式的 CASE 语句，一种是查询形式的 CASE 语句。

提示：还有一种嵌入到 SQL 语句中的 CASE 用法，请参看 12.2.5 节。

简单形式的 CASE 条件语句可以参考以下结构，CASE 后的 *selector* 是一个表达式（大多是一个变量），*selector_value* 是一个字符串或者表达式。将 *selector* 和 *selector_value_1*、*selector_value_2...selector_value_n* 进行比较，执行第一个与之相同的 *selector_value* 对应的 *statements*。如果没有相同的，那么执行 *else_statements*。

```
CASE selector
WHEN selector_value_1 THEN statements_1
WHEN selector_value_2 THEN statements_2
...
WHEN selector_value_n THEN statements_n
[ ELSE
  else_statements ]
END CASE;]
```

【**例 13-16**】使用简单形式的 CASE 条件语句重新编写例 13-15。

```
SQL> set serveroutput on;
SQL> DECLARE
  2    v_secmile dsuser.DS_DRIMONTHSECMILE.currsecmile%type;
  3  BEGIN
  4    select t.currsecmile into v_secmile from DS_DRIMONTHSECMILE t
  5     where t.drino = '55092681' and t.datemonth = '2011-01';
  6    case sign(sign(v_secmile - 100000) + sign(v_secmile - 500000))
  7      when -1 then
  8        DBMS_OUTPUT.PUT_LINE('该司机的安全档位是：一级安全档位');
  9      when 0 then
 10        DBMS_OUTPUT.PUT_LINE('该司机的安全档位是：二级安全档位');
 11      when 1 then
 12        DBMS_OUTPUT.PUT_LINE('该司机的安全档位是：三级安全档位');
 13    end case;
 14  END;
 15  /
```

该司机的安全档位是：一级安全档位
PL/SQL procedure successfully completed

查询形式的 CASE 条件语句可以参考以下结构，对 *condition_1*、*condition_2...condition_n* 进行判断，如果 *condition* 判断的结果为 TRUE，那么执行第一个 *condition* 被判断为 TRUE 的相应的 *statements*。如果没有相同的，那么执行 *else_statements*。

```
CASE
WHEN condition_1 THEN statements_1
WHEN condition_2 THEN statements_2
...
WHEN condition_n THEN statements_n
[ ELSE
  else_statements ]
END CASE;]
```

【例 13-17】使用查询式的 CASE 条件语句重新编写例 13-15。

```
SQL> set serveroutput on;
SQL> DECLARE
  2    v_secmile dsuser.DS_DRIMONTHSECMILE.currsecmile%type;
  3  BEGIN
  4    select t.currsecmile
  5      into v_secmile
  6      from DS_DRIMONTHSECMILE t
  7     where t.drino = '55092681'
  8       and t.datemonth = '2011-01';
  9    case
 10      when sign(v_secmile - 100000)<1 then
 11        DBMS_OUTPUT.PUT_LINE('该司机的安全档位是：一级安全档位');
 12      when sign(v_secmile - 500000)<1 then
 13        DBMS_OUTPUT.PUT_LINE('该司机的安全档位是：二级安全档位');
 14      else
 15        DBMS_OUTPUT.PUT_LINE('该司机的安全档位是：三级安全档位');
 16    end case;
 17  END;
 18  /
```

该司机的安全档位是：一级安全档位

PL/SQL procedure successfully completed

13.3.2 循环控制

1. 基本 LOOP 循环

基本 LOOP 循环是先执行 *statements* 内容，然后判断 EXIT WHEN 后的条件 *condition*，条件满足则退出循环。

```
LOOP
    statements;
    EXIT WHEN < condition >              /* 条件满足，退出循环语句 */
END LOOP;
```

【例 13-18】简单循环的用法。

需求描述：需要向 G_EMPINFO 的员工基础情况表（如图 13-5 所示）添加新员工，员工编号（empid）的字段取值由序列提供，编号共 8 位，左边不足部分使用 "0" 补充，例如，当前序列值为 "84"，那么员工编号为 "00000084"，有效性字段设定为有效，用 "1" 表示。

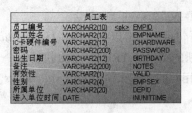

图 13-5 员工表

以下先创建序列：

```
SQL> create sequence seq_empid
  2  minvalue 1
  3  maxvalue 99999999
```

```
 4    start with 1
 5    increment by 1
 6    cache 20;
Sequence created
```

完成新员工编号的插入：

```
SQL> DECLARE
 2      v_empid    dsuser.g_empinfo.empid%type;
 3      v_counter number(2) := 1;
 4    BEGIN
 5      loop
 6        v_empid := lpad(seq_empid.nextval, 8, '0');
 7        insert into g_empinfo t (t.empid, t.valid) values (v_empid, '1');
 8        v_counter := v_counter + 1;
 9        exit when v_counter > 10;
10      end loop;
11      commit;
12    END;
13    /
PL/SQL procedure successfully completed
```

2. FOR 循环

类似于其他高级语言，PL/SQL 也有 FOR 循环，见以下结构：

```
FOR index IN [ REVERSE ] lower_bound..upper_bound LOOP
  statements; --index表示循环计数器；lower_bound是下限；upper_bound是上限
END LOOP;
```

【例 13-19】使用 FOR 循环重写例 13-18 中新员工编号的插入。

```
SQL> DECLARE
 2      v_empid    dsuser.g_empinfo.empid%type;
 3      v_counter number(2) := 1;
 4    BEGIN
 5      for v_counter in 1 .. 10 loop
 6        v_empid := lpad(seq_empid.nextval, 8, '0');
 7        insert into g_empinfo t (t.empid, t.valid) values (v_empid, '1');
 8      end loop;
 9      commit;
10    END;
11    /
PL/SQL procedure successfully completed
```

3. WHILE 循环

WHILE 循环和简单循环区别在于，WHILE 循环是先判断条件再执行循环内容，简单循环是先执行一次循环，然后判断条件。

```
WHILE < condition > LOOP
    statements;
END LOOP;
```

【例 13-20】使用 WHILE 循环重写例 13-18 中新员工编号的插入。

```
SQL> DECLARE
 2      v_empid    dsuser.g_empinfo.empid%type;
 3      v_counter number(2) := 1;
 4    BEGIN
 5      while v_counter <= 10 loop
 6        v_empid := lpad(seq_empid.nextval, 8, '0');
```

```
 7        insert into g_empinfo t (t.empid, t.valid) values (v_empid, '1');
 8        v_counter := v_counter + 1;
 9     end loop;
10     commit;
11   END;
12   /
PL/SQL procedure successfully completed
```

4. CONTINUE 和 EXIT

EXIT 执行后代表无条件退出循环，EXIT WHEN 是用在 LOOP 循环中，WHEN 后面是循环结束的条件；CONTINUE 是 Oracle 11g 新提供的，它执行后代表提前结束当前这轮循环，不再执行 CONTINUE 之后的语句，直接进入下一轮循环，有些书籍上称其为"短路语句"。

【例 13-21】CONTINUE 和 EXIT 的用法。

需求描述：在向 G_EMPINFO 的员工基础情况表添加新员工时，需要避开"00009999"的特殊号码，该号码要另作他用，那么我们需要使用 continue 语句改写例 13-18，使得编号变成"00009999"时，程序自动跳过。

```
SQL> DECLARE
 2     v_empid dsuser.g_empinfo.empid%type;
 3     v_tmp dsuser.g_empinfo.empid%type;
 4     v_counter number(2) := 1;
 5   BEGIN
 6     while v_counter <= 10 loop
 7       v_counter := v_counter + 1;
 8       v_tmp:=seq_empid.nextval;
 9       if v_tmp = '9999' then
10         continue; -- 结束本轮循环
11       end if;
12       v_empid := lpad(v_tmp, 8, '0');
13       insert into g_empinfo t (t.empid, t.valid) values (v_empid, '1');
14     end loop;
15   END;
16   /

PL/SQL procedure successfully completed
```

13.3.3 其他控制

对于其他控制语句，主要涉及 GOTO 语句和 NULL（空）语句。

1. GOTO 语句

GOTO 语句需要配合标记来使用，该标记往往使用"<< >>"来表达，如例 13-22 所示。GOTO 不推荐使用，因为它会破坏程序结构，造成程序可读性差。但是适当的使用也会提高程序的效率及解决疑难问题。

2. NULL 语句

NULL 语句，又称为空语句。它什么也不做，只是为了改善可读性，使得程序表达更清晰而已。

【例 13-22】通过 GOTO 语句判断某个数是否是素数。

```
SQL> set serveroutput on;
SQL> DECLARE
 2     p VARCHAR2(30);
 3     n PLS_INTEGER := 37;
```

```
 4  BEGIN
 5    FOR j in 2 .. ROUND(SQRT(n)) LOOP
 6      IF n MOD j = 0 THEN
 7        p := ' 不是一个素数 ';
 8        GOTO print_now;
 9      END IF;
10    END LOOP;
11    p := ' 是一个素数 ';
12    <<print_now>>
13    DBMS_OUTPUT.PUT_LINE(to_char(n) || p);
14  END;
15  /
```

37 是一个素数

PL/SQL procedure successfully completed

【例 13-23】使用 NULL 语句重新编写例 13-15。

```
SQL> set serveroutput on;
SQL> DECLARE
 2    v_secmile dsuser.g_businfo.busid%type;
 3    v_counter number(2) := 1;
 4  BEGIN
 5    select t.currsecmile into v_secmile
 6      from DS_DRIMONTHSECMILE t
 7     where t.drino = '55092681'
 8       and t.datemonth = '2011-01';
 9    case
10      when (v_secmile <= 100000) then
11        null; -- 什么也不做
12      when (v_secmile > 100000 and v_secmile <= 500000) then
13        DBMS_OUTPUT.PUT_LINE(' 该司机的安全档位是：二级安全档位 ');
14      when (v_secmile > 500000) then
15        DBMS_OUTPUT.PUT_LINE(' 该司机的安全档位是：三级安全档位 ');
16    end case;
17  END;
18  /
```

PL/SQL procedure successfully completed

13.4　PL/SQL 的子程序和包

PL/SQL 块主要有两种类型，即匿名块和命名块。之前的两章节已经介绍了匿名块的编写及使用，在本节中将详细介绍命名块的创建及使用，特别是命名块的两种形式：存储过程（过程）和函数的用法。

13.4.1　创建子程序

子程序使用 CREATE 语句创建，需要对子程序命名，子程序通过编译后可以被保存在数据库中，并可以被重复调用和执行。子程序主要包含过程和函数，过程是使用语句 CREATE PROCEDURE 创建的，函数的创建语句是 CREATE FUNCTION。以下将从这两方面介绍子程序。

1. 过程的创建和使用

（1）过程创建

在 Oracle 服务器端上建立存储过程，可以被多个应用程序调用，可以向存储过程传递参数，也可以向存储过程传回参数。具体结构如下：

```
CREATE [OR REPLACE] PROCEDURE procedure_name
([arg1 [ IN | OUT | IN OUT ]] type1 [DEFAULT value1],
 [arg2 [ IN | OUT | IN OUT ]] type2 [DEFAULT value1]],
 ......
[argn [ IN | OUT | IN OUT ]] typen [DEFAULT valuen])
    [ AUTHID DEFINER | CURRENT_USER ]
{ IS | AS }
  <声明部分>
BEGIN
  <执行部分>
EXCEPTION
  <可选的异常错误处理程序>
END procedure_name;
```

参数含义：

- procedure_name 为过程名。
- arg1…argn 为传入的参数。
- DEFAULT value1…DEFAULT valuen 为默认值。
- IN | OUT | IN OUT 为参数模式，在后面会详细讨论。
- type1…typen 为传入参数的类型。
- AUTHID 为执行的过程中表的所属权，如果选择 DEFINER（默认），那么表属于过程的创建者；如果选择 CURRENT_USER，那么表属于过程的执行者。

【例 13-24】过程的编写和使用。重新编写例 13-15，创建 showdriverqualify 过程。

```
SQL> set serveroutput on;
SQL> create or replace procedure showdriverqualify(adrino    varchar2,
                                                   adatamoth varchar2) is
  2                                                   
  3  begin
  4    DECLARE
  5      v_secmile dsuser.g_businfo.busid%type;
  6    begin
  7      select t.currsecmile
  8        into v_secmile
  9        from DS_DRIMONTHSECMILE t
 10       where t.drino = adrino
 11         and t.datemonth = adatamoth;
 12      case
 13        when (v_secmile <= 100000) then
 14          DBMS_OUTPUT.PUT_LINE('该司机的安全档位是：一级安全档位');
 15        when (v_secmile > 100000 and v_secmile <= 500000) then
 16          DBMS_OUTPUT.PUT_LINE('该司机的安全档位是：二级安全档位');
 17        when (v_secmile > 500000) then
 18          DBMS_OUTPUT.PUT_LINE('该司机的安全档位是：三级安全档位');
 19      end case;
 20    end;
 21  end showdriverqualify;
 22  /

Procedure created
```

在例 13-24 中，过程 showdriverqualify 需要传入两个参数，分别是 adrino 和 adatamoth，代表司机工号和需要累计里程数的月份。

（2）过程的编译

必须拥有 ALTER ANY PROCEDURE 系统权限，才能编译过程。然后在 sql 命令行方式下执行以下语句，也可在 PL/SQL Developer 环境中选中过程名，右键选择"compile"。

```
alter procedure procedure_name compile ;
```

对例 13-24 的过程进行编译，如下：

```
SQL> alter procedure showdriverqualify compile;
Procedure altered
```

（3）过程的执行

1）使用匿名块执行过程：这种执行方式就是由测试人员自己编写一个匿名块，在匿名块中调用过程执行来获得结果。

【例 13-25】使用匿名块方法执行例 13-24 的过程。

```
SQL> begin
  2     showdriverqualify('55092681','2011-01');   -- 测试调用过程
  3   end;
  4   /
该司机的安全档位是：一级安全档位

PL/SQL procedure successfully completed
```

2）使用 execute 执行过程：

```
EXEC[UTE]   procedure_name( parameter1, parameter2...);
```

注意：如果带有 OUT 或 INOUT 模式的参数，那么需要使用具有输入值的变量及变量接收输出结果，不能使用 execute 执行方式。参数模式见 13.4.2 节。

【例 13-26】使用 execute 方法执行例 13-24 的过程。

```
SQL> exec showdriverqualify('55092681','2011-01');

该司机的安全档位是：一级安全档位

PL/SQL procedure successfully completed
```

2．函数的创建和使用

（1）函数的创建

函数可以被其他过程及函数调用，可以直接返回值。可以在 SQL 语句中当作表达式使用。

```
CREATE [OR REPLACE] FUNCTION function_name
 (arg1 [ { IN | OUT | IN OUT }] type1 [DEFAULT value1],
 [arg2 [ { IN | OUT | IN OUT }] type2 [DEFAULT value2]],
 ......
 [argn [ { IN | OUT | IN OUT }] typen [DEFAULT valuen]])
 [ AUTHID DEFINER | CURRENT_USER ]
RETURN return_type
 IS | AS
   <类型 . 变量的声明部分>
BEGIN
   执行部分
   RETURN expression
```

```
EXCEPTION
    异常处理部分
END function_name;
```

参数含义：

- function_name 为函数名。
- arg1...argn 为传入的参数。
- DEFAULT value1...DEFAULT valuen 为默认值。
- IN | OUT | IN OUT 为参数模式，在后面会详细讨论。
- type1...typen 为传入参数的类型。
- return_type 为返回值类型。
- AUTHID 为执行的过程中表的所属权，如果选择 DEFINER（默认），那么表属于过程的创建者；如果选择 CURRENT_USER，那么表属于过程的执行者。

【例 13-27】函数的编写和使用。重新编写例 13-15，创建 getdriverqualify 函数。

```
SQL> create or replace function getdriverqualify(adrino      varchar2,
  2                                               adatamonth varchar2)
  3    return varchar2 is
  4    Result varchar2(200) := ' 无信息！';
  5  begin
  6    DECLARE
  7      v_secmile dsuser.g_businfo.busid%type;
  8    begin
  9    select t.currsecmile into v_secmile from DS_DRIMONTHSECMILE t
 10     where t.drino = adrino and t.datemonth = adatamonth;
 11    case
 12      when (v_secmile <= 100000) then
 13        Result := ' 该司机的安全档位是：一级安全档位 ';
 14      when (v_secmile > 100000 and v_secmile <= 500000) then
 15        Result := ' 该司机的安全档位是：二级安全档位 ';
 16      when (v_secmile > 500000) then
 17        Result := ' 该司机的安全档位是：三级安全档位 ';
 18     end case;
 19    end;
 20    return Result;
 21  end getdriverqualify;
 22  /

Function created
```

例 13-25 中，函数 getdriverqualify 需要传入两个参数，分别是 adrino 和 adatamoth，代表司机工号和需要累计里程数的月份，返回司机的安全档位信息 result。

（2）函数的编译

必须拥有 ALTER ANY FUNCTION 系统权限，才能编译函数。然后在 sql 命令行方式下执行以下语句，也可在 PL/SQL Developer 环境中选中函数名，右键选择 "compile"。

```
alter function function_name compile ;
```

对例 13-27 的函数进行编译，如下：

```
SQL> alter function getdriverqualify compile;
Function altered
```

（3）函数的执行

1）使用匿名块执行函数：这种执行方式就是由测试人员自己编写一个匿名块，在匿名块中调用函数执行来获得结果。

【例 13-28】使用匿名块方法执行例 13-27 的函数。

```
SQL> begin
  2      -- 测试调用函数
  3      DBMS_OUTPUT.PUT_LINE(getdriverqualify('55092681', '2011-01'));
  4   end;
  5   /

该司机的安全档位是：一级安全档位
 PL/SQL procedure successfully completed
```

2）使用 SQL 语句执行函数：

```
select function_name( parameter1, parameter2...) from dual;
```

注意：如果带有 OUT 或 INOUT 模式的参数，那么需要使用具有输入值的变量及变量接收输出结果，不能使用 SQL 语句执行方式。

【例 13-29】使用 SQL 语句方法执行例 13-27 的函数。

```
SQL> select getdriverqualify('55092681','2011-01') from dual;

GETDRIVERQUALIFY('55092681','2
-----------------------------------------------------------------
该司机的安全档位是：一级安全档位
```

13.4.2 子程序参数

与其他类型的 3GL 语言一样，我们也可以创建带参的过程和函数。这些参数可以有不同的模式，并可以按值或按引用进行传递。

1. 参数传递

子程序声明时所定义的参数称为形式参数，应用程序调用时为子程序传递的参数称为实际参数。应用程序在调用子程序时，可以使用以下三种方法向子程序传递参数。

（1）位置表示法

在调用时按形参的排列顺序，依次写出实参的名称，而将形参与实参关联起来进行传递。用这种方法进行调用，形参与实参的名称相互独立，没有关系，只注重次序。格式为：

```
argument_value1[,argument_value2 ...]
```

提示：位置表示法的例子可参见 13.4.1 节中例 13-26 和例 13-28 中调用过程和函数的参数传递方法。

（2）名称表示法

即在调用时按形参的名称与实参的名称，写出实参对应的形参，而将形参与实参关联起来进行传递。用这种方法进行调用，形参与实参的名称相互独立，没有关系，名称的对应关系才是最重要的，次序并不重要。格式为：

```
argument => parameter [,...]
```

其中：argument 为形式参数，它必须与子程序定义时所声明的形式参数名称相同。

parameter 为实际参数。在这种格式中，形式参数与实际参数成对出现，相互间关系唯一确定，所以参数的顺序可以任意排列。

【例 13-30】使用名称表示法重写例 13-28 的函数。

```
SQL> begin
  2    -- 名称表示法传递参数
  3    DBMS_OUTPUT.PUT_LINE(getdriverqualify(adrino       => '55092681',
  4                                          adatamonth => '2011-01'));
  5  end;
  6  /
```

该司机的安全档位是：一级安全档位

PL/SQL procedure successfully completed

（3）混合表示法

即在调用一个子程序时，同时使用位置表示法和名称表示法为子程序传递参数。采用这种参数传递方法时，使用位置表示法所传递的参数必须放在名称表示法所传递的参数前面。也就是说，无论子程序具有多少个参数，只要其中有一个参数使用名称表示法，其后所有的参数都必须使用名称表示法。

【例 13-31】使用混合表示法重写例 13-28 的函数。

```
SQL> begin
  2    -- 测试调用函数
  3    DBMS_OUTPUT.PUT_LINE(getdriverqualify('55092681',
  4                                          adatamonth => '2011-01'));
  5  end;
  6  /
```

该司机的安全档位是：一级安全档位

PL/SQL procedure successfully completed

无论采用哪一种参数传递方法，实际参数和形式参数之间的数据传递只有两种方法：传址法和传值法。所谓传址法是指在调用子程序时，将实际参数的地址指针传递给形式参数，使形式参数和实际参数指向内存中的同一区域，从而实现参数数据的传递。这种方法又称作参照法，即形式参数参照实际参数数据。输入参数均采用传址法传递数据。

传值法是指将实际参数的数据拷贝到形式参数，而不是传递实际参数的地址。默认时，输出参数和输入 / 输出参数均采用传值法。在函数调用时，Oracle 将实际参数数据拷贝到输入 / 输出参数，而当函数正常运行退出时，又将输出形式参数和输入 / 输出形式参数数据拷贝到实际参数变量中。

2. 参数模式

形参可以有三种模式，即 IN、OUT、INOUT。如果没有为形参指定模式，其默认模式为 IN。表 13-4 说明了模式之间的区别。

表 13-4　参数模式及区别

模式	区别
IN	当子程序被调用时，实参的值将传入该过程。在该子程序内部，该形参值具有只读属性。当该过程结束时，控制将返回到调用环境，此时，对应的参数没有改变

（续）

模式	区别
OUT	当子程序被调用时，实参被赋予的值将被忽略不计。在该子程序内部，该形参值为 NULL，具有读写属性。当该子程序结束时，控制将返回到调用环境，此时，形参内容就是在子程序内被写入或赋予的值
INOUT	当子程序被调用时，实参的值将传入该子程序。在该子程序内部，该形参具有读写属性。当该子程序结束时，控制将返回到调用环境，此时，形参内容就是在子程序内被写入或赋予的值。这种模式是 IN 和 OUT 的合体

为了更清楚区分三种模式，可以参见以下用例。

【例 13-32】IN 参数模式的用法。

需求说明：现在需要从司机基本信息表（ds_driverinfo）中查询司机的驾驶证编号（见图 13-6），根据给定的司机工号来获得司机驾驶证编号。编写函数如下：

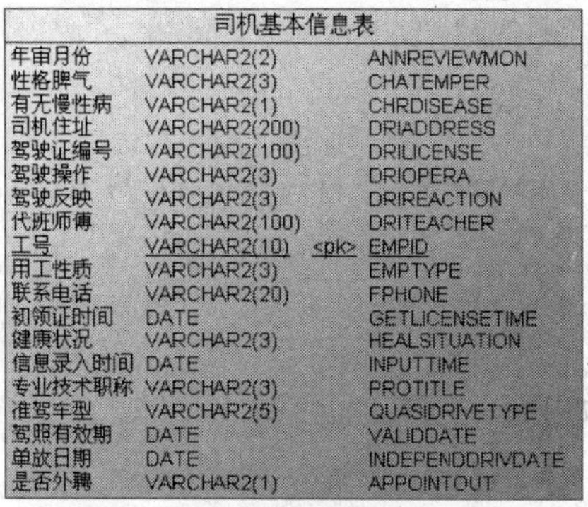

图 13-6　司机基础信息表

```
SQL> create or replace function getdriverlicenseno(adriverno in varchar2)
  2     return varchar2 is
  3     Result        varchar2(100);
  4     v_drilicense dsuser.ds_driverinfo.drilicense%type; -- 司机驾驶证编号
  5  begin
  6     select t.drilicense into v_drilicense from ds_driverinfo t
  7      where t.empid = adriverno;
  8     if v_drilicense is null then
  9       Result := '无驾照信息！';
 10     else
 11       Result := v_drilicense;
 12     end if;
 13     return(Result);
 14  end getdriverlicenseno;
 15  /
Function created
```

编写匿名过程测试函数如下：

```
SQL> set serveroutput on;
SQL> declare
  2     drino         dsuser.ds_driverinfo.empid%type;
  3     drilicenseno dsuser.ds_driverinfo.drilicense%type;
  4  begin
  5     drino:= '55092681'; -- 如果该实参不赋值将引起"未找到任何数据"的异常
  6     drilicenseno := dsuser.getdriverlicenseno(drino);
```

```
  7    DBMS_OUTPUT.PUT_LINE('工号为 55092681 的司机的驾照号码为: ' || drilicenseno);
  8  end;
  9  /
```

工号为 55092681 的司机的驾照号码为: 3301706778
PL/SQL procedure successfully completed

【例 13-33】OUT 参数模式的用法，重写例 13-32。

```
SQL> create or replace function getdriverlicenseno(adriverno    in varchar2,
  2                                                  adrilicense out varchar2)
  3    return varchar2 is
  4    Result varchar2(100);
  5    v_src  varchar2(200);
  6  begin
  7    v_src := adrilicense;
  8    select t.drilicense into adrilicense from ds_driverinfo t where t.empid = adriverno;
  9    if adrilicense is null then
 10      Result := '无驾照信息! ';
 11    else
 12      Result := adrilicense;
 13    end if;
 14    adrilicense := '原始信息是: ' || v_src || '; 现在信息是: ' || adrilicense;
 15    return(Result);
 17  end getdriverlicenseno;
 18  /
Function created
```

编写匿名过程测试函数如下:

```
SQL> declare
  2    t_drino     dsuser.ds_driverinfo.empid%type;
  3    t_outvar    dsuser.ds_driverinfo.drilicense%type;
  4    t_returnvar dsuser.ds_driverinfo.drilicense%type;
  5  begin
  6    t_drino     := '55092681';
  7    t_outvar    := '你好, OUT';
  8    t_returnvar := dsuser.getdriverlicenseno(t_drino, t_outvar);
  9    DBMS_OUTPUT.PUT_LINE('工号为 55092681 的司机的驾照号码为: ' || t_returnvar);
 10    DBMS_OUTPUT.PUT_LINE('OUT 变量的值为: ' || t_outvar);
 11  end; --OUT 变量模式的值在传入函数后被立即清空
 12  /
```

工号为 55092681 的司机的驾照号码为: 3301706778
OUT 变量的值为: 原始信息是: ; 现在信息是: 3301706778

PL/SQL procedure successfully completed

【例 13-34】INOUT 参数模式的用法，重写例 13-33。

```
SQL> create or replace function getdriverlicenseno(adriverno    in varchar2,
  2                                                  adrilicense in out varchar2)
  3    return varchar2 is
  4    Result varchar2(100);
  5    v_src  varchar2(200);
  6  begin
  7    v_src := adrilicense;
  8    select t.drilicense into adrilicense from ds_driverinfo t where t.empid = adriverno;
 10    if adrilicense is null then
 11      Result := '无驾照信息! ';
```

```
12     else
13       Result := adrilicense;
14     end if;
15     adrilicense := '原始信息是：' || v_src || '；现在信息是：' || adrilicense;
16     return(Result);
17   end getdriverlicenseno;
18   /


Function created
```

编写匿名过程测试函数如下：

```
SQL> declare
 2     t_drino        dsuser.ds_driverinfo.empid%type;
 3     t_inoutvar     dsuser.ds_driverinfo.drilicense%type;
 4     t_returnvar dsuser.ds_driverinfo.drilicense%type;
 5   begin
 6     t_drino     := '55092681';
 7     t_inoutvar    := '你好，INOUT';
 8     t_returnvar := dsuser.getdriverlicenseno(t_drino, t_inoutvar);
 9     DBMS_OUTPUT.PUT_LINE('工号为 55092681 的司机的驾照号码为：' || t_returnvar);
10     DBMS_OUTPUT.PUT_LINE('INOUT 变量的值为：' || t_inoutvar);
11   end;
12   /
工号为 55092681 的司机的驾照号码为：3301706778
INOUT 变量的值为：原始信息是：你好，INOUT；现在信息是：3301706778

PL/SQL procedure successfully completed
```

13.4.3　过程和函数的差异

过程与函数的主要差异如下：

- 函数有返回值，过程只能通过 OUT 或 INOUT 的方式传出值。
- 函数可以使用 SQL 语句调用的方式执行，过程不可以。
- 函数头部声明使用 function，过程头部声明使用 procedure。

13.4.4　包的创建

包是一组相关过程、函数、变量、常量和游标等 PL/SQL 程序设计元素的组合，它具有面向对象程序设计语言的特点，是对这些 PL/SQL 程序设计元素的封装。包类似于面向对象语言中的类，其中变量相当于类中的成员变量，过程和函数相当于类方法。把相关的模块归类成为包，可使开发人员利用面向对象的方法进行存储过程的开发，从而提高系统性能。

与类相同，包中的程序元素也分为公有元素和私有元素两种，这两种元素的区别是它们允许访问的程序范围不同，即它们的作用域不同。公有元素不仅可以被包中的函数、过程所调用，也可以被包外的 PL/SQL 程序访问，而私有元素只能被包内的函数和过程所访问。

在 PL/SQL 程序设计中，使用包不仅可以使程序设计模块化，对外隐藏包内所使用的信息（通过使用私用变量），而且可以提高程序的执行效率。因为，当程序首次调用包内函数或过程时，Oracle 将整个包调入内存，当再次访问包内元素时，Oracle 直接从内存中读取，而不需要进行磁盘 I/O 操作，从而使程序执行效率得到提高。

一个包由两个部分组成：包定义和包主体。

包定义（PACKAGE）：包定义部分声明包内数据类型、变量、常量、游标、子程序和异常错误处理等元素，这些元素为包的公有元素。

包主体（PACKAGE BODY）：包主体则是包定义部分的具体实现，它定义了包定义部分所声明的游标和子程序，在包主体中还可以声明包的私有元素。

包定义和包主体分开编译，并作为两部分分开的对象存放在数据字典中，包相关的数据字典是 user_source、all_source 和 dba_source。

1. 包的定义

包定义一定要在包主体前面，包主体可以没有，但包定义一定要有。定义格式如下所示：

```
CREATE [OR REPLACE] PACKAGE package_name
    [AUTHID {CURRENT_USER | DEFINER}]
    {IS | AS}
    [公有数据类型定义 [公有数据类型定义]...]
    [公有游标声明 [公有游标声明]...]
    [公有变量、常量声明 [公有变量、常量声明]...]
    [公有子程序声明 [公有子程序声明]...]
END [package_name];
```

其中，AUTHID 与过程和函数中的作用类似，都是说明调用包时的权限模式。

包的定义的要点：

1) 包元素位置可以任意安排。然而在声明部分，对象必须在引用前进行声明。

2) 包头可以不对任何类型的元素进行说明。例如，包头可以只带过程和函数说明语句，而不声明任何异常和类型。

3) 对过程和函数的任何声明都必须只对子程序和其参数进行描述，不能有任何代码的说明，代码的实现只能在包主体中出现。它不同于块声明，在块声明中，过程和函数的代码可同时出现在声明部分。

【例 13-35】使用以上的函数和过程建立包。

```
SQL> create or replace package pkg_dsmsutil is
  2     v_msg varchar2(200) := '没有找到信息！';
  3     v_counter number(2);
  4     function getdriverlicenseno(adriverno   in varchar2,
  5                                 adrilicense in out varchar2) return varchar2;
  6     procedure showdriverqualify(adrino varchar2, adatamoth varchar2);
  7  end pkg_dsmsutil;
  8  /
Package created
```

2. 包主体的定义

包主体是与包头相互独立的，包主体只能在包头完成编译后才能进行编译。包主体中带有包头描述的子程序具体实现的代码段。

```
CREATE [OR REPLACE] PACKAGE BODY package_name
    {IS | AS}
    [私有数据类型定义 [私有数据类型定义]...]
    [私有变量、常量声明 [私有变量、常量声明]...]
    [私有子程序声明和定义 [私有子程序声明和定义]...]
    [公有游标定义 [公有游标定义]...]
    [公有子程序定义 [公有子程序定义]...]
BEGIN
    [对应于包声明的过程及函数的实现]
END [package_name];
```

其中，在包主体定义公有程序时，它们必须与包定义中所声明子程序的格式完全一致。

【例 13-36】建立包主体。

```
SQL> create or replace package body pkg_dsmsutil is
  2     function getdriverlicenseno(adriverno    in varchar2,
  3                                 adrilicense in out varchar2) return
varchar2 is
  4       Result varchar2(100);
  5       v_src   varchar2(200);
  6     begin
  7       v_src := adrilicense;
  8       select count(*) into v_counter from ds_driverinfo t where t.empid = adriverno;
  9       if v_counter <> 0 then
 10         begin
 11           select t.drilicense into adrilicense
 12             from ds_driverinfo t where t.empid = adriverno;
 13           Result := adrilicense;
 14         end;
 15       else
 16         Result := v_msg;
 17       end if;
 18       adrilicense := '原始信息是：' || v_src || '；现在信息是：' || adrilicense;
 19       return(Result);
 20     end;
 21
 22     procedure showdriverqualify(adrino varchar2, adatamoth varchar2) is
 23     begin
 24       DECLARE
 25         v_secmile dsuser.g_businfo.busid%type;
 26       begin
 27         select count(*) into v_counter from DS_DRIMONTHSECMILE t
 28           where t.drino = adrino and t.datemonth = adatamoth;
 29         if v_counter <> 0 then
 30           begin
 31             select t.currsecmile into v_secmile from DS_DRIMONTHSECMILE t
 32               where t.drino = adrino and t.datemonth = adatamoth;
 33             case
 34               when (v_secmile <= 100000) then
 35                 DBMS_OUTPUT.PUT_LINE('该司机的安全档位是：一级安全档位');
 36               when (v_secmile > 100000 and v_secmile <= 500000) then
 37                 DBMS_OUTPUT.PUT_LINE('该司机的安全档位是：二级安全档位');
 38               when (v_secmile > 500000) then
 39                 DBMS_OUTPUT.PUT_LINE('该司机的安全档位是：三级安全档位');
 40             end case;
 41           end;
 42         else
 43           DBMS_OUTPUT.PUT_LINE(v_msg);
 44         end if;
 45       end;
 46     end;
 47   end pkg_dsmsutil;
 48   /

Package body created
```

13.4.5 包的使用

1. 包的使用方法

在存储过程或函数里调用 oracle 包的话，首先要有执行这个包的权限；如果包属于其他的用户（不是系统包），调用时可以用 "." 来调用包中的过程及函数，使用格式：

```
用户名 . 包名 . 存储过程（参数）名
变量：=用户名 . 包名 . 函数（参数）
```

因为函数有返回值，变量类型要与函数返回值的类型一致。

【例 13-37】 包的使用，测试例 13-36 中包内的函数和过程。

```
SQL> declare
  2    t_inoutvar varchar2(200);
  3  begin
  4    t_inoutvar:=' 你好, INOUT';
  5    pkg_dsmsutil.showdriverqualify('55092681', '2011-01');
  6    dbms_output.put_line(pkg_dsmsutil.getdriverlicenseno('55092681',t_inoutvar));
  7  end;
  8  /


该司机的安全档位是：一级安全档位
3301706778

PL/SQL procedure successfully completed
```

2. 包的开发

与开发存储过程类似，包的开发需要几个步骤：

- 将每个存储过程调试正确。
- 用文本编辑软件将各个存储过程和函数集成在一起。
- 按照包的定义要求将集成的文本的前面加上包定义。
- 按照包的定义要求将集成的文本的前面加上包主体。
- 使用开发工具进行调试。

注意： 包的名称和包主体的名称要保持一致。

3. Oracle 常用包的介绍

为了扩展数据库的功能，Oracle 提供了大量的 PL/SQL 系统包。建立应用系统时，可以直接使用 Oracle 系统包所提供的过程和函数。在 Oracle 11g 中，Oracle 提供的系统包多达几百个，每个系统包都用于完成特定功能，下面将给读者介绍一些常用的系统包，以切合引入案例的需要。常用的 Oracle 系统包见表 13-5。

表 13-5　Oracle 常用包及说明

系统包名称	说明
DBMS_LOB	提供对 LOB 数据类型进行操作的功能
DBMS_OUTPUT	处理 PL/SQL 块和子程序输出调试信息
DBMS_RANDOM	提供随机数生成器
DBMS_JOB	安排和管理作业队列，使作业任务定期执行
DBMS_SQL	允许用户使用动态 SQL
DBMS_XMLDOM	用 DOM 模型读写 XML 类型的数据
DBMS_XMLPARSER	XML 解析，处理 XML 文档内容和结构

（续）

系统包名称	说明
DBMS_XMLQUERY	提供将数据转换为 XML 类型的功能
DBMS_XSLPROCESSOR	提供 XSLT 功能，转换 XML 文档
UTL_FILE	用 PL/SQL 程序来读写操作系统文本文件

这里将以 DBMS_JOB 为例介绍系统包的使用。DBMS_JOB 包用于安排和管理作业队列。通过使用作业，可以使 Oracle 数据库定期执行特定任务。下面将详细介绍这个包的函数及过程。

1）SUBMIT：用于建立一个新作业。

```
DBMS_JOB.SUBMIT(
    job        OUT BINARY_INTEGER,    -- 作业编号
    what IN VARCHAR2,   -- 指定作业要执行的操作
    next_date  IN DATE DEFATULT SYSDATE,     -- 下一次运行的时间
    interval   IN VARCHAR2 DEFAULT 'NULL',  -- 运行间隔
    no_parse   IN BOOLEAN DEFAULT FALSE,    -- 是否解析与作业相关的过程
    instance   IN BINARY_INTEGER DEFAULT any_instance, /* 用于指定那个例程可以运行作业 */
    force      IN DEFAULT FALSE);   -- 指定是否强制运行与作业相关的例程
```

【例 13-38】定义一个定时执行的任务，该任务序号是 23，内容是每天上午 08:47:20 左右执行过程 reflashid。

```
SQL> declare
  2     jobno NUMBER;
  3  begin
  4     sys.dbms_job.submit(job =>jobno,
  5                         what => 'reflashid;',
  6                          next_date =>to_date('19-11-2013 08:47:20', 'dd-mm-yyyy
hh24:mi:ss'),
  7                          interval => 'sysdate+1');
  8     commit;
  9  end;
 10  /

PL/SQL procedure successfully completed
```

在数据字典视图 user_jobs 中查询创建的任务 JOB。

```
SQL> select t.JOB,t.LOG_USER from user_jobs t where t.WHAT='reflashid;';

     JOB  LOG_USER
------ ------------------
      23   DSUSER
```

2）REMOVE：用于删除作业队列中的特定作业。

```
DBMS_JOB.REMOVE(jov IN BINARY_INTEGER);
```

【例 13-39】删除例 13-38 创建的任务 JOB。

```
SQL> begin
  2     sys.dbms_job.remove(23);
  3  end;
  4  commit;
  5  /

PL/SQL procedure successfully completed
```

3）CHANGE：用于改变与作业相关的所有信息。

```
DBMS_JOB.CHANGE(
  job  IN BINARY_INTEGER,
  what IN VARCHAR2,
  next_date IN DATE,
  interval  IN VARCHAR2,
  instance  IN BINARY_INTEGER DEFAULT NULL,
  force     IN BOOLEAN DEFAULT FALSE);
```

【例 13-40】修改例 13-38 创建的任务 JOB 的执行频率，使得每隔 7 天运行一次。

```
SQL> execute dbms_job.change(23,null,null,'sysdate+7');

PL/SQL procedure successfully completed

SQL> commit;

Commit complete
```

查询修改结果：

```
SQL> select t.JOB,t.LOG_USER,t.INTERVAL from user_jobs t where
t.WHAT='reflashid;';

      JOB  LOG_USER                  INTERVAL
------------------------  --------------------------------------------
       23   DSUSER                    sysdate+7
```

4）WHAT：用于改变作业要执行的操作。

```
DBMS_JOB.WHAT(job IN BINARY_INTEGER,what IN VARCHAR2);
```

5）NEXT_DATE：用于改变作业的下次运行日期。

```
DBMS_JOB.NEXT_DATE(job in BINARY_INTEGER,next_date IN DATE);
```

6）INSTANCE：用于改变运行作业的例程。

```
DBMS_JOB.INSTANCE(
    job IN BINARY_INTEGER,
    INSTANCE IN BINARY_INTEGER,
    force IN BOOLEAN DEFAULT FALSE);
```

7）INTERVAL：用于改变作业的运行时间间隔。

```
DBMS_JOB.INTERVAL(job IN BINARY_INTEGER,interval IN VARCHAR2);
```

8）BROKEN：用于设置作业的中断标记。当中断了作业之后，作业将不会被运行。

```
DBMS_JOB.BROKEN(
    job IN BINARY_INTEGER,
    broken IN BOOLEAN,
    next date IN DATE DEFAULT SYSDATE);
```

9）RUN：用于运行已存在的作业。

```
DBMS_JOB.RUN(job in BINARY_INTEGER,force IN BOOLEAN DEFAULT FALSE);
```

【例 13-41】执行例 13-38 创建的任务 JOB。

```
SQL> begin
  2    sys.dbms_job.run(23);
```

```
 3    commit;
 4  end;
 5  /
PL/SQL procedure successfully completed
```

13.4.6　删除过程、函数和包

1．删除过程

我们可以 DROP PROCEDURE 命令对不需要的过程进行删除，语法如下：

```
DROP PROCEDURE [user.]procedure_name;
```

2．删除函数

我们可以 DROP FUNCTION 命令对不需要的函数进行删除，语法如下：

```
DROP FUNCTION [user.]function_name;
```

3．删除包

我们可以 DROP PACKAGE 命令对不需要的包进行删除，语法如下：

```
DROP PACKAGE [BODY] [user.]package_name;
```

第 14 章　PL/SQL 编程进阶

前一章已经介绍了基本的编程结构、条件判断、循环语句、过程和函数等基本的 PL/SQL 编程语法。但是当发生错误或者异常的时候，我们是否应该使用一些人性化的语言告诉用户呢？比如说，"亲，您要增加的内容的序号已经存在了，请修改一下吧！"而不是"违反唯一性约束。"当我们要处理多条结果集时，应该如何写代码呢？为了减少客户端程序员的工作量，我们是否可以将一些特定条件触发的操作交给 Oracle 自动完成呢？比如，要删除 A 表的一条记录前，也需要修改 B 表的一条记录并删除 C 表的一条记录，这些关联操作是否可以让系统自动完成呢？本章我们将解决这些问题。

本章学习要点：掌握 PL/SQL 异常；掌握针对不同类型异常的处理方法；掌握游标的建立及使用。

14.1　PL/SQL 中的异常处理

14.1.1　什么是异常

PL/SQL 中的一个警告或错误都被称为异常。PL/SQL 编程需要经历三个阶段，分别是编码、编译和执行。通常编程人员在编写完 PL/SQL 代码后，发送编译指令，这是编译期（compile time），此时系统对完成的代码先期进行语法和常规性的检查，此时产生的错误应该由编程人员自行更正，编程人员和系统进行交互式的对话，直至完全修改了代码中的语法错误及常规错误。我们讨论的异常是在 PL/SQL 执行过程（run time）中导致程序无法继续执行的意外情况，如果这类意外情况没有预先设置应对措施，那么将会自动终止整个程序的运行，这需要编程人员有完善的策略去解决它。Oracle 中异常分为预定义异常、非预定义异常和自定义异常三种。

1. 预定义（Predefined）异常

Oracle 预定义的异常情况大约有 24 个。对这种异常情况的处理，无需在程序中定义，由 Oracle 自动将其引发。这些异常有固定的错误代码和异常名称，如表 14-1 所示的预定义异常信息表。

2. 非预定义（Non-Predefined）异常

非预定义异常即其他标准的 Oracle 错误，区别于预定义异常是由于它只有编号，没有名称。对这种异常情况的处理，需要用户在程序中定义，然后由 Oracle 自动将其引发，如违反外键约束、检查约束等，Oracle 只为这些异常提供了错误代码，这些异常同样需要处理，在 PL/SQL 块中 PRAGMA EXCEPTION_INIT 语句为异常设置名字。

3. 自定义（User_define）异常

自定义异常即在程序执行过程中，出现编程人员认为的非正常情况。对这种异常情况的处理，需要用户在程序中定义，然后显式地在程序中将其引发。这些异常需要用户自己定义错误代码和异常名称，在程序中自动捕获并处理。

表 14-1 部分预定义异常信息表

Oracle 错误号	错误代码	异常错误信息名称	说明
ORA-00001	−1	DUP_VAL_ON_INDEX	试图破坏一个唯一性限制
ORA-00051	−51	TIMEOUT-ON-RESOURCE	在等待资源时发生超时
ORA-00061		TRANSACTION-BACKED-OUT	由于发生死锁事务被撤销
ORA-01001	−1001	INVALID-CURSOR	试图使用一个无效的游标
ORA-01012	−1012	NOT-LOGGED-ON	没有连接到 Oracle
ORA-01017	−1017	LOGIN-DENIED	无效的用户名 / 口令
ORA-01403	+100	NO_DATA_FOUND	SELECT INTO 没有找到数据
ORA-01422	−1422	TOO_MANY_ROWS	SELECT INTO 返回多行
ORA-01476	−1476	ZERO-DIVIDE	除零异常
ORA-01722	−1722	INVALID-NUMBER	转换一个数字失败
ORA-06500	−6500	STORAGE-ERROR	内存不够引发的内部错误
ORA-06501	−6501	PROGRAM-ERROR	PL/SQL 内部错误
ORA-06502	−6502	VALUE-ERROR	转换或截断错误
ORA-06504	−6504	ROWTYPE-MISMATCH	宿主游标变量与 PL/SQL 变量有不兼容行类型
ORA-06511	−6511	CURSOR-ALREADY-OPEN	试图打开一个已存在的游标

14.1.2 为何使用异常

异常情况处理是用来处理正常执行过程中未预料的事件，程序块的异常处理包含预定义的错误和自定义错误。PL/SQL 程序块一旦产生异常而没有指出如何处理时，产生的后果包括：

1）整个程序就会自动终止运行，这将会使得终端用户很茫然，用户体验也就比较糟糕。

2）程序会忽略错误，数据无法正确存取甚至会造成数据丢失，系统没有记录这种异常信息，专业人员更无法找到症结所在。因此，健壮的系统必须要有异常处理系统，能处理、转化和记录程序产生的异常信息。

3）异常处理程序与正常的事务逻辑混淆在一起，使得程序的可读性差，增加了程序维护的困难。

那么一个优秀的程序都应该能够正确处理各种出错情况，记录错误信息或者以友好的方式展现给用户并尽可能从错误中恢复。因此，采用异常处理并不是让程序异常终止，而是让程序有再一次处理的可能。

提示： 例 13-36 中行标号为 10 至 30 中，使用了查询语句先查找是否存在数据，然后再执行语句的方法，既降低了系统运行性能，又增加了代码复杂度，有点得不偿失，如果使用异常来处理这样的情况，那么可以获得比较好的效果。

14.1.3 异常的使用

当程序运行时出现某个错误，一个异常就被触发了。异常的触发有两种处理方式：

- 发生了 Oracle 错误，自动触发相关异常。例如，使用 SELECT 语句时，如果从数据库中无法检索到行，就会触发 ORA-01403 错误，这时 PL/SQL 就会引发一个 NO_DATA_FOUND 的异常。
- 可以在程序块中使用 RAISE 语句显式触发异常。被触发的异常可以是预定义的或自定义的异常。也可以使用 RAISE_APPLICATION_ERROR 存储过程抛出用户自定义异常。

在异常发生后，我们需要编写一段处理异常的代码来控制触发异常。如果在程序块的执行部分异常被触发，当前的程序块就会转去执行异常处理部分的相应异常处理代码。只要 PL/SQL 成功处理了异常，就不会把异常传播给外部程序块或环境，从而使 PL/SQL 程序块正常结束。如果在程序块的执行部分异常被触发，而没有相应异常处理代码，那么程序块执行就会被终止，转而将异常传播给调用环境。以下我们将从预定义异常、非预定义异常和用户自定义异常三方面来讲述异常的使用。

1. 预定义异常

在 PL/SQL 程序块的异常处理部分有相应的处理例程，就可以用来截获相应的错误，每个异常处理代码都有一个 WHEN 子句，它用来指定异常，WHEN 子句之后是当异常被触发时一系列要执行的语句，如果被触发的异常未匹配上 WHEN OTHERS 子句之上异常名称，那么该异常的处理程序就由 WHEN OTHERS 子句来完成，WHEN OTHERS 子句是最后定义的异常处理代码。异常处理代码格式如下所示：

```
EXCEPTION
WHEN exception1 [OR exception2 ...] THEN
statement1;
statement2;
...
[WHEN exception3 [OR exception4 ...] THEN
statement1;
statement2;
...]
[WHEN OTHERS THEN
statement1;
statement2;
...]
```

其中：*exception* 表示预定义异常的标准名或自定义异常的名字；*statement* 表示一个或多个 PL/SQL 或 SQL 语句。

注意：OTHERS 子句应该放在所有其他异常处理子句的后面，程序块中至多只能有一个 OTHERS 子句，在赋值语句和 SQL 语句中不能使用异常。

【例 14-1】使用异常处理来改写例 13-36 中的函数 getdriverlicenseno。

```
SQL> create or replace function getdriverlicenseno(adriverno   in varchar2,
  2                                             adrilicense in out varchar2)
  3    return varchar2 is
  4    Result varchar2(100);
  5    v_src  varchar2(200);
  6  begin
  7    v_src := adrilicense;
  8    select t.drilicense
  9      into adrilicense
 10      from ds_driverinfo t
 11     where t.empid = adriverno;
 12    Result      := adrilicense;
 13    adrilicense := '原始信息是: ' || v_src || '; 现在信息是: ' || adrilicense;
 14    return(Result);
 15  exception -- 使用异常处理可以增加代码可读性
 16    when NO_DATA_FOUND then
```

```
17      return(' 查无此人! ');
18    when others then
19      return(' 系统异常, 请联系开发人员! ');
20  end getdriverlicenseno;
21  /
```

Function created

测试该函数, 特意使用"空的"这一字段, 使得异常能触发。

```
SQL> declare
  2    t_licenseno dsuser.ds_driverinfo.drilicense%type;
  3  begin
  4    dbms_output.put_line(getdriverlicenseno(' 空的 ',t_licenseno));
  5  end;
  6  /
```

查无此人!

PL/SQL procedure successfully completed

2. 非预定义异常

因为非预定义异常只有编号, 没有名称, 所以不能直接处理。可以按照以下步骤来处理非预定义异常。

1) 在 PL/SQL 块的定义部分定义异常情况:

```
< 异常情况 >  EXCEPTION;
```

2) 将其定义好的异常情况, 与标准的 Oracle 错误联系起来, 使用 EXCEPTION_INIT 语句:

```
PRAGMA EXCEPTION_INIT(< 异常情况 >, < 错误代码 >);
```

3) 在 PL/SQL 块的异常情况处理部分对异常情况做出相应的处理。

【例 14-2】使用非预定义异常的例子。

需求说明: 如图 14-1 所示, 单位表 (G_DEPINFO) 和线路表 (G_ROUTEINFO) 有外键约束关系, 即线路表的"线路所属部门编号"字段和单位表的"单位编号"字段呈外键关联。要求用户修改线路表的"线路所属部门编号"字段时, 若"线路所属部门编号"不在单位表中将产生异常。

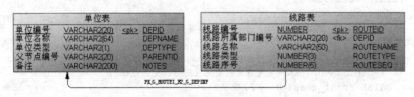

图 14-1 单位线路表

代码如下:

```
SQL> create or replace function updaterouteinfo(aroutename
    dsuser.g_routeinfo.routename%type, adeptno dsuser.g_depinfo.depid%type)
  2    return varchar2 is
  3    E_INTEGRITY EXCEPTION; --1.定义异常变量
  4    PRAGMA EXCEPTION_INIT(E_INTEGRITY, -2291);
  5    --2.定义的异常变量与错误代码相关联
```

```
 6   BEGIN
 7     UPDATE g_routeinfo t SET t.depid = adeptno
 8      WHERE t.routename = aroutename;
 9     return(aroutename || ' 的部门已经变更。');
10   EXCEPTION
11     WHEN E_INTEGRITY THEN
12       --3. 捕捉异常定义的异常处理
13       return(' 要变更的部门不存在! ');
14     WHEN OTHERS THEN
15       return(SQLCODE || '---' || SQLERRM);
16   END updaterouteinfo;
17   /
```

```
Function created
```

测试以上非预定义异常的例子:

```
SQL> declare
 2     t_routename dsuser.g_routeinfo.routename%type :='K81';
 3     t_deptno dsuser.g_depinfo.depid%type:='00009';--00009 确实不存在
 4   begin
 5     dbms_output.put_line(updaterouteinfo(t_routename,t_deptno));
 6   end;
 7   /
```

```
要变更的部门不存在!
```

```
PL/SQL procedure successfully completed
```

3. 用户自定义异常

用户自定义的异常错误是通过显式使用 RAISE 语句来触发。以下就是用户自定义异常的使用步骤:

1) 在 PL/SQL 块的定义部分定义异常情况。

2) RAISE < 异常情况 >。

3) 在 PL/SQL 块的异常情况处理部分对异常情况做出相应的处理。

【**例 14-3**】使用自定义异常的例子。修改例 14-2。

```
SQL> create or replace function updaterouteinfo(aroutename
dsuser.g_routeinfo.routename%type, adeptno dsuser.g_depinfo.depid%type)
 2     return varchar2 is
 3     v_deptnum number(1);
 4     error_result EXCEPTION; --1. 定义异常变量
 5   BEGIN
 6     select count(*) into v_deptnum from g_depinfo t where t.depid=adeptno;
 7     if v_deptnum=0 THEN -- 先查询需要更改的部门是否存在
 8       RAISE error_result; --2. 抛出
 9     end if;
10     UPDATE g_routeinfo t
11       SET t.depid = adeptno
12      WHERE t.routename = aroutename;
13      return(aroutename || ' 的部门已经变更。');
14   EXCEPTION
15     WHEN error_result THEN  --3. 捕捉异常定义的异常处理
16       return(' 要变更部门不存在, 请到机构管理模块中维护! ');
17     WHEN OTHERS THEN
18       return(SQLCODE || '---' || SQLERRM);
```

```
19  END updaterouteinfo;
20  /

Function created
```

测试以上自定义异常的例子：

```
SQL> declare
  2      t_routename dsuser.g_routeinfo.routename%type :='K81';
  3      t_deptno dsuser.g_depinfo.depid%type:='00009';
  4  begin
  5      dbms_output.put_line(updaterouteinfo(t_routename,t_deptno));
  6  end;
  7  /

要变更部门不存在，请到机构管理模块中维护！

PL/SQL procedure successfully completed
```

4. RAISE_APPLICATION_ERROR 过程的使用

调用 DBMS_STANDARD 包所定义的 RAISE_APPLICATION_ERROR 过程，可以重新定义异常错误消息，将应用程序专有的错误从服务器端转达到客户端应用程序。它为应用程序提供了一种与 Oracle 交互的方法。语法如下：

```
RAISE_APPLICATION_ERROR(error_number, error_message, [,{TRUE | FALSE}] );
```

其中：

- *error_number*：是指用户指定的从 −20000 到 −20999 之间的负数，这样就不会与 Oracle 的任何错误代码发生冲突。
- *error_message*：用户为异常指定的消息，它是最大长度为 2048 的字符串。
- TRUE | FALSE：可选项，若为 TRUE，则新的错误将会添加到先前错误的列表中；若为 FALSE（默认项），错误将会替换掉所有先前的错误列表。

【例 14-4】使用 RAISE_APPLICATION_ERROR 的例子。修改例 14-3。

```
SQL> create or replace function updaterouteinfo(aroutename
  dsuser.g_routeinfo.routename%type, adeptno dsuser.g_depinfo.depid%type)
  2      return varchar2 is
  3      v_deptnum number(1);
  4  BEGIN
  5      select count(*) into v_deptnum from g_depinfo t where t.depid = adeptno;
  6      if v_deptnum = 0 THEN
  7        raise_application_error(-20000,
  8                               '要变更部门不存在，请到机构管理模块中维护！');
  9        -- 抛出自定义异常
 10      end if;
 11      UPDATE g_routeinfo t SET t.depid = adeptno
 12       WHERE t.routename = aroutename;
 13      return(aroutename || ' 的部门已经变更。');
 14  EXCEPTION
 15      WHEN no_data_found THEN
 16        raise_application_error(-20001, '查询失败！');
 17      WHEN OTHERS THEN
 18        return(SQLCODE || '---' || SQLERRM);
 19  END updaterouteinfo;
 20  /

Function created
```

测试以上使用 RAISE_APPLICATION_ERROR 的例子：

```
SQL> declare
  2    t_routename dsuser.g_routeinfo.routename%type :='K81';
  3    t_deptno dsuser.g_depinfo.depid%type:='00009';
  4  begin
  5    dbms_output.put_line(updaterouteinfo(t_routename,t_deptno));
  6  end;
  7  /

-20000---ORA-20000: 要变更部门不存在，请到机构管理模块中维护!

PL/SQL procedure successfully completed
```

5. SQLCODE 和 SQLERRM 函数的使用

当发生异常时，可以使用 SQLCODE 和 SQLERRM 函数返回 Oracle 的错误代码和错误信息。根据返回的错误代码和错误信息，你可以决定如何处理这个错误。SQLCODE 可以将内在异常返回的 Oracle 的错误代码传递给 SQLERRM，而 SQLERRM 返回这个错误代码的消息。

注意：不能在 SQL 语句中直接使用这两个函数，而必须将这些值赋给 SQL 语句中的局部变量。

（1）SQLCODE 的使用

对于预定义的异常，在调用 SQLCODE 后，返回 0 代表操作成功，没有异常；返回负数代表执行错误并将控制传回给处理程序；返回 +100 代表发生"未找到数据"的错误。对于用户自定义的异常，在调用 SQLCODE 后，返回 +1 代表发生异常。

（2）SQLERRM 的使用

对于预定义的异常，在调用 SQLCODE 后，返回"ORA-0000: normal, successful completion"代表操作成功，没有异常；返回与发生的错误相关的消息。对于用户自定义的异常，在调用 SQLCODE 后，返回"User-Defined Message"消息代表发生异常。

注意：一般在程序最外层的 OTHERS 处理器内使用 SQLCODE 和 SQLERRM，这样可以确保所有的错误都能被检测到。

【例 14-5】使用 SQLCODE 和 SQLERRM 函数的例子。修改例 14-2。

```
SQL> create or replace function updaterouteinfo(aroutename
 dsuser.g_routeinfo.routename%type, adeptno dsuser.g_depinfo.depid%type)
  2    return varchar2 is
  3  BEGIN
  4    UPDATE g_routeinfo t
  5      SET t.depid = adeptno
  6     WHERE t.routename = aroutename;
  7    return(aroutename || ' 的部门已经变更。');
  8  EXCEPTION
  9    WHEN OTHERS THEN
 10      return(SQLCODE || '---' || SQLERRM);
 11  END updaterouteinfo;
 12  /

Function created
```

测试以上使用 SQLCODE 和 SQLERRM 函数的例子：

```
SQL> declare
  2    t_routename dsuser.g_routeinfo.routename%type :='K81';
```

```
3    t_deptno dsuser.g_depinfo.depid%type:='00009';
4  begin
5    dbms_output.put_line(updaterouteinfo(t_routename,t_deptno));
6  end;
7  /
```

-2291---ORA-02291: 违反完整约束条件 (DSUSER.FK_G_ROUTENUM) - 未找到父项关键字

PL/SQL procedure successfully completed

14.2　游标

14.2.1　游标的定义

之前我们编写的程序都只能对单行数据进行处理，但是实际的业务逻辑中，我们需要对多行数据或返回的多行结果集进行处理。例如，在事故信息管理系统中，我们要将结案的事故保存至事故汇总表（DS_S_ACCINFO，见附录 B）中，系统首先要判断该起事故是否处于结案状态，然后将该起事故相关内容写入事故汇总表中，事故汇总表包含了事故信息、司机信息、事故场景信息和事故费用等信息。系统需要处理多条事故信息，从多张表中获取数据，判断数据的有效性并合并入事故汇总表中，仅仅依靠 SELECT INTO 语句已经无法处理这样的情况。因此，我们需要一种新的结构来处理多条数据。这种结构就是本节要重点论述的游标（CURSOR）。

游标字面理解就是游动的光标。游标是 SQL 的一个内存工作区，如图 14-2 所示，由系统或用户以变量的形式定义。在某些情况下，需要把数据从存放在磁盘的表中调到计算机内存中进行处理，最后将处理结果显示出来或最终写回数据库，这样数据处理的速度才会提高，否则频繁的磁盘数据交换会降低效率。用数据库语言来描述游标就是映射在结果集中一行数据上的位置实体，有了游标，用户就可以访问结果集中的任意一行数据了，将游标放置到某行后，即可对该行数据进行操作，如提取当前行的数据等。

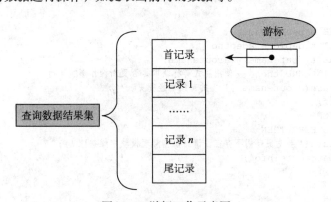

图 14-2　游标工作示意图

游标可以增强 SQL 语句的功能，它可以对 SQL 语句的处理进行显式控制，方便地帮助我们从数据库中连续提取数据，然后分别对每一条数据进行处理。游标是一种 PL/SQL 控制结构。游标有两种形式：隐式游标和显式游标。Oracle 服务器为每一个不属于显式游标的 SQL 语句都创建一个隐式游标。PL/SQL 中隐式游标也叫 SQL 游标，对于 SQL 游标，不能对其显式地执行 OPEN、CLOSE 和 FETCH 语句，但是可以使用游标属性从最近执行的 SQL 语句中获取信息。对于返回多条记录的查询语句，我们应该显式地声明一个游标来逐个处理这些数据。

游标的属性有四种，分别是SQL%ISOPEN、SQL%FOUND、SQL%NOTFOUND、SQL%ROWCOUNT。

- SQL%ISOPEN 返回的类型为布尔型，判断游标是否被打开，如果打开，%ISOPEN 等于 TRUE，否则等于 FALSE，即执行过程中为真，结束后为假。
- SQL%NOTFOUND 返回值为布尔型，判断插入、删除、更新语句是否影响行，如果影响了，则 %NOTFOUND 等于 TRUE，否则等于 FALSE。
- SQL%FOUND 返回值的类型为布尔型，值为 TRUE 代表插入、删除、更新操作影响了一行或多行，否则为 FALSE，即与 %NOTFOUND 属性返回值相反。
- SQL%ROWCOUNT 返回值类型为整型，返回当前位置为止游标读取的记录行数，即成功执行插入、删除、更新操作影响的数据行数。

14.2.2   隐式游标的使用

隐式游标又称为 SQL 游标，SQL 游标不是由程序打开或关闭的，用户也无需对其进行声明、打开及关闭。PL/SQL 隐含地打开游标，处理 SQL 语句，然后关闭游标。

当系统使用一个隐式游标时，可以通过隐式游标的属性来了解操作的状态和结果，进而控制程序的流程。隐式游标可以使用 SQL 作为游标名字来访问，但要注意，通过 SQL 游标名总是只能访问前一个处理操作或单行 SELECT 操作的游标属性。因此通常在刚执行完操作之后，就可以使用 SQL 游标名来访问属性。

【例 14-6】使用隐式游标的例子，修改例 14-5。

```
SQL> create or replace function updaterouteinfo4(aroutename
dsuser.g_routeinfo.routename%type, adeptno dsuser.g_depinfo.depid%type)
  2    return varchar2 is
  3
  4  BEGIN
  5    UPDATE g_routeinfo t
  6      SET t.depid = adeptno
  7     WHERE t.routename = aroutename;
  8    if sql%FOUND then -- 使用隐式游标获取是否更新操作影响了行
  9      return(aroutename || '的部门已经变更。');
 10    end if;
 11  EXCEPTION
 12    WHEN OTHERS THEN
 13      return('要变更部门不存在，请到机构管理模块中维护！');
 14  END updaterouteinfo4;
 15  /

Function created
```

测试以上使用隐式游标的例子：

```
SQL> declare
  2    t_routename dsuser.g_routeinfo.routename%type :='K81';
  3    t_deptno dsuser.g_depinfo.depid%type:='00';-- "00" 在表中确实存在
  4  begin
  5    dbms_output.put_line(updaterouteinfo4(t_routename,t_deptno));
  6  end;
```

```
  7  /
```

K81 的部门已经变更。

```
PL/SQL procedure successfully completed
```

14.2.3　显式游标的使用

显式游标即可以由用户进行定义和控制的游标。它的工作过程：一个 PL/SQL 程序打开一个游标，处理查询返回的多行数据，之后再关闭游标。游标标记了结果集的当前位置。相比于隐式游标只能提取一条记录，如果存在第二行，那么将返回 TOO_MANY_ROWS 的异常。因此，可以使用显式游标执行多次提取并在工作区（又称为专用 SQL 工作区）中再次执行查询分析。显式游标的工作过程如图 14-3 所示。

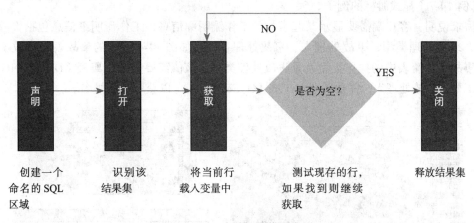

图 14-3　显式游标工作示意图

1．显式游标处理

显式游标处理需四个 PL/SQL 步骤：

● 定义游标：就是定义一个游标名，以及与其相对应的 SELECT 语句。

代码格式：

```
CURSOR cursor_name[(parameter[, parameter]...)] IS select_statement;
```

其中，**parameter** 为游标参数，只能为 IN 类型参数，其格式为：

```
parameter_name [IN] datatype [{:= | DEFAULT} expression]
```

在指定数据类型时，不能使用长度约束，如 NUMBER(4)、CHAR(10) 等都是错误的。

注意：定义游标时，SELECT 中不能有 INTO 子句。

● 打开游标：就是执行游标所对应的 SELECT 语句，将其查询结果放入工作区，并且指针指向工作区的区首，标识游标结果集。如果游标查询语句中带有 FOR UPDATE 选项，OPEN 语句还将锁定数据库表中游标结果集对应的数据行。

代码格式：

```
OPEN cursor_name[([parameter =>] value[, [parameter =>] value]...)];
```

在向游标传递参数时，可以使用与函数参数相同的传值方法，即位置表示法和名称表示法。PL/SQL 程序不能用 OPEN 语句重复打开一个游标。

- 提取游标数据：就是检索结果集中的数据行，放入指定的输出变量中。

代码格式：

```
FETCH cursor_name INTO {variable_list | record_variable };
```

将游标中获取到的记录存入变量或变量集中，以便对该记录进行处理；继续处理，直到活动集合中没有记录。

- 关闭游标：当提取和处理完游标结果集数据后，应及时关闭游标，以释放该游标所占用的系统资源，并使该游标的工作区变成无效，不能再使用 FETCH 语句获取其中数据。关闭后的游标可以使用 OPEN 语句重新打开。

代码格式：

```
CLOSE cursor_name;
```

【例 14-7】显式游标的例子。

需求说明：客户端需要显示某起事故的工作流明细信息，工作流明细信息包括事故处理时间、事故处理类型、事故处理人、事故处理备注。如图 14-4 所示的事故表与事故工作流表。事故工作流表中的操作类型就是事故处理类型，该值需要关联字典表（DS_G_DIC），操作员工号是事故处理人，需要关联员工表（G_EMPINFO）以获取员工姓名。

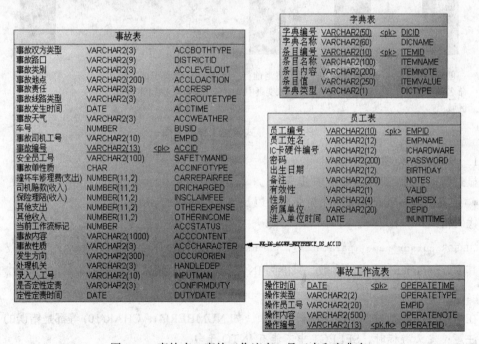

图 14-4　事故表、事故工作流表、员工表和字典表

```
SQL> create or replace function GETACCIDETAIL(aaccino dsuser.ds_accidentinfo.id%type)
  2      return varchar2 is
  3      result          varchar2(5000);
  4      v_operatetime dsuser.ds_acciworkflow.operatetime%type;
  5      v_operatetype dsuser. ds_acciworkflow. operatetype%type;
  6      v_empname       dsuser.g_empinfo.empname%type;
  7      v_operatenote dsuser.ds_acciworkflow.operatenote%type;
  8      CURSOR c_accidetail is  --1.游标定义
  9        select t.operatetime, v.itemvalue, u.empname, t.operatenote
```

```
10          from ds_acciworkflow t, ds_g_dic v, g_empinfo u
11        where t.operateempid = u.empid
12          and v.dicid = 'ACCSTATUS'
13          and t.operatetype = v.itemid
14          and t.acciinfoid = aaccino;
15  begin
16    result := '事故编号 ' || aaccino || ': ' || to_char(chr(13)) || to_char(chr(10));
17    open c_accidetail; --2.打开游标
18    fetch c_accidetail --3.获取数据
19      into v_operatetime, v_operatetype, v_empname, v_operatenote;
20    while c_accidetail%found loop
21      begin
22        result := result || to_char(v_operatetime, 'yyyy-mm-dd') || ' ' ||
23                  v_empname || ' ' || v_operatetype || to_char(chr(13)) ||
24                  to_char(chr(10)) || v_operatenote || '; ';
25        fetch c_accidetail
26          into v_operatetime, v_operatetype, v_empname, v_operatenote;
27      end;
28    end loop;
29    return(result);
30    close c_accidetail; --4.关闭游标
31  exception
32    when others then
33      begin
34        result := result || '系统故障: ' || SQLCODE || '---' || SQLERRM;
35        return(result);
36      end;
37  end GETACCIDETAIL;
38  /
```

```
Function created
```

提示： 在 Oracle 中 chr(10) 是换行符，chr(13) 是回车。

测试显式游标的例子：

```
SQL> begin
  2    dbms_output.put_line(dsuser.getaccidetail('A201007120001'));
  3  end;
  4  /
```

```
事故编号 A201007120001:
2010-07-12 朱彬 录入
; 2010-07-12 朱彬 安全部门申请
; 2010-08-09 杭建平 车队审核通过
; 2010-08-13 阮国平 安全部门审核未通过
第三方信息无;
```

```
PL/SQL procedure successfully completed
```

2. 显式游标与隐式游标的比较

显式游标与隐式游标的比较见表 14-2。

表 14-2　显式游标与隐式游标的比较

隐式游标	显式游标
当查询时，由 PL/SQL 内部管理，自动打开和关闭	游标有一个名字，可在程序中显式地定义、打开和关闭
游标属性的前缀是 SQL	游标属性的前缀是游标名

（续）

隐式游标	显式游标
游标属性 %ISOPEN 总是 FALSE，因为当查询执行完毕后立即关闭隐式游标	依赖游标的状态，属性 %ISOPEN 有一个有效值
SELECT...INTO 只能处理一行	可以处理任何行，在程序中设置循环过程，每行都应该显式地取（除非在一个游标的 FOR 循环中）

3. 游标式 FOR 循环

PL/SQL 语言提供了游标式 FOR 循环语句，自动执行游标的 OPEN、FETCH、CLOSE 语句和循环语句的功能；当进入循环时，游标式 FOR 循环语句自动打开游标，并提取第一行游标数据，当程序处理完当前所提取的数据而进入下一次循环时，游标式 FOR 循环语句自动提取下一行数据供程序处理，当提取完结果集中的所有数据行后结束循环，并自动关闭游标。

代码格式：

```
FOR index_variable IN cursor_name[value[, value]...] LOOP
        -- 游标数据处理代码
END LOOP;
```

其中：index_variable 为游标式 FOR 循环语句隐含声明的索引变量，该变量为记录变量，其结构与游标查询语句返回的结果集的结构相同。在程序中可以通过引用该索引记录变量元素来读取所提取的游标数据，index_variable 一般会是 %ROWTYPE 类型的。index_variable 中各元素的名称与游标查询语句选择列表中所制定的列名相同。如果在游标查询语句的选择列表中存在计算列，则必须为这些计算列指定别名后才能通过游标式 FOR 循环语句中的索引变量来访问这些列数据。

注意：不要在程序中对游标进行人工操作；不要在程序中定义用于控制 FOR 循环的记录。

【例 14-8】使用 FOR 循环改写例 14-7。

```
SQL> create or replace function GETACCIDETAIL(aaccino dsuser.ds_accidentinfo.id%type)
  2     return varchar2 is
  3     result varchar2(5000);
  4     CURSOR c_accidetail is
  5       select t.operatetime, v.itemvalue, u.empname, t.operatenote
  6        from ds_acciworkflow t, ds_g_dic v, g_empinfo u
  7       where t.operateempid = u.empid
  8         and v.dicid = 'ACCSTATUS'
  9         and t.operatetype = v.itemid
 10         and t.acciinfoid = aaccino;
 11  begin
 12     result := '事故编号' || aaccino || ': ' || to_char(chr(13)) || to_char(chr(10));
 13     for accidetail in c_accidetail loop
 14       result := result || to_char(accidetail.operatetime, 'yyyy-mm-dd') || ' ' ||
 15               accidetail.empname || ' ' || accidetail.itemvalue ||
 16               to_char(chr(13)) || to_char(chr(10)) ||
 17               accidetail.operatenote || '; ';
 18     end loop;
 19     return(result);
 20  exception
 21    when others then
 22      begin
 23        result := result || '系统故障: ' || SQLCODE || '---' || SQLERRM;
 24        return(result);
```

```
25      end;
26  end GETACCIDETAIL;
27  /
```

Function created

测试游标式 FOR 循环的例子：

```
SQL> begin
 2      dbms_output.put_line(dsuser.getaccidetail('A201007120001'));
 3  end;
 4  /
```

```
事故编号 A201007120001：
2010-07-12  朱彬  录入
; 2010-07-12  朱彬  安全部门申请
; 2010-08-09  杭建平  车队审核通过
; 2010-08-13  阮国平  安全部门审核未通过
第三方信息无；
```

PL/SQL procedure successfully completed

4．参数化游标

在之前的显式游标处理中，已经提出可以在游标中接收参数，这些参数仅可用于游标的 SELECT 语句的输入。游标参数可以在查询的任何位置上出现，可以在 OPEN 语句或游标式 FOR 循环中提供参数值。

在游标处于打开状态时，执行查询语句，可将参数的值传递给游标。那么，在一个块中多次打开和关闭游标，每次返回不同的结果集。

在游标声明部分的形参必须与 OPEN 语句中的实参相对应。参数的数据类型也必须一致，只是不必为参数指定大小。在查询表达式的游标中可以引用参数名。提供参数的方法为：在游标名后的圆括弧内写入参数，代码格式：

```
CURSOR cursor_name [(parameter_name datatype,...)] IS select_statement
```

其中：

- *cursor_name*：已声明过的游标的 PL/SQL 标识符。
- *parameter_name*：参数名。
- *datatype*：参数的数据类型。
- *select_statement*：不带 INTO 子句的 SELECT 语句。

当游标处于打开状态时，可以给相应位置的参数传递值。所传递的值可以来自 PL/SQL 变量、主变量或字面值。参数并不能提供太大的功能，仅使得指定的输入更为简单、清晰。这对于多次引用相同的游标是很有用的。

【例 14-9】参数化游标的例子，改写例 14-7。

```
SQL> create or replace function GETACCIDETAIL
 2      return varchar2 is
 3      result varchar2(5000);
 4      CURSOR c_accidetail(aaccino dsuser.ds_accidentinfo.id%type) is
 5      select t.operatetime, v.itemvalue, u.empname, t.operatenote
 6        from ds_acciworkflow t, ds_g_dic v, g_empinfo u
 7       where t.operateempid = u.empid
```

```
 8          and v.dicid = 'ACCSTATUS'
 9          and t.operatetype = v.itemid
10          and t.acciinfoid = aaccino;
11  begin
12    result := '事故编号 ' || 'A201007120001' || ': ' || to_char(chr(13)) || to_char(chr(10));
13    for accidetail in c_accidetail('A201007120001') loop
14 /* 使用传统的 open 方式打开参数化游标的写法: open c_accidetail('A201007120001')*/
15      result := result || to_char(accidetail.operatetime, 'yyyy-mm-dd') || ' ' ||
16              accidetail.empname || ' ' || accidetail.itemvalue ||
17              to_char(chr(13)) || to_char(chr(10)) ||
18              accidetail.operatenote || '; ';
19    end loop;
20    return(result);
21  exception
22    when others then
23      begin
24        result := result || '系统故障:' || SQLCODE || '---' || SQLERRM;
25        return(result);
26      end;
27  end GETACCIDETAIL;
28  /
```

```
Function created
```

测试参数化游标的例子:

```
SQL> begin
  2    dbms_output.put_line(dsuser.getaccidetail);
  3  end;
  4  /
```

```
事故编号 A201007120001:
2010-07-12 朱彬 录入
; 2010-07-12 朱彬 安全部门申请
; 2010-08-09 杭建平 车队审核通过
; 2010-08-13 阮国平 安全部门审核未通过
第三方信息无;

PL/SQL procedure successfully completed
```

14.3　触发器

14.3.1　触发器的作用

1. 什么是触发器

触发器（trigger）是个特殊的存储过程，它的执行不是由程序调用，也不是手工启动，而是由某个事件来触发，比如当对一个表进行操作（如 INSERT、DELETE、UPDATE）时就会激活它执行。触发器经常用于加强数据的完整性约束和业务规则等。

触发器与存储过程的唯一区别是触发器不能执行 EXECUTE 语句调用，而是在用户执行 SQL 语句时自动触发执行。执行触发器的活动被称为触发触发器。触发事件可以是如下任何一种：

1）处理数据库表的 DML 语句（如 INSERT、UPDATE 或者 DELETE）。在触发事件发生之前或者之后，触发器会执行。例如，如果定义对 G_EMPINFO（员工基本情况表）执行 INSERT 语句之前需要执行的一个触发器，那么每次往 G_EMPINFO 表插入数据之前都会执行这个触发器。

2）特定用户在特定模式下，或者任何用户执行的 DDL 语句（如 CREATE 或 ALTER）。这种触发器经常被用于审计目的，并且专用于 Oracle DBA。它们可以记录各种模式修改、何时执行，以及哪个用户执行的。

3）系统事件，如数据库启动或关闭。

4）用户事件，如登录和注销。即可以定义一个触发器，在用户登录数据库时记录用户名和登录时间。

2. 触发器的类型

根据触发器的方法调用及执行的活动类型可以分为四种类型：

（1）行触发器（row trigger）

当表被触发语句影响的时候，行触发器就触发。例如，如果一个语句更新多行，那么行触发器对受到更新影响的每一行触发一次。如果触发语句没有影响到行，那么行触发器也不运行。因此，行触发器触发行为的代码是由触发语句提供的数据或者被影响的行所决定。

（2）语句触发器（statement trigger）

语句触发器不关心表中被触发语句影响的行数，它只执行一次。例如，一个删除语句在表中删除了 100 行，那么语句级别的 DELETE 触发器只执行一次。因此，语句触发器触发行为的代码不是由触发语句提供的数据或者被影响的行所决定。

（3）instead-of 触发器（INSTEAD OF trigger）

instead-of 触发器执行时，触发它的 DML 语句不执行。instead-of 触发器定义在视图上，可以用来修改视图。

（4）事件触发器（event trigger）

可以使用事件触发器来给数据库事件订阅者发布信息，该触发器一般包含系统触发器和用户事件触发器。系统触发器是由数据库事件触发，如数据库实例启动和关闭等。用户事件触发器是由于用户登入登出、DDL 语句和 DML 语句相关事件触发。

行触发器和语句触发器都是由对数据库表进行 INSERT、UPDATE、DELETE 操作而激发的触发器。因此，可以称它们为 DML 触发器。

3. 触发器的结构

以下将以事故管理系统中，获取第三方责任序号的触发器 TR_GETTHIRDSEQID 为例说明触发器的结构。

【例 14-10】获取第三方责任序号的触发器 TR_GETTHIRDSEQID。

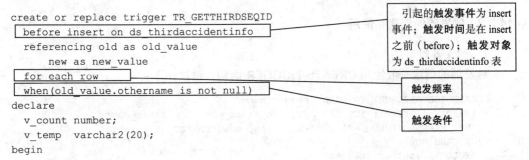

```
create or replace trigger TR_GETTHIRDSEQID
  before insert on ds_thirdaccidentinfo
  referencing old as old_value
      new as new_value
  for each row
  when(old_value.othername is not null)
declare
  v_count number;
  v_temp  varchar2(20);
begin
```

引起的**触发事件**为 insert 事件；**触发时间**是在 insert 之前（before）；**触发对象**为 ds_thirdaccidentinfo 表

触发频率

触发条件

```
v_temp := :new_value.accid;
select count(*) into v_count from ds_thirdaccidentinfo t
      where t.accid = v_temp and t.seqid = '1';
if v_count < 1 then
   :new_value.seqid:='1';
else
   :new_value.seqid:='0';
end if;
end;
```

触发操作

触发事件：引起触发器被触发的事件。例如：DML 语句 (如 INSERT、UPDATE、DELETE 语句对表或视图执行数据处理操作)、DDL 语句（如 CREATE、ALTER、DROP 语句在数据库中创建、修改、删除模式对象）、数据库系统事件（如系统启动或退出、异常错误）、用户事件（如登录或退出数据库）。

触发时间：即该 TRIGGER 是在触发事件发生之前（BEFORE）还是之后 (AFTER) 触发，也就是触发事件和该 TRIGGER 的操作顺序。

触发操作：即该 TRIGGER 被触发之后的目的和意图，即触发器本身要做的事情。例如：PL/SQL 块。

触发对象：包括表、视图、模式、数据库。只有在这些对象上发生了符合触发条件的触发事件，才会执行触发操作。

触发条件：由 WHEN 子句指定一个逻辑表达式。只有当该表达式的值为 TRUE 时，遇到触发事件才会自动执行触发器，使其执行触发操作。

触发频率：说明触发器内定义的动作被执行的次数，即语句触发器和行触发器。语句触发器的触发事件发生时，只执行一次；行触发器的触发事件发生时，对受到该操作影响的每一行数据都单独执行一次。

4. 触发器的触发时机

触发器的触发时机也可以由用户定义，时机主要是指在触发事件之前（BEFORE）还是之后（AFTER），主要有以下几个触发时间点：

- 触发事件之前。
- 每一行被触发事件影响之前。
- 每一行被触发事件影响之后。
- 触发事件之后。

提示：对于语句触发器和行触发器，尽量使用 BEFORE 时间点的触发器，它能确保数据库被修改之前的商业规则的安全性。AFTER 时间点的触发器大多使用在日志记录中。

在下面几节中，我们将逐一介绍这些触发器。

14.3.2　触发器的创建和使用

1. 触发器的创建

触发器的创建一般使用 CREATE TRIGGER 语句，语法如下：

```
CREATE [OR REPLACE] TRIGGER trigger_name
   {BEFORE | AFTER | INSTEAD OF} triggering_event ON table_name
   [REFERENCING {OLD [AS] old | NEW [AS] new| PARENT as parent}]
[FOR EACH ROW]
   [FOLLOWS another_trigger]
```

```
  [ENABLE/DISABLE]
  [WHEN condition]
DECLARE
    declaration statements;
BEGIN
    triggered_action;
EXCEPTION
    exception-handling statements;
END;
```

其中：

- *trigger_name*：是指触发器的名字。
- BEFORE | AFTER：是指何时执行触发器，即在触发事件发生之前还是之后。
- *triggering_event*：是指针对数据库表的 DML 语句。
- *table_name*：与该触发器相关的数据库表名。
- REFERENCING：指定在行触发器的新旧记录分别为 NEW 和 OLD，可使用别名替代 NEW 和 OLD。NEW 和 OLD 都引用嵌套表中的行，PARENT 则引用其父表的当前行。
- FOR EACH ROW：指定为行触发器，适用于插入、修改或删除的数据行。
- FOLLOWS：指定触发器被触发的顺序（11g 新增功能）。
- ENABLE/DISABLE：指触发器是在启用还是禁用状态下创建的。
- WHEN *condition*：触发约束条件，condition 为一个逻辑表达式，其中必须包含相关名称，而不能包含查询语句，也不能调用 PL/SQL 函数。WHEN 子句指定的触发约束条件只能用在 BEFORE 和 AFTER 行触发器中，不能用在 instead-of 行触发器和其他类型的触发器中。

注意：触发器隶属于一个独立的命名空间。也即触发器可以有与表和过程相同的名称。然而在一个模式范围内，给定的名称只能用于一个触发器。

2. 触发器的使用限制及注意事项

- 触发器不接受参数。
- 一个表上最多可有 12 个触发器，但同一时间、同一事件、同一类型的触发器只能有一个。各触发器之间不能有矛盾。
- 在一个表上的触发器越多，对在该表上的 DML 操作的性能影响就越大。
- CREATE TRIGGER 语句文本的字符长度不能超过 32KB。
- 在触发器的执行部分只能用 DML 语句（SELECT、INSERT、UPDATE、DELETE），不能使用 DDL 语句（CREATE、ALTER、DROP）。
- 触发器中不能包含事务控制语句（COMMIT、ROLLBACK、SAVEPOINT）。因为触发器是触发语句的一部分，触发语句被提交、回退时，触发器也被提交、回退了。
- 在触发器主体中调用的任何过程、函数都不能使用事务控制语句。
- 在触发器主体中不能声明任何 LONG 和 BLOB 变量。新值 NEW 和旧值 OLD 也不能是表中的任何 LONG 和 BLOB 列。
- 不同类型的触发器（如 DML 触发器、instead-of 触发器、系统触发器）的语法格式和作用有较大区别。
- 触发器体内的 SELECT 语句只能为 SELECT ... INTO ... 结构，或者为定义游标所使用的 SELECT 语句。

● 触发器所访问的表受到表的约束限制，即后面章节的"变异表"。

3. DML 触发器的使用

DML 触发器由 DML 语句触发，如 INSERT、UPDATE 和 DELETE 语句。针对所有的 DML 事件，按触发的时间可以将 DML 触发器分为 BEFORE 触发器与 AFTER 触发器，分别表示在 DML 事件发生之前和之后采取行动。DML 触发器也可以分为语句触发器与行触发器，前一节已经阐述，其中，语句触发器针对某一条语句触发一次，而行触发器则针对语句所影响的每一行都触发一次。

下面将以案例分析的方式来说明 DML 触发器的使用。

【例 14-11】 增加新司机的触发器 TR_ADDDRICHANGE。

需求描述：当增加一名新司机时，需要向司机基本信息表（DS_DRIVERINFO）中插入新记录，而司机月安全公里累计表（DS_DRIMONTHSECMILE）也需要插入新记录，进行司机初始化，司机必须拥有"A1"的准驾车型。司机月安全公里累计表中的新记录包含司机工号、时间、本次累计安全公里、本次安全档位、扣除的安全公里、司机所属车队 6 项，其中司机工号和司机所属车队均可以从即将要插入司机基本信息表的记录中获取；时间项需要从字典表（DS_G_DIC）中获取最近一次安全公里累计的时间；该新司机的当前安全公里累计是0，那么本次累计安全公里、本次安全档位和扣除的安全公里分别初始化为 0、1、0。相关表见图 14-5。

司机基本信息表		
年审月份	VARCHAR2(2)	ANNREVIEWMON
性格脾气	VARCHAR2(3)	CHATEMPER
有无慢性病	VARCHAR2(1)	CHRDISEASE
司机住址	VARCHAR2(200)	DRIADDRESS
驾驶证编号	VARCHAR2(100)	DRILICENSE
驾驶操作	VARCHAR2(3)	DRIOPERA
驾驶反映	VARCHAR2(3)	DRIREACTION
代班师傅	VARCHAR2(100)	DRITEACHER
工号	VARCHAR2(10) <pk>	EMPID
用工性质	VARCHAR2(3)	EMPTYPE
联系电话	VARCHAR2(20)	FPHONE
初领证时间	DATE	GETLICENSETIME
健康状况	VARCHAR2(3)	HEALSITUATION
信息录入时间	DATE	INPUTTIME
专业技术职称	VARCHAR2(3)	PPOTITLE
准驾车型	VARCHAR2(5)	QUASIDRIVETYPE
驾照有效期	DATE	VALIDDATE
单放日期	DATE	INDEPENDDRIVDATE
是否外聘	VARCHAR2(1)	APPOINTOUT

司机月安全公里累计		
司机工号	VARCHAR2(10) <pk>	DRINO
累计时间	VARCHAR2(8) <pk>	DATEMONTH
本次累计安全公里	NUMBER	CURRSECMILE
本次安全档位	VARCHAR2(2)	CURRSECLEVEL
扣除的安全公里	NUMBER	PUNISHMILE
司机所属车队	VARCHAR2(20)	DEPID

图 14-5　司机基本信息表和司机月安全公里累计表

提示： 字典表（DS_G_DIC）的内容可以参见图 14-4。

```
SQL> create or replace trigger TR_ADDDRICHANGE
  2    after insert on ds_driverinfo
  3    referencing old as old_value
  4        new as new_value
  5    for each row
  6  when (old_value.QUASIDRIVETYPE='0')
  7  declare
  8    v_miledate ds_drimile.miledate%type;
```

```
 9  begin
10    select itemname into v_miledate
11      from ds_g_dic t where t.DICID = 'currmiledate'
12       and t.ITEMID = '0';
13    insert into ds_drimonthsecmile t
14      (DRINO, DATEMONTH, CURRSECMILE, CURRSECLEVEL, PUNISHMILE, DEPID)
15    values
16      (:new_value.empid, v_miledate, 0, '1', 0, :new_value.DEPID);
17  end;
18  /

Trigger created
```

其中：TR_ADDDRICHANGE 触发器触发的时间是在司机基础信息表中插入一条新的司机记录之后。

验证以上触发器执行结果：

```
SQL> insert into DS_DRIVERINFO t (t.EMPID,t.QUASIDRIVETYPE,t. DEPID)
 values('88889999','0','0601');

1 row inserted

SQL> commit;

Commit complete

SQL> select * from ds_drimonthsecmile t where t.drino='88889999';

DRINO     DATEMONTH CURRSECMILE CURRSECLEVEL PUNISHMILE DEPID
-------  ------ ----  ------  ----  --------------------------------------
88889999   2011-01        0        1             0        0601
```

FOR EACH ROW 表示采用行触发器，表示每当司机基础信息表插入新记录时，触发器都会执行，如果没有 FOR EACH ROW 就是语句触发器。

REFERENCING 子句中，使用 OLD_VALUE 和 NEW_VALUE 来代替 OLD 和 NEW 修饰符，这样做是为了让读者不混淆关键字，OLD_VALUE 和 NEW_VALUE 分别代表在 DML 操作前后的整行记录，使用规则见表 14-3，而在触发操作（之后的 PL/SQL 块）中，就必须在 OLD_VALUE 和 NEW_VALUE 之前增加 "：" 来引用，WHEN 子句中不需要在前面增加 "："。

表 14-3　OLD 和 NEW 修饰符在 DML 操作中的特性

修饰符＼DML 操作	INSERT	UPDATE	DELETE
OLD	NULL	更新前行的原始值	行被删除前的原始值
NEW	该语句结束时，将要被插入的值	该语句结束时，将要被更新的值	NULL

WHEN 子句表示新司机必须有 "A1" 的准驾车型，QUASIDRIVETYPE 在司机基础信息表中为准驾车型列，QUASIDRIVETYPE 在字典表中的 "A1" 用 "0" 来表示。

触发操作主要由两条语句组成，SELECT INTO 语句负责获取时间，INSERT 语句负责在司机月安全公里累计表中插入新记录来初始化司机。

通过以上方法可以完成增加新司机的相关操作。

【例 14-12】为事故信息表（DS_ACCIDENTINFO）记录操作日志。

需求描述：根据客户需要，系统必须记录事故信息表的操作流水记录，也即事故表的增、删、改都需要登记到指定的日志表中，以方便今后的安全追责，因此，系统需要判断当前的操作，然后记录到日志表中（见图 14-6）。

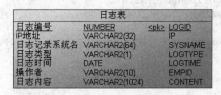

图 14-6 日志表

```
SQL> create or replace trigger TR_DMLLOG_ACCIDENTINFO
  2  after insert or delete or update on DS_ACCIDENTINFO
  3  for each row
  4  begin
  5     if inserting then
  6       insert into G_LOG values(seq_g_log.nextval,'127.0.0.1','dsms','3',sysd
ate,user,'插入 DS_ACCIDENTINFO');
  7     elsif deleting then
  8       insert into G_LOG values(seq_g_log.nextval,'127.0.0.1','dsms','3',sysd
ate,user,'删除 DS_ACCIDENTINFO');
  9     elsif updating then
 10       insert into G_LOG values(seq_g_log.nextval,'127.0.0.1','dsms','3',sysd
ate,user,'更新 DS_ACCIDENTINFO');
 11     end if;
 12  end;
 13  /

Trigger created
```

其中：写日志表的操作是在插入、删除或者修改后触发的。

提示：日志表（G_LOG）的内容可以参见附录 B。

INSERTING、DELETING 和 UPDATING 是触发器谓词，它们本身就是逻辑表达式，分别代表插入、删除和更新是否为真。具体使用说明如表 14-4 所示。

表 14-4 触发器谓词使用说明

触发器谓词	说明
INSERTING	如果触发语句是 INSERT 语句，则为 TRUE，否则为 FALSE
UPDATING	如果触发语句是 UPDATE 语句，则为 TRUE，否则为 FALSE
UPDATING ('column')	如果触发语句是 UPDATE 指定 column 列，则为 TRUE，否则为 FALSE
DELETING	如果触发语句是 DELETE 语句，则为 TRUE，否则为 FALSE

验证例 14-12 执行结果：

```
SQL> insert into DS_ACCIDENTINFO t (t.id,t.accresp,t.accstatus)
values('A201209240102','1','-1');

1 row inserted

SQL> commit;

Commit complete
```

```
SQL> select * from g_log t where t.sysname='dsms';

LOGID  IP          SYSNAME  LOGTYPE  LOGTIME      EMPNAME   CONTENT
-----  ----------  -------  -------  -----------  -------   ------------------
7542   127.0.0.1   dsms     3        2013-11-25   DSUSER    插入 DS_ACCIDENTINFO
```

4. instead-of 触发器的使用

instead-of 触发器又称为替代触发器，用于执行一个替代操作来代替触发事件的操作。例如：针对 INSERT 事件的 instead-of 触发器，它由 INSERT 语句触发，当出现 INSERT 语句时，该语句不会被执行，而是执行 instead-of 触发器中定义的语句。具体格式如下所示：

```
CREATE [OR REPLACE] TRIGGER trigger_name
INSTEAD OF
{INSERT | DELETE | UPDATE [OF column [, column ...]]}
[OR {INSERT | DELETE | UPDATE [OF column [, column ...]]}...]
ON [schema.] view_name -- 只能定义在视图上
[REFERENCING {OLD [AS] old | NEW [AS] new| PARENT as parent}]
[FOR EACH ROW ] -- 因为 instead-of 触发器只能在行级上触发，所以没有必要指定
[WHEN condition]
PL/SQL_block;
```

创建 instead-of 触发器需要注意以下几点：

- 只能被创建在视图上，并且该视图没有指定 WITH CHECK OPTION 选项。
- 不能指定 BEFORE 或 AFTER 选项。
- FOR EACH ROW 子句是可选的，即替代触发器只能在行上触发或只能是行触发器，没有必要指定。

【例 14-13】删除车辆单位视图中的信息。

需求描述：车辆单位视图的作用是显示车辆所属的单位及变更的次数。要求删除视图中的信息。相关表见图 14-7。

图 14-7　单位表和车辆表

创建的视图如下所示：

```
SQL> create or replace view v_busdep as
  2  select t1.busshowid, t2.depname, count(t2.depname) busnum
  3    from g_businfo t1
  4    left join g_depinfo t2 on t1.ownerdep = t2.depid
  5    group by t1.busshowid,t2.depname
  6  /

View created
```

此时，如果使用 DELETE 删除语句，删除某单位的车辆会出现如下结果：

```
SQL> delete from v_busdep t where t.depname='汽车一公司';

delete from v_busdep t where t.depname='汽车一公司'

ORA-01732: 此视图的数据操纵操作非法
```

因此，可以采用替代触发器来替代视图的删除，触发器（TR_DEL_BUSDEP）创建如下，创建完毕后再执行以上的删除命令：

```
SQL> create or replace trigger TR_DEL_BUSDEP
  2    instead of delete on v_busdep
  3  begin
  4    delete from g_businfo t where t.ownerdep=:old.depname;
  5  end TR_DEL_BUSDEP;
  6  /

Trigger created
SQL> delete from v_busdep t where t.depname='汽车一公司';

5 rows deleted
```

instead-of 触发器会代替基于视图而执行的触发语句（INSERT、UPDATE 和 DELETE），并且会直接修改底层的数据库表。上例中通过删除车辆基础信息表（G_BUSINFO）来达到删除视图（V_BUSDEP）中记录的目的。

5. 事件触发器的使用

事件触发器可以由 DDL 或数据库系统事件触发。DDL 指的是数据定义语言，如 CREATE、ALTER 及 DROP 等。而数据库系统事件包括数据库服务器的启动或关闭、用户的登录与退出、数据库服务错误等。创建事件触发器的语法如下：

```
CREATE OR REPLACE TRIGGER [sachema.] trigger_name
    {BEFORE|AFTER}  {ddl_event_list|database_event_list}
    ON { DATABASE | [schema.] SCHEMA }
    [ WHEN_clause]
    trigger_body;
```

其中：

- ddl_event_list：一个或多个 DDL 事件，事件间用 OR 分开。
- database_event_list：一个或多个数据库事件，事件间用 OR 分开。

事件触发器既可以建立在一个模式上，又可以建立在整个数据库上。当建立在模式之上时，只有模式所指定用户的 DDL 操作和它们所导致的错误才激活触发器；当建立在数据库之上时，该数据库所有用户的 DDL 操作和他们所导致的错误，以及数据库的启动和关闭均可激活触发器。要在数据库之上建立触发器时，要求用户具有 ADMINISTER DATABASE TRIGGER 权限。下面给出事件触发器的种类和事件出现的时机（BEFORE 或 AFTER），见表 14-5。

表 14-5　Oracle 系统事件表

事件	允许的时机	说明
STARTUP	AFTER	启动数据库实例之后触发
SHUTDOWN	BEFORE	关闭数据库实例之前触发（非正常关闭不触发）
SERVERERROR	AFTER	数据库服务器发生错误之后触发
LOGON	AFTER	成功登录连接到数据库后触发
LOGOFF	BEFORE	开始断开数据库连接之前触发
DDL(CREATE,DROP,ALTER, GRANT, REVOKE,RENAME, AUDIT / NOAUDIT)	BEFORE，AFTER	在执行大多数 DDL 语句之前、之后触发

【例 14-14】记录成功登录连接到数据库的日志信息。

需求描述：将用户成功登录连接到数据库信息登记在日志表（G_LOG）中。

```
SQL> create or replace trigger TR_LOGON_USERLOG
  2    after logon on database
  3  begin
  4    insert into dsuser.g_log
  5      (LOGID, IP, SYSNAME, LOGTYPE, LOGTIME, EMPNAME, CONTENT)
  6    values
  7      (seq_g_log.nextval,
  8       ora_client_ip_address,
  9       ora_database_name,
 10       '2',
 11       sysdate,
 12       ora_login_user,
 13       '成功登录连接到数据库');
 14  end TR_LOGON_USERLOG;
 15  /

Trigger created
```

测试事件触发器：

```
SQL> disconnect
Not logged on

SQL> connect dsuser/Dsuser123
Connected to Oracle Database 11g Enterprise Edition Release 11.2.0.1.0
Connected as dsuser
```

显示测试结果：

```
SQL> select * from g_log t where t.empname='DSUSER';

LOGID  IP            SYSNAME                        LOGTYPE  LOGTIME     EMPNAME
-----  ------------  -----------------------------  -------  ----------  ----
7542   127.0.0.1     dsms                           3        2013-11-25  DSUSER
7546   192.168.0.102 DSMS.HANGZHOU.COM.CN           2        2013-11-25  DSUSER

CONTENT
-------- ----
插入 DS_ACCIDENTINFO
成功登录连接到数据库
```

其中：

after logon on database 是指登录连接到数据库后触发触发器 TR_LOGON_USERLOG。成功登录后，触发器的触发操作将这一事件记录在 dsuser 用户的 G_LOG 日志表中。

ora_client_ip_address、ora_database_name 和 ora_login_user 是 Oracle 事件属性函数，分别返回客户端 IP 地址、全局数据库名和登录用户名。常见的事件属性函数可见表 14-6。

表 14-6 Oracle 事件属性函数

函数名称	数据类型	说　明
ora_sysevent	VARCHAR2（20）	激活触发器的事件名称
instance_num	NUMBER	数据库实例名
ora_database_name	VARCHAR2（50）	数据库名称
server_error(posi)	NUMBER	错误信息栈中 posi 指定位置中的错误号

（续）

函数名称	数据类型	说　明
is_servererror(err_number)	BOOLEAN	检查 err_number 指定的错误号是否在错误信息栈中，如果在则返回 TRUE，否则返回 FALSE。在触发器内调用此函数可以判断是否发生指定的错误
ora_login_user	VARCHAR2(30)	登录或注销的用户名称
ora_client_ip_address	VARCHAR2(11)	客户端登录时的 IP 地址
ora_des_encrypted_password	VARCHAR2(2)	正在创建或修改的经过 DES 算法加密的用户口令

6. 其他相关触发器的内容

（1）触发器权限

表 14-7 描述了五个适用于触发器的系统权限。除此之外，触发器的所有者必须对触发器所引用的对象具有必要的对象权限。由于触发器是已经编译的对象，因此这些权限都必须直接授予，不能通过角色给予。

表 14-7　与触发器相关的系统权限

系统权限	说　明
CREATE TRIGGER	允许被授权人在他自己的模式中创建触发器
CREATE ANY TRIGGER	允许被授权人在任何除 SYS 之外的模式中创建触发器。不推荐在数据字典表中创建触发器
ALTER ANY TRIGGER	允许被授权人在任何除 SYS 之外的模式中启用、禁用或编译数据库触发器。请注意，如果被授权人没有 GREATE ANY TRIGGER 权限，用户不能改变触发器的代码
DROP ANY TRIGGER	允许被授权人删除任何除 SYS 之外的模式中的数据库触发器
ADMINISTER DATABASE TRIGGER	允许被授权人在数据库（非当前模式）上创建或改变系统事件触发器。被授权人也必须具有 CREATE TRIGGER 或 CREATE ANY TRIGGER 权限

（2）触发器相关数据字典

触发器相关数据字典：USER_TRIGGERS、ALL_TRIGGERS、DBA_TRIGGERS。它们包含了用户创建的触发器相关信息，包括触发器体、WHEN 子句、触发器表和触发器类型。

（3）删除和禁用触发器

类似于过程和包，触发器也可以被删除，语法如下：

```
DROP TRIGGER triggername; --triggername 为触发器的名称
```

与过程和包不同的是，触发器可以被禁止使用。但触发器被禁用时，它仍将存储在数据字典中，但永远不会被激发。禁用触发器的语法如下：

```
ALTER TRIGGER triggername{DISABLE | ENABLE};
```

可以使用 ALTER TABLE 命令的同时加入 ENABLE ALL TRIGGERS 或 DISABLE ALL TRIGGERS 子句可以将指定表的所有触发器禁用和启用。

（4）重新编译触发器

如果在触发器内调用其他函数或过程，当这些函数或过程被删除或修改后，触发器的状态将被标识为无效。当 DML 语句激活一个无效触发器时，Oracle 将重新编译触发器代码，如果编译时发现错误，这将导致 DML 语句执行失败。

在 PL/SQL 程序中可以调用 ALTER TRIGGER 语句重新编译已经创建的触发器，格式为：

```
ALTER TRIGGER [schema.] trigger_name COMPILE [DEBUG]
```

其中：DEBUG 选项要编译器生成 PL/SQL 程序所使用的调试代码。

14.3.3   变异表的处理

1.   什么是变异表

变异表（mutating table）是当前被 DML 语句修改的表。对于触发器而言，就是定义触发器的表。如果触发器尝试读取或修改这个表，就会导致变异表错误（ORA-04091 错误，即变异表错误）。因此，触发器体中 SQL 语句不会读取或者修改变异表。参考如下例子。

【例 14-15】事故结案流程处理。

需求描述：第 0 章和第 9 章中已经阐述了，一个事故要结案必须等待该事故的借款流程都走完才可以。一个事故可以有多个事故借款信息。如图 14-8 所示，事故借款信息表（ds_acciloaninfo）中的事故单编号字段与事故表（ds_accidentinfo）中的主键字段事故编号外键关联。事故借款信息表中的一起事故借款信息只有在当前工作流状态（ACCILOANSTATUS）设为"总经理审核通过"（字典表中相应的值为"12"）时才算走完。等待一起事故相关联的事故借款流程的当前工作流状态都更新为"12"时，触发事故表的事故单性质（ACCINFOTYPE）字段修改为"结案"（字典表中相应的值为"0"），此时事故进入结案流程，直至最后的"入账"。因此需要编写一个触发器，判断某起事故借款信息的当前工作流状态变更为"12"时，触发事故表的事故单性质更新为"0"。

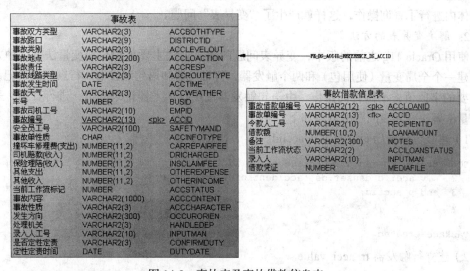

图 14-8   事故表及事故借款信息表

实现触发器如下：

```
SQL> create or replace trigger TR_ACCIEND
  2    after update on ds_acciloaninfo
  3    for each row
  4  when (new.acciloanstatus='12')
  5  declare
  6    v_accicounter number(10) := 0;
  8  begin
  9    select count(*) into v_accicounter from ds_acciloaninfo v
 10     where v.accid = :new.accid and v.acciloanstatus <> '12';
```

```
11     if (v_accicounter = 0) then
12       update ds_accidentinfo t set t.accinfotype = '0';
13       -- 走结案流程
14     end if;
15   exception
16     when no_data_found then
17       dbms_output.put_line('no_data_found');
18     when others then
19       dbms_output.put_line(sqlcode || sqlerrm);
20   end TR_ACCIEND;
21   /
```

```
Trigger created
```

测试以上的触发器，事故单"A201112120001"有两条事故借款信息，分别是"L201112120001"和"L201112120002"，其中"L201112120002"的当前工作流状态为"12"；"L201112120001"的当前工作流状态为"10"，编写更新语句，更新"L201112120001"的当前工作流状态为"12"：

```
SQL> update ds_acciloaninfo t set t.acciloanstatus='12' where t.accloanid='L201112120001';

-4091ORA-04091: 表 DSUSER.DS_ACCILOANINFO 发生了变化，触发器/函数不能读它

1 row updated
```

此时发生了"ORA-04091"错误，形成这个错误的原因就是对触发的表 ds_acciloaninfo 在触发主体内进行了查询操作，这样就产生了"变异表"问题。

2. 解决变异表的方法

使用 Oracle 11g 之前的版本，变异表问题的解决方法主要采用全局变量法。这种方法主要创建一个全局变量（使用包）和两个触发器，行触发器和语句触发器。行触发器只记录查询所需要的字段值，不做查询操作。由语句触发器使用行触发器记录的值，进行查询。采用全局变量法解决变异表问题的方案如下：

1）建立包含全局变量的包 p_acciid。

```
SQL> create or replace package p_acciid is
2      v_acciid dsuser.ds_ accidentinfo.accid%type;
3    end p_acciid;
4    /

Package created
```

2）建立行触发器 tr_acci_value。

```
SQL> create or replace trigger tr_acci_value
2      after update on ds_acciloaninfo
3      for each row
4    when (new.acciloanstatus='12')
5    begin
6      p_acciid.v_acciid := :new.accid;
7    end tr_acci_value;
8    /

Trigger created
```

3）建立语句触发器 tr_acciend1 改写之前的 tr_acciend。

```
SQL> create or replace trigger tr_acciend1
  2    after update on ds_acciloaninfo
  3  declare
  4    v_accicounter number(10) := 0;
  6  begin
  7    select count(*) into v_accicounter from ds_acciloaninfo v
  8     where v.accid = p_acciid.v_acciid and v.acciloanstatus <> '12';
  9    if (v_accicounter = 0) then
 10      update ds_accidentinfo t set t.accinfotype = '0';
 11      -- 走结案流程
 12    end if;
 13  exception
 14    when no_data_found then
 15      dbms_output.put_line('no_data_found');
 16    when others then
 17      dbms_output.put_line(sqlcode || sqlerrm);
 18  end TR_ACCIEND1;
 19  /

Trigger created
```

测试以上方案：

```
SQL> update ds_acciloaninfo t set t.acciloanstatus='12' where t. accloanid ='L201112120001';

1 row updated

SQL> commit;

Commit complete

SQL> select t.accid,t.accinfotype from DS_ACCIDENTINFO t where
  2  t.accid='A201112120001';

ACCID          ACCINFOTYPE
-------- ---- ----
A201112120001    0
```

3. 复合触发器

当在表中执行插入、更新或删除数据的操作时，复合触发器同时充当语句级和行级触发器的角色。我们可以更好地控制基于多个触发点的触发语句，将它们集成在一个触发器中，以便编写我们的业务逻辑，并共享公共的数据。

在复合触发器中定义的变量，可以在不同类型的触发语句中使用，避免了原来的那种需要借助中间表或包来传递信息的繁重开发，从而可以达到更好的逻辑控制，借助复合触发器的批量操作还可以提高执行效率。同时，使用复合触发器可以避免变异表的错误（mutating-table error (ORA-04091)）。

复合触发器与以前的简单触发器类似，主要包含如下几个部分：

1）声明部分。用来声明一些供后来的触发器体使用的变量或子程序 (如上面的示例)。

2）至少一个触发部分 (timing-point section)。总共有 4 种类型的 timing-point 供复合触发器使用：

- 在触发语句执行之前：BEFORE STATEMENT；
- 在触发语句影响每一行之前：BEFORE EACH ROW；

- 在触发语句影响每一行之后：AFTER EACH ROW；
- 在触发语句执行之后：AFTER STATEMENT；

在复合触发器体内如果上面 4 个部分同时出现，一般建议按照上面的顺序去写，这样可读性更好。如果某个部分没有出现，那么在该部分对应的触发点就没有任何动作发生。

3）一个复合触发器的触发事件必须是一个 DML 语句。

复合触发器的结构如下所示：

```
CREATE [OR REPLACE] TRIGGER trigger_name
  FOR triggering_event ON table_name
  COMPOUND TRIGGER
      declaration statements   -- 声明部分
  BEFORE STATEMENT IS
  BEGIN
      executable statements
  END BEFORE STATEMENT;
  BEFORE EACH ROW IS
  BEGIN
      executable statements
  END BEFORE EACH ROW;
  AFTER EACH ROW IS
  BEGIN
      executable statements
  END AFTER EACH ROW;
  AFTER STATEMENT IS
  BEGIN
      executable statements
  END AFTER STATEMENT;
END trigger_name ;
```

使用复合触发器的限制：

1）复合触发器只能在表或视图上创建。

2）发生在可执行部分的异常必须在该部分中处理。例如，如果 AFTER EACH ROW 部分出现异常，该异常不会传播到 AFTER STATEMENT 部分。必须在 AFTER EACH ROW 部分处理这个异常。

3）在复合触发器的声明部分、BEFORE STATEMENT 和 AFTER STATEMENT 部分不能出现对 :OLD 和 :NEW 伪列的引用。

4）只可以在 BEFORE STATEMENT 部分修改 :NEW 伪列的值。

5）不能保证复合触发器和简单触发器的触发顺序。即复合触发器也许会与简单触发器交互触发。

采用复合触发器解决变异表问题的方案如下：

```
SQL> create or replace trigger TR_ACCIEND2
  2    for update on ds_acciloaninfo
  3       when (new.acciloanstatus = '12')
  4  compound trigger
  5      v_accicounter number(10) := 0;
  6      v_acci dsuser.ds_accidentinfo.id%type;
  7    before each row is
  8    begin
  9      v_acci := :new.accid;
 10    exception
 11      when no_data_found then
```

```
12          dbms_output.put_line('no_data_found');
13      when others then
14          dbms_output.put_line(sqlcode || sqlerrm);
15    end before each row;
16    after statement is
17      begin
18        select count(*) into v_accicounter from ds_acciloaninfo v
19          where v.accid = v_acci and v.acciloanstatus <> '12';
20        if (v_accicounter = 0) then
21            update ds_accidentinfo t set t.accinfotype = '0'; -- 走结案流程
22        end if;
23    end after statement;
24  end TR_ACCIEND2;
25  /
```

Trigger created

测试以上方案：

```
SQL> update ds_acciloaninfo t set t.acciloanstatus='12' where t. accloanid ='L201112120001';

1 row updated

SQL> commit;

Commit complete

SQL> select t.accid,t.accinfotype from DS_ACCIDENTINFO t where
  2  t.accid='A201112120001';

ACCID        ACCINFOTYPE
-------- ----    ---
A201112120001   0
```

14.4 案例的解答

本书第 13 章开头部分提出了需要为事故单或者事故借款单提供一个唯一的序号，序号格式为：8 位日期 +4 位递增的序号。4 位递增的序号每天都从 "0001" 开始，依次递增。通过本章的学习，读者可以完成这个案例。以下提供案例的参考解决方案。

首先需要创建 4 位的递增序列，最大值为 9999；然后建立一个刷新的过程，负责将当前序列的值变更为 1；接着建立一个取值函数，完成 8 位日期和 4 位序号的连接；最后建立一个任务，在每天的 23 点 59 分执行刷新过程。具体实现过程如下：

1. *创建序列*

```
SQL> create sequence seq_t_generatorid
  2  minvalue 1
  3  maxvalue 9999
  4  start with 1
  5  increment by 1
  6  cache 20
  7  cycle;

Sequence created
```

2. 建立刷新过程

```
SQL> create or replace procedure reflashid is
  2   begin
  3    declare
  4      LastValue number;
  5    begin
  6      select seq_t_generatorid.nextval into LastValue from dual;
  7      loop
  8        select seq_t_generatorid.currval into LastValue from dual;
  9        exit when LastValue = 9999;
 10        select seq_t_generatorid.nextval into LastValue from dual;
 11      end loop;
 12    end;
 13   end reflashid;
 14   /

Procedure created
```

3. 建立取值函数

```
SQL> create or replace function getno return varchar2 is
  2      Result varchar2(13);
  3      adate varchar2(8);
  4      ano varchar2(4);
  5    begin
  6      adate:=to_char(sysdate,'yyyymmdd');
  7      select lpad(to_char(seq_t_generatorid.nextval),4,'0') into ano from dual;
  8      Result:=concat(adate,ano);
  9      return(Result);
 10    end getno;
 11    /

Function created
```

4. 建立计划任务 JOB，类似例 13-38

```
SQL> declare
  2      jobno NUMBER;
  3      begin
  4        sys.dbms_job.submit(job =>jobno,
  5               what => 'reflashid;',
  6               next_date =>to_date('30-11-2013 23:59:59', 'dd-mm-yyyy
hh24:mi:ss'),
  7               interval => 'sysdate+1');
  8      commit;
  9      end;
 10    /

PL/SQL procedure successfully completed
```

获得任务编号，并执行任务：

```
SQL> select t.JOB,t.LOG_USER from user_jobs t where t.WHAT='reflashid;';

     JOB LOG_USER
------ ----------------
      41 DSUSER


SQL> begin
```

```
2    sys.dbms_job.run(41);
3    commit;
4  end;
5  /
PL/SQL procedure successfully completed
```

5. 测试案例

```
SQL> select sysdate,getno from dual;

SYSDATE     GETNO
--------    --------------------------------------------------
2013-11-30  201311300001
```

修改日期，将系统日期变更一天至 2013 年 12 月 1 日后再测试案例，结果如下：

```
SQL> select sysdate,getno from dual;

SYSDATE     GETNO
--------    --------------------------------------------------
2013-12-1   201312010001
```

附录A　PL/SQL Developer 工具简介

PL/SQL Developer 是一个 Oracle 数据库开发的集成开发环境，专门用于开发、测试、调试和优化 Oracle PL/SQL 存储程序单元。PL/SQL Developer 功能十分全面，大大缩短了程序员的开发周期。下面将以 PL/SQL Developer 9.0.0 为例介绍该工具的基本使用方法。

1. 登录

在桌面单击 PL/SQL Developer 的快捷方式进入登录界面，如图 A-1 所示。在图 A-1 中可以看到以前登录的信息，如 "Recent" 一栏列出了最近登录信息。选中 "dsuser@DSMS_HZ"，单击 "Connect" 按钮以选中的用户身份连接。也可单击 "Other" 按钮，重新输入登录信息。

图 A-1　登录界面

输入 "Username"（用户名）和 "Password"（口令），选择好要连接的 "Database"（数据库）和 "Connect as"（连接身份），单击 "OK" 按钮登录，如图 A-2 所示。数据库一栏选择数据库的网络服务名。通常 sys 用户登录，连接身份选择 SYSDBA；普通用户登录，连接身份选择 Normal。

图 A-2　输入登录信息

在成功登录后会进入到 PL/SQL Developer 的操作界面，如图 A-3 所示。

2. 管理表和维护数据

在图 A-3 所示的操作界面中，用户可以在左边下拉菜单中选择 "My objects"，下面列出当前用户方案下常用的对象，可以单击查看具体的对象信息。如单击 "Tables" 可以显示当前用户方案下的所有表，如图 A-4 所示。

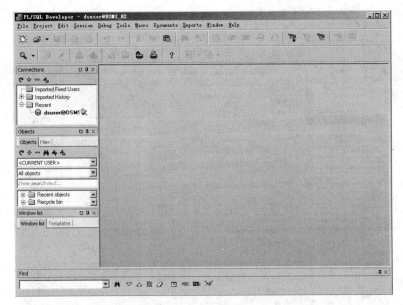

图 A-3　操作界面

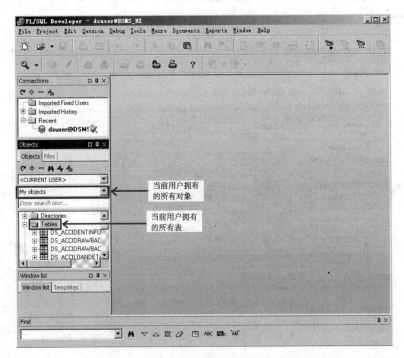

图 A-4　当前用户方案的表

若新建表，单击 Tables 文件夹，然后单击鼠标右键在列表中选择"New"选项进入创建新表的界面，如图 A-5 所示，用户可以根据自己的需要来创建新表，但一定要遵循 Oracle 规范。信息填写完毕后单击"View SQL"按钮可查看创建脚本，单击"Apply"按钮创建表。

若修改表结构，可以选中要修改的表后单击鼠标右键在列表中选择"Edit"选项进入修改表结构的界面，如图 A-6 所示，如要进行表结构的修改请根据实际情况慎重操作，修改后单击"Apply"按钮提交修改内容。

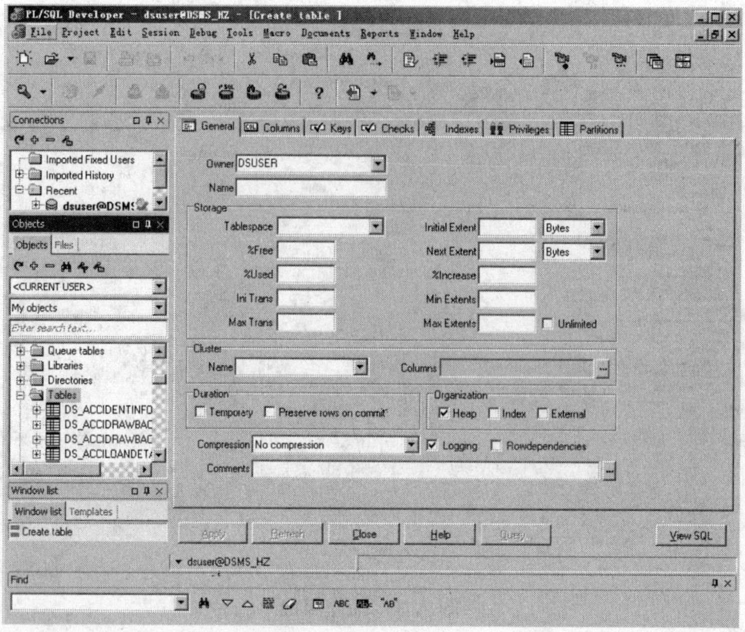

图 A-5　创建表界面

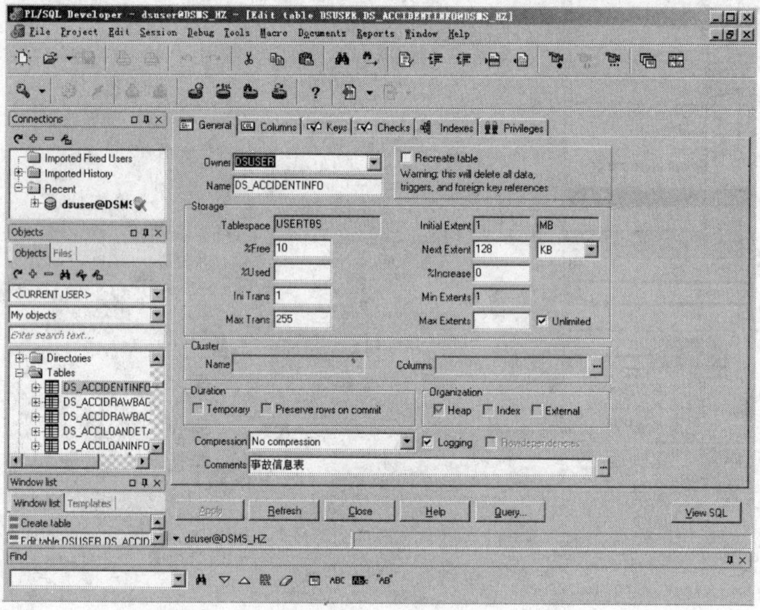

图 A-6　修改表结构界面

若修改表名，可以选中要改的表后单击鼠标右键在列表中选择"Rename"选项进入重新命名的界面，如图 A-7 所示，这里需要注意的是表名一定要有意义。

若查询表结构，可以选中该表后单击鼠标右键在列表中选择"View"选项进入查看表结构的界面，如图 A-8 所示。

若删除表，可以选中该表后单击鼠标右键在列表中选择"Drop"选项就可以删除已创建的表了。

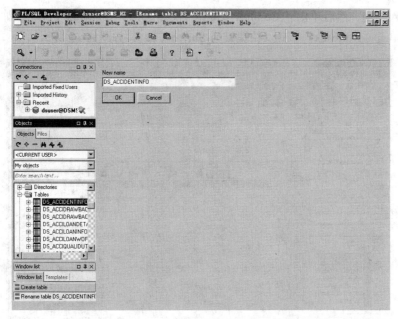

图 A-7 修改表名界面

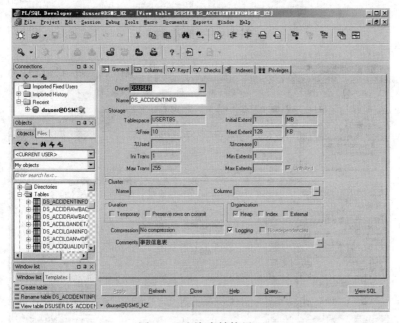

图 A-8 查询表结构界面

若查询表中存储的数据，可以选中该表后单击鼠标右键在列表中选择"Query data"选项进入查询结果界面，如图 A-9 所示，这里显示了所有已录入的数据。

若修改表数据，可以选中要改的表后单击鼠标右键在列表中选择"Edit Data"选项进入编辑表数据界面，如图 A-10 所示，这里显示了所有已录入的数据，用户可以对想要编辑的数据进行操作。

若更新表数据，用户可以在界面中直接对想要修改的数据进行操作，修改后单击界面中的"√"记入改变，然后单击"Commit"按钮（快捷键为F10）则修改成功，如果要回滚修改的数据可单击"Rollback"按钮（快捷键为Shift+F10），如图A-11所示。

图A-9 查询表数据

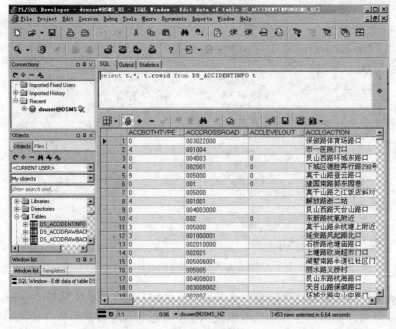

图A-10 编辑表数据界面

若添加表数据，用户可以单击界面中的"十"增加一条新的空白记录，然后在记录中添加需要的数据，然后单击界面中的"√"，最后单击"Commit"按钮则添加成功，如果要回滚添加的数据可单击"Rollback"按钮，如图A-12所示。

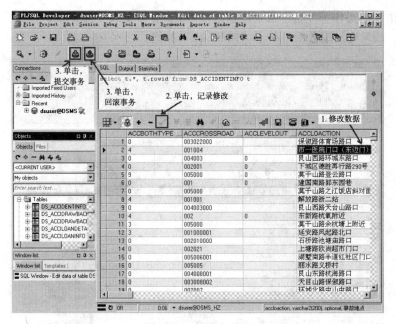

图 A-11　更新表数据

图 A-12　添加表数据

若删除表数据，选中要删除的记录后用户可以单击界面中的"—"删除记录，然后单击界面中的"√"记入改变，最后单击"Commit"按钮则删除成功，如果要回滚添加的数据可单击"Rollback"按钮，如图 A-13 所示。

用户可以通过手动编写 SQL 语句来对具体表中的具体数据进行操作，选择"File"菜单下的"New"选项，在下拉菜单中选择"SQL Window"，进入 SQL 窗口，如图 A-14 所示。在界面中输入 SQL 语句，光标选中要执行的语句后单击"Execute"按钮（快捷键为 F8），就可以执行该语句的操作了。这里需要注意的是 DML 语句在执行完后都要单击"Commit"按钮提交事务，如果要回滚数据可单击"Rollback"按钮。

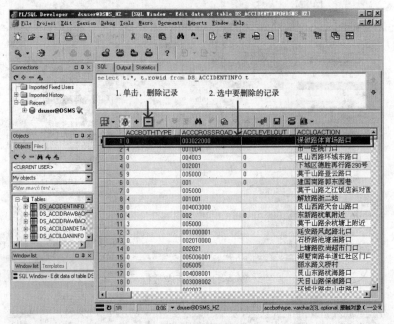

图 A-13   删除表数据

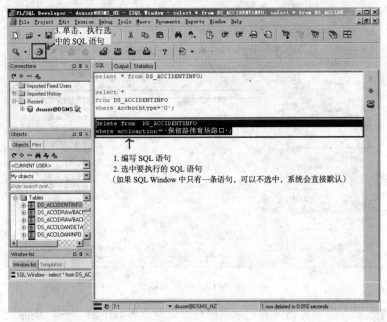

图 A-14   SQL 窗口

选择"File"菜单下的"New"选项，在下拉菜单中选择"Command Window"，进入命令窗口，如图 A-15 所示。命令窗口允许用户运行 SQL 脚本，这与 Oracle 的 SQL*Plus 相似。用户可以输入多行 SQL 语句，用分号或斜杠来结束输入。使用键盘上的左右箭头来编辑命令行，用上下箭头重新调用前面输入的命令行。

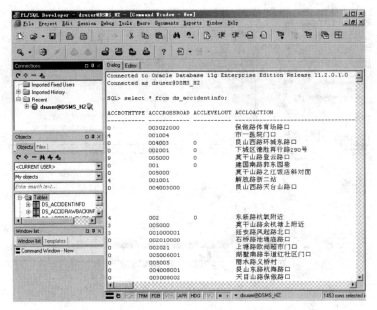

图 A-15　命令窗口

3. PL/SQL 程序设计

编写 PL/SQL 程序,可以单击对象浏览器中的一个文件夹。如果编写函数选择"Functions"、编写存储过程选择"Procedures"、编写触发器选择"Triggers"、编写程序包选择"Packages"和"Package bodies"。

选择"Procedures"文件夹,然后单击鼠标右键在列表中选择"New"选项进入创建界面,如图 A-16 所示。在"Name"一栏填入存储过程名,在"Parameters"一栏填入参数信息后,进入程序编写界面,如图 A-17 所示。编写存储过程后,单击"Execute"按钮创建。如果有语法错误,将在界面最下方提示出错信息,选中某条出错信息,存储过程中出错行将标亮。

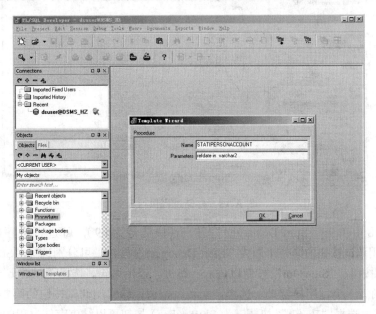

图 A-16　新建存储过程界面

图 A-17   编写存储过程界面

若执行存储过程，单击对象浏览器中的一个存储过程，然后单击鼠标右键在列表中选择"Test"选项进入执行界面，如图 A-18 所示。单击"Execute"按钮运行测试脚本。在最下面的变量窗口，可以编辑存储过程的输入参数，并查看输出参数的值。在"DBMS Output"选项卡下可以看到输出结果。

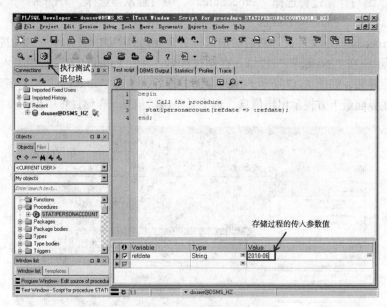

图 A-18   存储过程执行界面

在图 A-18 中单击"Start Debugger"按钮（快捷键为 F9），可进行程序的调试，如图 A-19 所示常用调试按钮的第一个即为"Start Debugger"按钮。可分别选择"Step Into"按钮、"Step Over"按钮、"Step Out"按钮以进入、跳过、退出语句。选择"Run to next exception"按钮可运行到下一个程序异常处。选择"Run"按钮，即常用调试按钮的第二个按钮，运行整个测试脚本。选择"Break"（快捷键为 Shift + Esc）按钮可以结束存储过程的调试。

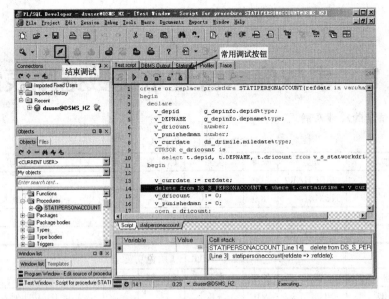

图 A-19　存储过程调试窗口

要创建空的 PL/SQL 程序测试脚本，选择"File"菜单下的"New"选项，在下拉菜单中选择"Test Window"，进入测试窗口，如图 A-20 所示。可以用类似于 declare...begin...end 这样的语法在测试窗口内编写一个 PL/SQL 块，测试已编写的 PL/SQL 程序，单击"Execute"按钮运行测试脚本。在"DBMS Output"选项卡下可以看到输出结果。在最下面的变量窗口，可以编辑测试脚本的输入参数，并查看输出参数的值。

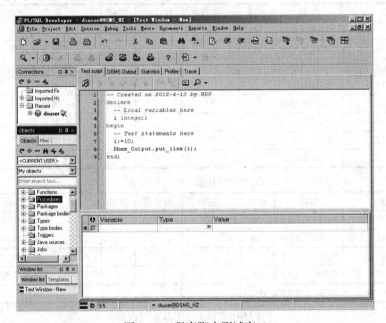

图 A-20　程序脚本测试窗口

以上就是对该工具最基本的使用介绍，对 PL/SQL Developer 感兴趣的读者可以查阅相关资料对其进行更深一步的了解。

附录 B 事故信息管理系统数据库表结构

1. 公共信息管理涉及的表

GP_ROLE（角色表）

字段名称	类型	长度	关系	默认值	空否	说明
REMARK	VARCHAR2	100			Y	
ROLEID	NUMBER	8,0	PK			角色 ID｜最大值加 1
ROLENAME	VARCHAR2	128				角色名称
VALID	VARCHAR2	1				有效性

GP_ROLEMODULE（角色功能表）

字段名称	类型	长度	关系	默认值	空否	说明
MODULEID	NUMBER	9,0	PK			功能 ID，功能列表（功能 ID）
ROLEID	NUMBER	4,0	PK			角色 ID，角色表（角色 ID）

GP_ROLEUSER（角色用户表）

字段名称	类型	长度	关系	默认值	空否	说明
EMPID	VARCHAR2	10	PK			员工 ID，员工信息表（员工 ID）
ROLEID	NUMBER	4,0	PK			角色 ID，角色表（角色 ID）

G_BUSINFO（车辆档案表）

字段名称	类型	长度	关系	默认值	空否	说明
BUSID	NUMBER	10	PK			车辆编码
BUSSHOWID	VARCHAR2	10				车辆显示编号
BUSSTATUS	VARCHAR2	1		1		使用性质（营运，非营运）
BUSSTYLEID	NUMBER	8			Y	车辆型号代号
OWNERDEP	VARCHAR2	2			Y	所属单位代号
PLATENUM	VARCHAR2	20			Y	车牌号码
STARTDATE	DATE				Y	启用日期
VALID	VARCHAR2	1		1		状态编码

G_DEPINFO（单位代号表）

字段名称	类型	长度	关系	默认值	空否	说明
DEPID	VARCHAR2	20	PK			单位代号
DEPNAME	VARCHAR2	64				单位名称
DEPTYPE	VARCHAR2	1				单位类型
PARENTID	VARCHAR2	20			Y	父节点编码
REMARK	VARCHAR2	100			Y	备注

G_EMPINFO（员工基本情况表）

字段名称	类型	长度	关系	默认值	空否	说明
BIRTHDAY	VARCHAR2	12			Y	员工生日
DEPID	VARCHAR2	10			Y	所属车队 / 工段 / 班组

（续）

字段名称	类型	长度	关系	默认值	空否	说明
EMPID	VARCHAR2	10	PK			员工号
EMPNAME	VARCHAR2	12			Y	员工姓名
EMPSEX	VARCHAR2	4			Y	性别
ICHARDWARE	VARCHAR2	12			Y	IC 卡线圈编号
NOTES	VARCHAR2	200			Y	备注
OWNERDEP	VARCHAR2	2			Y	所属单位
PASSWORD	VARCHAR2	200			Y	密码
VALID	VARCHAR2	1			Y	状态编码	分为 1（正常），0（离职）两种。离职之后的员工将不能登录系统

G_LOG（系统日志表）

字段名称	类型	长度	关系	默认值	空否	说明
CONTENT	VARCHAR2	1024				日志内容
EMPID	VARCHAR2	10				操作员
IP	VARCHAR2	32				客户端 IP
LOGID	NUMBER	12	PK			日志 ID	使用序列
LOGTIME	DATE					日志时间	精确到秒，记录日志入库的服务器当前时间
LOGTYPE	VARCHAR2	1				日志类型	0（程序错误），1（数据错误），2（登录日志），3（操作日志）
SYSNAME	VARCHAR2	64				系统名称	应用系统列表，不能明确系统的使用默认值，比如：中间层、业务层等

G_ROUTEINFO（线路表）

字段名称	类型	长度	关系	默认值	空否	说明
DEPID	VARCHAR2	2			Y	所属单位代号
ROUTEID	NUMBER	8	PK			线路代号
ROUTENAME	VARCHAR2	50			Y	线路名称
ROUTESEQ	NUMBER	5,0			Y	线路类别序号
ROUTETYPE	NUMBER	3,0			Y	线路类别

2. 事故信息管理涉及的表

DS_DRIVERINFO（司机基本信息表）

字段名称	类型	长度	关系	默认值	空否	说明
ANNREVIEWMON	VARCHAR2	2			Y	年审月份
APPOINTOUT	VARCHAR2	1			Y	是否外聘
CHATEMPER	VARCHAR2	3			Y	性格脾气
CHRDISEASE	VARCHAR2	1			Y	有无慢性病
DRIADDRESS	VARCHAR2	200			Y	家庭住址
DRILICENSE	VARCHAR2	100			Y	驾驶证编号
DRIOPERA	VARCHAR2	3			Y	驾驶操作
DRIREACTION	VARCHAR2	3			Y	驾驶反应

（续）

字段名称	类型	长度	关系	默认值	空否	说明
DRITEACHER	VARCHAR2	100			Y	带班师傅工号，多个用 ";" 分开
EMPID	VARCHAR2	10	PK			司机员工号
EMPNAME	VARCHAR2	12			Y	司机姓名，取自 G_EMPINFO（员工基本情况表）中的员工姓名，恰当的冗余利于编程
EMPSEX	VARCHAR2	4			Y	司机性别
EMPTYPE	VARCHAR2	3			Y	用工性质
FPHONE	VARCHAR2	20			Y	固定电话
VPHONE	VARCHAR2	10			Y	虚拟网号码
DEPID	VARCHAR2	14			Y	所属单位编号
GETLICENSETIME	DATE				Y	初领证时间，标准为 xxxx-xx-xx
HEALSITUATION	VARCHAR2	3			Y	健康状况
INUNITTIME	DATE				Y	进单位时间
INDEPENDDRIVDATE	DATE				Y	单放日期（独立运营驾驶的日期）
INPUTTIME	DATE			sysdate	Y	录入时间
PROTITLE	VARCHAR2	3			Y	专业技术职称
QUASIDRIVETYPE	VARCHAR2	5			Y	准驾车型
VALIDDATE	DATE				Y	有效期

DS_G_CROSSING（路口表）

字段名称	类型	长度	关系	默认值	空否	说明
CROSSWALK	VARCHAR2	1			Y	有无斑马线
DISTRICTID	VARCHAR2	9	PK			区域编号
DISTRICTNAME	VARCHAR2	100				区域名
DISTRICTTYPE	VARCHAR2	2				区域类型（1 区 2 路 3 路口）
NOTE	VARCHAR2	100			Y	备注
ORIENTATION	VARCHAR2	2			Y	路的方向
PARENTID	VARCHAR2	9			Y	父节点编号
POINTTYPE	VARCHAR2	3			Y	路口类型
SPEEDLIMIT	VARCHAR2	3			Y	限速值

DS_G_DIC（字典表）

字段名称	类型	长度	关系	默认值	空否	说明
DICID	VARCHAR2	50	PK			字典代码
DICNAME	VARCHAR2	60			Y	字典名称
DICTYPE	VARCHAR2	1		1	Y	字典类别
ITEMID	VARCHAR2	10	PK			条目代码
ITEMNAME	VARCHAR2	100			Y	条目名称
ITEMNOTE	VARCHAR2	200			Y	条目备注
ITEMVALUE	VARCHAR2	250			Y	条目内容

3. 事故处理涉及的表

DS_ACCIDENTINFO（事故信息表）

字段名称	类型	长度	关系	默认值	空否	说明
ACCBOTHTYPE	VARCHAR2	3			Y	事故双方类型
ACCCHARACTER	VARCHAR2	3			Y	事故性质
ACCCONTENT	VARCHAR2	1000			Y	事故内容
ACCCROSSROAD	VARCHAR2	9			Y	事故路口
ACCINFOTYPE	CHAR	1			Y	事故单性质：0（结案）还是 1（借款）
ACCLEVELOUT	VARCHAR2	3			Y	事故类别
ACCLOACTION	VARCHAR2	200			Y	事故地点
ACCRESP	VARCHAR2	3			Y	事故责任
ACCROUTETYPE	VARCHAR2	3			Y	事故线路类型
ACCSTATUS	VARCHAR2	2				当前工作流标记
ACCTIME	DATE					事故发生时间
ACCWEATHER	VARCHAR2	3			Y	事故天气
BUSID	NUMBER	10			Y	车号
CARREPAIRFEE	NUMBER	11,2		0		撞坏车修理费（支出）
CONFIRMDUTY	VARCHAR2	3		0		是否定性定责（字典表）
DRICHARGED	NUMBER	11,2		0		司机赔款（收入）
DUTYDATE	DATE				Y	定性定责时间
EMPID	VARCHAR2	10			Y	事故司机工号
HANDLEDEP	VARCHAR2	3			Y	处理机关
ACCID	VARCHAR2	13	PK			流水号（A+8 位日期 +4 位流水号）
INPUTMAN	VARCHAR2	10			Y	录入人
INSCLAIMFEE	NUMBER	11,2		0		保险理赔（收入）
OCCURORIEN	VARCHAR2	300			Y	发生方向
OTHEREXPENSE	NUMBER	11,2		0		其他支出
OTHERINCOME	NUMBER	11,2		0		其他收入
SAFETYMANID	VARCHAR2	100			Y	安全员工号
ISCOLLECT	VARCHAR2	1		0	Y	是否已经汇总（0 为无汇总，1 为已汇总）

DS_ACCILOANDETAIL（事故借款明细表）

字段名称	类型	长度	关系	默认值	空否	说明
ACCILOANID	VARCHAR2	12			Y	事故借款号（DS_ACCILOANINFO 关联）
FUNDTYPE	VARCHAR2	3			Y	款项（与字典表的 DIRACCFEETYPE 关联）
MONEY	NUMBER	8,2			Y	金额
PAYTYPE	VARCHAR2	2			Y	支付类别（与字典表的 PAYTYPE 关联）

DS_ACCILOANINFO（事故借款信息表）

字段名称	类型	长度	关系	默认值	空否	说明
ACCIINFOID	VARCHAR2	13			Y	事故信息编号（与 DS_ACCIDENTINFO 关联）

（续）

字段名称	类型	长度	关系	默认值	空否	说明
ACCILOANSTATUS	VARCHAR2	2			Y	当前工作流状态
ACCLOANID	VARCHAR2	12	PK			流水号
INPUTMAN	VARCHAR2	10			Y	录入人
LOANAMOUNT	NUMBER	10,2			Y	借款金额
MEDIAFILE	NUMBER	,		0	Y	借款凭证
RECIPIENTID	VARCHAR2	10			Y	安全员（领款人）工号
REMARK	VARCHAR2	300			Y	用途，理由

DS_ACCIWORKFLOW（事故工作流表）

字段名称	类型	长度	关系	默认值	空否	说明
OPERATEID	VARCHAR2	13				操作编号
OPERATEEMPID	VARCHAR2	20			Y	操作人工号
OPERATENOTE	VARCHAR2	500			Y	备注
OPERATETIME	DATE					操作时间
OPERATETYPE	VARCHAR2	2			Y	操作类型（字典表中 ACCLOANS-TATUS 或者 ACCSTATUS）

DS_ACCIQUALIDUTY（事故定性定责数据基础表）

字段名称	类型	长度	关系	默认值	空否	说明
ACCBOTHTYPE	VARCHAR2	3	PK			接触对象
ACCLEVEL	VARCHAR2	3	PK			定性质（字典表的 ACCLEVEL）
ACCRESP	VARCHAR2	3	PK			定责任（字典表的 ACCRESP）
POINT	NUMBER	,			Y	分数
SAFEMILE	NUMBER	,			Y	减扣的安全公里

DS_ACCIWOUNDINFO（事故伤情表）

字段名称	类型	长度	关系	默认值	空否	说明
ACCID	VARCHAR2	13	PK			事故编号
DIAGNOSIS	VARCHAR2	500			Y	诊断
HOSPITAL	VARCHAR2	50			Y	救治医院
NUMOFPEOPLE	NUMBER	10			Y	人数
WOUNDTYPE	VARCHAR2	3	PK			伤情类型

DS_DRIMILE（司机里程表）

字段名称	类型	长度	关系	默认值	空否	说明
DRIID	VARCHAR2	13	PK			司机工号
MILE	NUMBER	12			Y	里程数
MILEDATE	VARCHAR2	10	PK			日期（只关心月份）

DS_DRIMONTHSECMILE（司机月安全公里累计）

字段名称	类型	长度	关系	默认值	空否	说明
CURRSECLEVEL	VARCHAR2	2			Y	本次安全档位
CURRSECMILE	NUMBER	12			Y	本次累计安全公里
DATEMONTH	VARCHAR2	8	PK			时间
DEPID	VARCHAR2	20			Y	司机所属车队

（续）

字段名称	类型	长度	关系	默认值	空否	说明
DRINO	VARCHAR2	13	PK			司机工号
PUNISHMILE	NUMBER	12			Y	扣除的安全公里

DS_DRIVERACCOUNT（司机账户表）

字段名称	类型	长度	关系	默认值	空否	说明
CASEID	VARCHAR2	15			Y	事件编号
CASETYPE	VARCHAR2	3			Y	事件类型（字典表）
CERTAINTIME	DATE					确定时间
DRIVERNUM	VARCHAR2	10				司机工号
ID	VARCHAR2	10	PK			编号（SEQ_DAID 序列中获取）
POINT	VARCHAR2	3			Y	减扣的分值
SECMILE	NUMBER	12			Y	减扣的安全公里

DS_S_STATIPOINT（计分统计表）

字段名称	类型	长度	关系	默认值	空否	说明
EMPID	VARCHAR2	13			Y	司机工号
EMPNAME	VARCHAR2	12			Y	司机姓名
DEPID	VARCHAR2	14			Y	所属车队编号
RECORDPOINT	NUMBER				Y	计分
TOTALRECORDPOINT	NUMBER				Y	周期内累计记分
STANDARDPOINT	NUMBER				Y	满记分标准
POINTTIMES	NUMBER				Y	累计满周期次数
REFDATE	VARCHAR2	8			Y	参照时间
SECMILE	NUMBER				Y	累计安全公里

DS_SECMILELEVEL（安全公里档位表）

字段名称	类型	长度	关系	默认值	空否	说明
DRILEVEL	VARCHAR2	20	PK			司机档位
SECMILE	NUMBER	12			Y	参考的安全公里

DS_S_ACCINFO（事故汇总表）

字段名称	类型	长度	关系	默认值	空否	说明
ACCBOTHTYPE	VARCHAR2	250			Y	事故双方性质
ACCCHARACTER	VARCHAR2	250			Y	事故性质
ACCCONTENT	VARCHAR2	1000			Y	事故内容
ACCINFOTYPE	VARCHAR2	6			Y	事故单性质：0（结案）还是 1（借款）
ACCLEVELOUT	VARCHAR2	250			Y	事故类别
ACCLOACTION	VARCHAR2	200			Y	事故地点
ACCRESP	VARCHAR2	250			Y	事故责任
ACCROUTETYPE	VARCHAR2	250			Y	事故线路类型
ACCSTATUS	VARCHAR2	250			Y	当前工作流标记
ACCTIME	DATE				Y	事故发生时间
ACCWEATHER	VARCHAR2	250			Y	事故天气
APPOINTOUT	CHAR	2			Y	是否外聘
BUSSHOWID	VARCHAR2	10			Y	车辆显示编号

（续）

字段名称	类型	长度	关系	默认值	空否	说明
CARREPAIRFEE	NUMBER	11,2				撞坏车修理费（支出）
DEPNAME	VARCHAR2	64			Y	所属车队名称
DISTRICTNAME	VARCHAR2	100			Y	区域名
DRICHARGED	NUMBER	11,2				司机赔款（收入）
DRILICENSE	VARCHAR2	100			Y	驾驶证编号
EMPID	VARCHAR2	10			Y	事故司机工号
EMPNAME	VARCHAR2	12			Y	事故司机姓名
GETLICENSETIME	DATE				Y	初领证时间
HANDLEDEP	VARCHAR2	250			Y	处理机关
ID	VARCHAR2	13				序号（汇总表主键）
INPUTMAN	VARCHAR2	10			Y	录入者员工号
INPUTMANNAME	VARCHAR2	12			Y	录入者姓名
INSCLAIMFEE	NUMBER	11,2				保险理赔（收入）
OCCURORIEN	VARCHAR2	300			Y	发生方向
OTHEREXPENSE	NUMBER	11,2				其他支出
OTHERINCOME	NUMBER	11,2				其他收入
PLATENUM	VARCHAR2	10			Y	车牌号码
ROUTEID	VARCHAR2	14			Y	线路代号
SAFETYMANID	VARCHAR2	100			Y	安全员工号

DS_S_MONTHSECMILEINFO（司机月裁减安全公里明细表）

字段名称	类型	长度	关系	默认值	空否	说明
ACCLEVELIN	VARCHAR2	250			Y	事故类别
ACCRESP	VARCHAR2	250			Y	事故责任
AFTERSUBSECMILE	NUMBER	12			Y	裁减后实时安全公里
CASEID	VARCHAR2	15			Y	事件编号
CASENAME	VARCHAR2	250			Y	事件类型名称
CERTAINTIME	VARCHAR2	7			Y	定性定责月
DEPNAME	VARCHAR2	64			Y	所属车队名称
DETAILCERTIME	DATE					定性定责时间
DRIVERNUM	VARCHAR2	10				司机工号
EMPNAME	VARCHAR2	12			Y	司机姓名
LASTMILE	NUMBER	12			Y	上月安全公里
POINT	VARCHAR2	3			Y	扣分
PUNISHMILE	NUMBER	12			Y	裁减安全公里
REALTIMESECMILE	NUMBER	12			Y	裁减前实时安全公里
ROUTENAME	VARCHAR2	50			Y	线路名称
SEX	VARCHAR2	2			Y	司机性别
WORKAGE	NUMBER	8			Y	年资

DS_THIRDACCIDENTINFO

（第三者事故附属信息：只有 G_ ACCIDENTINFO 司机事故信息表的事故双方类型不为 2 时才有）

字段名称	类型	长度	关系	默认值	空否	说明
ACCID	VARCHAR2	20				事故流水号
ACCIROLE	VARCHAR2	3			Y	事故人员角色
OTHERADDRESS	VARCHAR2	50			Y	对方联系地址
OTHERAGE	NUMBER	3,0			Y	对方年龄
OTHERCONT1	VARCHAR2	50			Y	对方联系方式 1
OTHERCONT2	VARCHAR2	50			Y	对方联系方式 2
OTHERDEP	VARCHAR2	50			Y	对方单位
OTHERID	VARCHAR2	18			Y	对方身份证号码
OTHERNAME	VARCHAR2	50			Y	对方姓名
OTHERSEX	VARCHAR2	4			Y	对方性别
SEQID	VARCHAR2	2			Y	辅助序号：第三者序列识别码，1 代表首选，0 代表待选

参 考 文 献

[1] ORACLE .Oracle Database PL/SQL Language Reference 11g Release 2（11.2）E25519-11 [J/OL].2013. http://docs.oracle.com/cd/E11882_01/appdev.112/e25519/toc.htm.

[2] 娄建安，余建华 . Oracle SQL&PL/SQL 基础教程 [M]. 北京：科学出版社，2011.

[3] 罗森维格，等 .Oracle PL/SQL 实例精解 [M]. 龚波，等译 . 4 版 . 北京：机械工业出版社，2009.

[4] 李丙洋 . 涂抹 Oracle——三思笔记之一步一步学 Oracle[M]. 北京：中国水利水电出版社，2010.

[5] 郑阿奇 . Oracle 实用教程 [M]. 3 版 . 北京：电子工业出版社，2011.

[6] 马晓玉，孙岩，孙江玮，等 .Oracle 10g 数据库管理应用与开发标准教程 [M]. 北京：清华大学出版社，2007.

[7] 林树泽，李渊 .Oracle 数据库进阶——高可用性性能优化和备份恢复 [M]. 北京：清华大学出版社，2011.

[8] 路川，胡欣杰 .Oracle 11g 宝典 [M]. 北京：电子工业出版社，2009.

[9] 罗尼 . Oracle Database 11g 完全参考手册 [M]. 刘伟琴，张格仙，译 . 北京：清华大学出版社，2010.

[10] 何明 . Oracle DBA 培训教程 [M]. 2 版 . 北京：清华大学出版社，2009.

[11] 白鳝 . DBA 的思想天空：感悟 Oracle 数据库本质 [M]. 北京：人民邮电出版社，2012.

[12] 姜江，等 . PowerDesigner 数据库系统分析设计与应用 [M]. 北京：电子工业出版社，2004.

数据挖掘：概念与技术（原书第3版）

作者：（美）Jiawei Han 等 ISBN：978-7-111-39140-1 定价：79.00元

大数据管理：数据集成的技术、方法与最佳实践

作者：（美）April Reeve ISBN：978-7-111-45503-5 定价：59.00元

大规模分布式系统架构与设计实战

作者：彭渊 ISBN：978-7-111-45503-5 定价：59.00元

Spark快速数据处理

作者：（美）Holden Karau ISBN：978-7-111-46311-5 定价：29.00元

Access 2010数据库程序设计教程

作者：熊建强 等 ISBN：978-7-111-43681-2 定价：39.00元

数据库原理及应用

作者：王丽艳 等 ISBN：978-7-111-40997-7 定价：33.00元

数据库与数据处理：Access 2010实现

作者：张玉洁 等 ISBN：978-7-111-40611-2 定价：35.00元

C语言程序设计：问题与求解方法

作者：何勤 ISBN：978-7-111-40002-8 定价：36.00元

Visual C++ .NET程序设计教程 第2版

作者：郑阿奇 等 ISBN：978-7-111-40084-4 定价：36.80元

计算机网络教程 第2版

作者：熊建强 等 ISBN：978-7-111-38804-3 定价：39.00元